AutoCAD
2018 中文版 建筑设计师
装潢施工设计篇

房艳玲　丁　娜　牟春丽 / 主编
韩春红　李庆梅　王西琳　王晓岩 / 副主编

中国青年出版社
CHINA YOUTH PRESS
中青雄狮

图书在版编目（CIP）数据

AutoCAD 2018 中文版建筑设计师. 装潢施工设计篇／房艳玲，丁娜，牟春丽主编. 一 北京：中国青年出版社，2018.9
ISBN 978-7-5153-5132-2
I.①A… II.①房… ②丁… ③牟… III.①室内装饰设计－计算机辅助设计－AutoCAD软件 IV.①TU201.4
中国版本图书馆CIP数据核字（2018）第109464号

策划编辑　张　鹏
责任编辑　张　军
封面设计　彭　涛

AutoCAD 2018 中文版建筑设计师
装潢施工设计篇

房艳玲　丁　娜　牟春丽／主编
韩春红　李庆梅　王西琳　王晓岩／副主编

出版发行：中国青年出版社
地　　址：北京市东四十二条21号
邮政编码：100708
电　　话：（010）50856188／50856199
传　　真：（010）50856111
企　　划：北京中青雄狮数码传媒科技有限公司
印　　刷：湖南天闻新华印务有限公司
开　　本：787 x 1092　1/16
印　　张：22.5
版　　次：2018年9月北京第1版
印　　次：2018年9月第1次印刷
书　　号：ISBN 978-7-5153-5132-2
定　　价：69.90元
（附赠语音视频教学＋案例素材文件＋设计模块素材＋图集与效果图＋海量实用资源）

本书如有印装质量等问题，请与本社联系
电话：（010）50856188／50856199
读者来信：reader@cypmedia.com
投稿邮箱：author@cypmedia.com
如有其他问题请访问我们的网站：http://www.cypmedia.com

前 言

　　随着人们生活水平的不断提高，对住房环境要求也是越来越高，因此房屋的装饰装修成了大家生活中都会遇到的事情。本书以敏锐的视角、简练的语言，结合室内设计行业的特点，运用大量室内设计施工实例，对AutoCAD软件进行全方位讲解，使其在室内设计施工中起到参考作用。

本书特色

　　全书共11章，分为4个学习阶段，依次对室内设计理论知识、AutoCAD软件的操作、室内常用图块的绘制以及室内施工图的设计进行讲解。在写作过程中遵循由局部到整体、由理论知识到实际应用的原则，对AutoCAD软件进行了全方位的阐述。本书的写作特点概括如下：

- 专业水准：本书紧扣"装潢施工设计"这一主题，针对设计工作的实际需要进行编写，内容包括了家居设计施工实例、办公空间设计施工实例、商业空间设计施工实例三个大部分，贴近广大建筑室内设计从业人员的需要，相关专业设计人员均可参考。

- 技能提升：本书采用实际设计施工实例，将作者在以往设计工作中所积累的设计思路和制图经验完全展现在读者面前，使相对抽象的理论知识与具体的实例相结合。

- 综合必备：本书所讲案例均来自施工一线，案例的介绍围绕家居、办公、商业等方面展开，因此每个案例都是集实用性、典型性和代表性于一身，以最少的篇幅达到更好的学习效果。

- 易学速通：考虑到读者对AutoCAD熟悉程度的不同，实例安排都是从易到难、由简入繁，操作步骤完全按照绘图设计流程进行讲解，使读者能够一目了然。

内容概况

阶段	章节	内　容
绘图必备	Chapter 01 ~ 03	主要讲解了室内装潢设计基础、二维图形的绘制与编辑以及三维图形的绘制与编辑等知识
进阶练习	Chapter 04	主要讲解了室内制图过程中常用图块的绘制，如沙发、双人床、衣柜、冰箱、空调、坐便器、燃气灶、淋浴房、酒柜、橱柜等
实战应用	Chapter 05 ~ 11	主要讲解了各类型室内空间施工设计方案的绘制，包括单身公寓（一居室）设计方案、大户型（三居室）设计方案、别墅空间设计方案、酒店客房设计方案、办公空间设计方案、咖啡厅设计方案以及KTV空间设计方案

附赠资料

随书附赠资料中包含大量的学习资源，从而降低了学习难度，增加学习的趣味性，方便读者学习使用，具体如下。

（1）本书基础操作案例文件＋实战应用案例文件；

（2）书中典型案例语音教学视频；

（3）大量精美实用的CAD图块，如灯具图块、绿植图块、饰品图块等；

（4）赠送大量的施工图纸，供读者练习使用；

获取附赠资源的其他方式：

（1）加封底读者QQ群获取百度云盘链接；

（2）通过微信公众平台自助查询，首先通过微信搜索DSSF007微信公众号，关注后回复2018关键字即可。

加为好友

扫码关注

适用读者群体

本书面向广大的初、中、高级AutoCAD用户，不仅可作为轻松入门室内装潢行业的最佳途径，还可作为提高用户设计和创新的指导。本书适用以下读者使用：

（1）高等院校相关专业学生的教学用书；

（2）室内设计行业从业人员的参考用书；

（3）社会各类AutoCAD培训班的学习用书；

（4）对AutoCAD软件感兴趣并准备加入室内装潢行业读者的首选教材。

本书知识体系

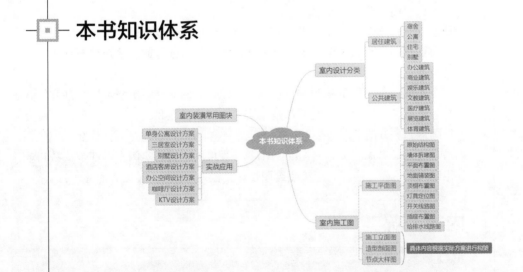

真诚希望本书能够对读者有一定的帮助，在各自领域崭露头角，为行业的发展贡献力量。本书由大庆技师学院房艳玲、丁娜、牟春丽、韩春红、李庆梅、王西琳、王晓岩老师共同编写，其中第1、2章由丁娜老师编写，约10万字；第3、5章由房艳玲老师编写，约11万字；第4、10章由牟春丽老师编写，约10万字；第6章由王晓岩老师编写，约5万字；第7章由韩春红老师编写，约6万字；第8章和第9章1、2节由王西琳老师编写，约6万字；第9章3、4节和第11章由李庆梅老师编写，约6万字。本书写作过程力求严谨，但时间有限，疏漏之处在所难免，望广大读者予以指正。

Contents

目 录

Chapter 03

AutoCAD 三维绘图技能

Chapter 04

室内设计常用图形的绘制

Chapter 05

单身公寓设计方案

Chapter **06**

大户型家居设计方案

私人别墅设计方案

酒店客房设计方案

Chapter 09

办公空间设计方案

Chapter 10

咖啡厅设计方案

Chapter 11

KTV空间设计方案

Chapter **01**

室内装潢设计
知识必备

室内设计是一门大众参与最为广泛的艺术活动，是设计内涵集中体现的地方。室内设计是人类创造更好的生存和生活环境的重要活动，通过运用现代设计原理进行实用、美观的设计，使空间更加符合人们生理和心理需求，同时也促进了社会审美意识的普遍提高。本章将介绍一些室内装潢设计的入门知识，其中包括室内设计原则、室内设计流程以及室内设计制图基础等。

01 🔷 学完本章内容您可以

1. 了解室内设计的基本原则　　　　3. 了解并掌握室内设计的流程

2. 了解室内设计的几大风格　　　　4. 掌握设计制图的一些基础知识

02 🎞 内容图例链接

古典风格室内设计

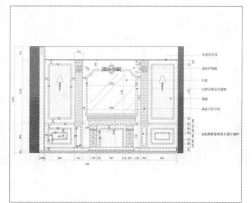

室内设计立面图

1.1 室内设计基本知识

室内设计是根据建筑物的使用性质、所处环境和相应标准，运用物质技术手段和建筑设计原理，创造功能合理、舒适优美、满足人们物质和精神生活需要的室内环境。本节将介绍室内设计的一些基础知识，例如设计时需注意的原则、主要的设计风格及设计流程等。

1.1.1 室内设计的分类

室内设计是指为满足一定的建造目的（包括人们对建筑的使用功能和视觉感受的要求），对现有的建筑物内部空间进行深加工的增值准备工作。室内设计是从建筑设计中装饰部分演变出来的，对建筑内部环境进行再创造，是建筑设计的延续和完善。

室内设计可以分为公共建筑空间和居家两大类别。

公共建筑空间设计主要是针对人们工作、休息、娱乐所在的空间进行设计。例如，办公建筑空间（写字楼、政府办公楼等）、商业建筑空间（商场、金融建筑等）、旅游建筑空间（酒店宾馆、其他娱乐场所等），以及其他交通建筑、体育建筑类空间等，俗称工装设计，如下图所示。

居家空间设计主要是针对人们的住宅、公寓、别墅以及宿舍等空间进行的设计，具体包含前室、起居室、餐厅、书房、工作室、卧室、厨房和浴厕设计，俗称家装设计，如下图所示。

室内设计不是单一的行业，它需要和其他几种相关行业协调来完成，其具体涉及到的行业有：建筑设计、结构设计、电气设计、暖通设计、给排水设计等。所以要想做好室内装修，单单学习室内设计这一门专业，还是远远不够的。

1.1.2 室内设计的原则

在进行室内设计时，读者需要遵循以下6点设计原则。

1. 功能性原则

室内设计作为建筑设计的延续与完善，是一种创造性的活动。为了方便人们在其中的活动及使用，完善其功能，需要对室内空间进行设计。在进行室内空间布局设计时，其使用功能应与界面装饰、陈设和环境气氛相统一，在设计中要去除花哨的装饰，遵循功能至上的原则。

2. 整体性原则

室内设计既是一门相对独立的设计艺术，同时又是依附于建筑整体的设计。室内装潢设计是基于建筑整体设计，对各种环境、空间要素的重整合和再创造。在这一过程中，设计师个人意志的体现、个人风格的突显以及个人创新的追求固然重要，但更要的是要将设计的艺术创造性和实用舒适性相结合，将创意构思的独特性和建筑空间的完整性相融合，这是室内装潢设计整体性原则的根本要求。

3. 经济性原则

室内设计方案的设计需要考虑客户的经济承受能力，要善于控制造价，创造出实用、安全、经济、美观的室内环境，这既是现实社会的要求，也是室内装潢设计经济性原则的要求。

4. 艺术审美性原则

室内环境营造的目标之一，就是根据人们对于居住、工作、学习、交往、休闲、娱乐等行为和生活方式的要求，不仅在物质层面上满足其对实用及舒适程度的要求，同时还要求最大程度与视觉审美方面的要求相结合，这就是室内设计的艺术审美性要求。

5. 环保性原则

尊重自然、关注环境、保护生态是生态环境原则的最基本内涵。室内设计所创造的室内环境要与社会经济、自然生态、环境保护统一发展，使人与自然能够和谐、健康地相处是环保性原则的核心。

6. 创新性原则

创新是室内装潢设计活动的灵魂。这种创新不同于一般艺术创新的特点，它只有将委托设计方的意图与设计者的追求、技术创新相结合，将建筑空间的限制与空间创造的意图完美地统一起来，才是真正有价值的创新。

工程师点拨

了解空间功能性是做好设计的第一步

在做室内空间设计时，需先了解该空间作用，其后根据不同的空间功能性来进行相关装潢设计。只有在了解空间功能的基础上，才能制作出比较合理的设计方案。

Chapter 01
Chapter 02
Chapter 03
Chapter 04
Chapter 05
Chapter 06
Chapter 07
Chapter 08
Chapter 09
Chapter 10
Chapter 11

1.1.3 室内设计风格

室内设计风格是不同时代思潮和地区特点的表现，是通过创作构思和表现，逐渐发展成为的具有代表性的室内设计形式。一种典型风格的形式，通常和当地的人文因素与自然条件密切相关。风格的成因影响着室内设计在创作中的构思和造型的特点，这是形成风格的外在和内在因素。风格虽然表现于形式，但具有艺术、文化、社会发展等深刻的内涵。从这一深层含义来说，风格又不停留或等同于形式。

室内设计的风格主要分为传统风格、自然风格、后现代风格、现代风格以及混合型风格等。

1. 古典风格

古典风格的室内设计，是在室内布置、线形、色调以及家具、陈设的造型等方面，吸取古典装饰"形"、"神"的特征。例如"明清"、"文艺复兴"、"巴洛克"、"洛可可"、"伊斯兰"及"和式"等，如下图所示。

2. 自然风格

自然风格倡导"回归自然"，美学上推崇"自然美"，认为只有崇尚自然、结合自然，才能在当今高科技、高节奏的社会生活中，使人们能取得生理和心理的平衡，因此室内多用木料、织物、石材等天然材料，显示材料的纹理，清新淡雅。此外，由于田园风格的宗旨和手法类同，也可把田园风格归入自然风格一类。田园风格在室内环境中力求表现悠闲、舒畅、自然的田园生活情趣，也常运用天然木、石、藤、竹等材质质朴的纹理。该类风格巧于设置室内绿化，创造自然、简朴、高雅的氛围，如下图所示。

3. 后现代风格

后现代主义风格是一种在形式上对现代主义风格进行修正的设计思潮与理念。后现代主义室内设计理念完全抛弃了现代主义的严肃与简朴，往往具有一种历史隐喻性，充满大量的装饰细节，刻意制造出一种含混不清、令人迷惑的情绪，强调与空间的联系，使用非传统的色彩，它所具有的矛盾性常使人产生厌倦，而这种厌倦正是后现代主义对过去50年的现代主义纯理性的逆反心理，如下图所示。

4. 现代风格

现代风格即现代主义风格，是比较流行的一种风格，追求时尚与潮流，非常注重居室空间的布局与使用功能的完美结合。造型简洁，反对多余装饰，崇尚合理的构成工艺；尊重材料的特性，讲究材料自身的质地和色彩的配置效果，如下图所示。

工程师点拨

现代风格与后现代风格的区别

现代主义与后现代主义在风格上是两个极端。从方法上说：现代主义遵循物性的绝对作用，讲求标准化、一体化、产业化和高效率、高技术；而后现代主义则遵循人性经验的主导作用，时空的统一性与延续性，历史的互渗性及个性化、散漫化、自由化。从设计语言上：现代主义遵循功能决定形式；后现代主义遵循形式的多元化、模糊化、不规则化，非此非彼，亦此亦彼，此中有彼、彼中有此的双重译码，强调历史文脉、意象及隐喻主义。

5. 混合型风格

近年来，建筑设计和室内设计在总体上呈现多元化。在室内布置中，有既趋于现代实用又吸取传统的特征，在装潢与陈设中溶古今中西于一体，例如传统的屏风、摆设和茶几，配以现代风格的墙面及门窗装修、新型的沙发；欧式古典的琉璃灯具和壁面装饰，配以东方传统的家具和埃及的陈设、小品等等。混合型风格虽然在设计中不拘一格，运用多种体例，但设计中仍然是匠心独具，深入推敲形体、色彩、材质等方面的总体构图和视觉效果，如下图所示。

1.1.4 室内设计装饰要素

装饰是室内设计不可缺少的要素，装饰要素运用的好坏，直接影响到整体设计效果。

● **空间要素**：空间的合理化并给人们以美的感受是设计的基本任务。在设计过程中，要勇于探索时代、技术赋于空间的新形象，不要拘泥于过去形成的空间形象。

● **色彩要素**：室内色彩除对视觉环境产生影响外，还直接影响人们的情绪、心理。科学用色有利于工作，有助于健康。色彩处理得当，既能符合功能要求又能取得美的效果。室内色彩除了必须遵守一般的色彩规律外，还随着时代审美观的变化而有所不同。

● **光影要素**：人类喜爱大自然的美景，常常把阳光直接引入室内，以消除室内的黑暗感和封闭感，特别是顶光和柔和的散射光，可以使室内空间更为亲切自然。光影的变换，使室内更加丰富多彩，给人以多种感受。

● **装饰要素**：是室内整体空间中不可缺少的建筑构件，如柱子、墙面等，结合功能需要加以装饰，可共同构成完美的室内环境。充分利用不同装饰材料的质地特征，可以获得千变完化的室内艺术效果，同时还能体现地区的历史文化特征。

● **陈设要素**：室内家具、地毯、窗帘等，均为生活必需品，其造型往往具有陈设特征，大多数起着装饰作用。实用和装饰二者应互相协调，力求功能和形式统一而有变化，使室内空间舒适得体，富有个性。

● **绿化要素**：室内设计中绿化已成为改善室内环境的重要手段。室内移花栽木，利用绿化和小品可以沟通室内外环境，在扩大室内空间感及美化方面起着积极的作用。

1.1.5 室内设计流程

如何设计出较为理想的室内效果，相信大家心中都会有许多的设计构想，但并不是每人都能将自己的想法完全的付诸于实际。下面将介绍一些设计的基本流程，了解这些流程后，相信每位设计师都能有条理地设计出理想的效果。

室内实际根据设计流程，通常可分为以下3个阶段。

1. 设计准备阶段

首先明确设计任务和客户要求，例如使用性质、功能特点、设计规模、等级标准、总造价，以及根据任务的使用性质所需创造的室内环境氛围、文化内涵或艺术风格等。其次熟悉设计有关规范和定额标准，收集必要的资料和信息，例如收集原始户型图纸，并对户型进行现场尺寸勘测。接着绘制简单设计草图，并与客户交流设计理念，例如明确设计风格、各空间的布局及其使用功能等。最后进行相应的沟通，签订装修合同，明确设计期限并制定设计计划进度安排，考虑各有关工种的配合与协调。

2. 方案设计阶段

在设计准备阶段的基础上，进一步收集、分析、运用与设计任务有关的资料与信息，构思立意，进行初步方案设计。接着深入设计，进行方案的分析与比较。确定初步设计方案，提供设计施工图纸。通常要提供的设计图纸包括以下几项：

● **平面布置图**：常用使用比例为1:50或1:100。在平面布置图中，需表现出当前户型各空间中的家具摆放位置，如下左图所示。

● **顶棚布置图**：常用比例为1:50或1:100。在顶棚布置图中，需要表现出各空间顶面造型效果以及灯具摆放位置，如下右图所示。

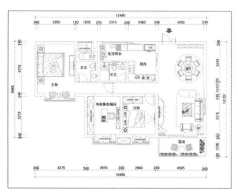 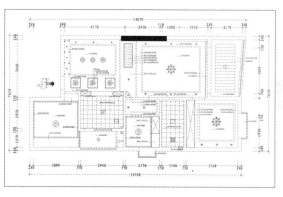

● **立面图**：常用比例为1:20或1:50。在立面图中，需根据平面布置图中家具的摆设，绘制出这些家具的立面效果，如下左图所示。

● **结构详图**：在结构详图中，需根据所设计的装饰墙或家具，绘制出其安装工艺，让施工人员按照该工艺进行施工，如下右图所示。

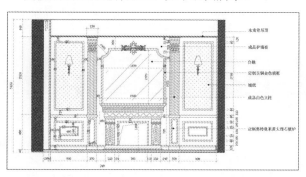 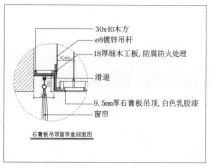

● **水、电布置图**：水路布置图需表现的是冷、热水管的走向；电路图则需表现各空间电线、插座、开关的走向，如下左图所示。

● **室内效果图**：根据所设计的背景墙，参照平面图、立面图，绘制出三维立体效果图，如下右图所示。通常来说，每个空间至少绘制1张效果图。

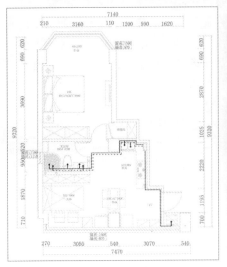

● **施工预算**：当一整套施工图纸绘制完成后，则需对整个工程做出大概的预算，该预算包含了所有的材料费以及人工费。

工程师点拨

立面图的绘制方法

通常设计效果是否理想，在很大程度上决定于它在主要立面图上的艺术处理。在立面图上应将所有看得见的细部都表示出来。但由于立面图的比例较小，如门窗扇、檐口构造、阳台栏杆和墙面复杂的装修等细部，往往只用图例表示。因此，习惯上往往对这些细部只分别画出一两个作为代表，其它都可简化，只画出它们的轮廓线。

3. 设计实施阶段

该阶段也是工程的施工阶段。室内工程在施工前，设计师应向施工单位进行设计意图说明及图纸的技术交底；工程施工期间，需按图纸要求核对施工实况，有时还需根据现场实况提出对图纸的局部修改或补充；施工结束时，会同质检部门和建设单位进行工程验收。

为了使设计取得预期效果，室内设计人员必须抓好设计的各个环节，充分重视设计、施工、材料、设备等方面的质量，并熟悉、重视与原建筑物的建筑设计、设施设计的衔接，同时还须协调好与建设单位和施工单位之间的相互关系，在设计意图和构思方面取得沟通与共识，以期取得理想的设计工程成果。

1.1.6 室内装修施工流程

施工流程是根据工程项目内容和工艺技术特点，按一定次序编排以表达施工程序。合理确定施工顺序，解决各工种之间的搭接，减少工种交叉破坏，以期达到预定质量目标。室内装修施工流程如下图所示。

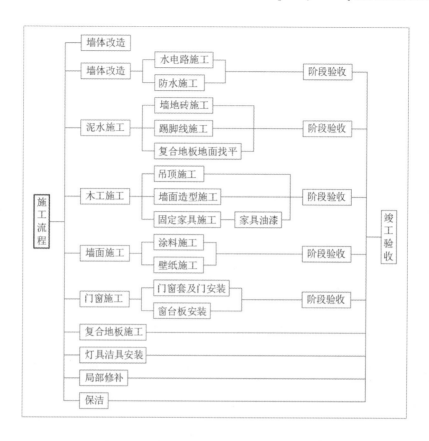

Chapter 01
Chapter 02
Chapter 03
Chapter 04
Chapter 05
Chapter 06
Chapter 07
Chapter 08
Chapter 09
Chapter 10
Chapter 11

1.2 室内设计制图基础知识

一个好的设计理念只有通过规范的制图才能实现其理想的效果，下面将向读者介绍一些工程制图的基础知识以及软件的基本操作。

1.2.1 室内设计制图软件

一般来说，室内设计工作者常用的操作软件包括AutoCAD、3ds Max、SketchUp以及Photoshop等。其中AutoCAD软件是用来绘制二维平面图、立面图等施工图以及简单的三维模型图；当完成施工图的绘制后，可使用3ds Max软件来制作逼真的室内效果图；SketchUp又称为草图大师，在室内设计过程中常被用来制作轴测图，可直观地展现室内布局效果；Photoshop软件主要针对渲染出的效果图进行处理，使其更加具有真实感。除此之外还有一些效果图渲染插件，如VRay、Lightscape等。

AutoCAD软件可以说是室内设计制图的核心操作软件，它是美国Autodesk公司首次于1982年生产的自动计算机辅助设计软件，用于二维绘图、图形编辑、设计文档和基本三维图形设计等。现已经成为国际上广为流行的绘图工具，而*.dwg文件格式成为二维绘图的标准格式。

1. AutoCAD 2018 的工作界面

中文版AutoCAD 2018的工作界面主要包含标题栏、文件菜单、命令功能区、绘图区、命令行和状态栏六个部分，如下图所示。

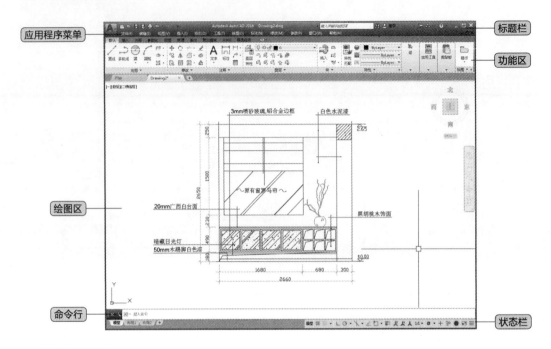

（1）标题栏

标题栏位于界面最上端，由菜单浏览器按钮、快速访问工具栏、文档标题、搜索栏、在线服务、交换、帮助及窗口控制按钮8部分组成。

快速访问工具栏中包含了一些常用命令的快捷方式，例如新建、打开、保存、打印及放弃等快捷命令。单击其右侧的下拉按钮，在下拉列表中可添加或删除快捷方式，如下左图所示。

（2）菜单浏览器按钮

菜单浏览器按钮位于界面左上角。单击该按钮，用户可在打开的下拉列表中，对图形进行新建、打开、保存、输出、发布、打印及关闭操作。在该菜单中，若某个命令带有▶符号，则说明该命令带有级联菜单，如下右图所示。

（3）功能区

功能区由菜单栏和命令选项卡两部分组成的，如下图所示。在菜单栏中任意命令，会在其下方打开与该命令相对应的功能选项卡。

若想显示、隐藏所需的选项卡或操作面板，则在选项卡上单击鼠标右键，或在功能面板中单击鼠标右键，在打开的快捷菜单中选择相应的选项卡或功能面板选项即可。

（4）绘图区

绘图区位于操作界面的中间部分，该区域用于绘制任意图形。绘图区主要是由视图、窗口控制按钮、坐标系以及视图布局4个部分组成。

（5）命令行

命令行位于绘图区下方，用户在该命令行中输入所需命令后，按空格键（或回车键），即可执行相应的操作命令，如下图所示。若有需要，可按住鼠标左键，将命令行拖动至绘图区合适位置，放开鼠标左键即可完成命令行的移动操作。

（6）状态栏

状态栏位于软件最下方，是由坐标、捕捉功能菜单、模型布局、注释比例、工作空间切换、工具栏/窗口位置锁定以及全屏显示等几大功能选项组成。

单击"工作空间"下拉按钮，在下拉菜单中选择所需选项，即可更换当前绘图空间，如下图所示。

工程师点拨

十字光标

十字光标是用来确定绘图时所要指定的坐标点，以及选择要进行操作的图形对象。其默认大小为5%，用户可根据绘图习惯自行设定其大小。执行"文件>选项"命令，打开"选项"对话框，在"显示"选项卡中的"十字光标大小"选项栏中设置其大小值即可。

2. AutoCAD 2018 文件的基本操作

下面将向读者介绍创建、保存文件的基本操作。

（1）新建文档

在制图过程中，若要新建空白文档，用户可执行"新建>图形"命令，在打开的"选择样板"对话框中选择所需的样板文件，单击"打开"按钮，即可完成文档的创建操作，如下图所示。

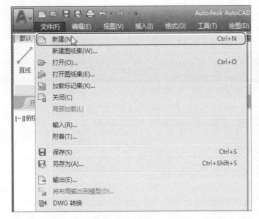
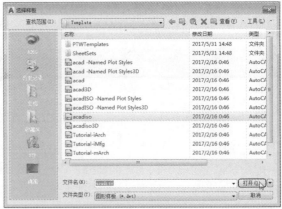

（2）打开文档

在制图时，若想打开所需的文件素材，用户可执行"文件>打开"命令，打开"选择文件"对话框，从中所择需要的素材文件，单击"打开"按钮即可，如下图所示。

（3）保存文件

制图完成后，需要及时将当前图形进行保存。此时按Ctrl+S组合键，在打开的"图形另存为"对话框中选择好文件的保存路径，并将文件命名，然后单击"保存"按钮，即可保存成功，如下左图所示。

用户也可执行"文件>另存为"命令，将图形另外保存为一个独立的文件，如下右图所示。

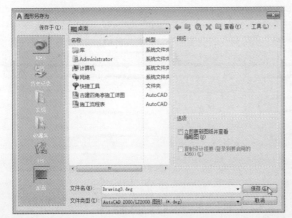

（4）关闭文件

图形保存完毕后，单击绘图区右上角的"关闭"按钮，即可关闭当前图形。若没有进行保存操作，则在单击"关闭"按钮后，会打开系统提示框，此时用户可根据情况选择"是"或"否"按钮。

工程师点拨

新建文档

除了以上操作方法外，用户还可以在命令行中输入NEW命令，按回车键确定，打开"选择样板"对话框，新建空白文档。

1.2.2 室内设计制图规范

作为一个合格的室内设计师，掌握一定的制图知识是必要的。只有通过规范的制图，才能最大限度地将自己的设计理念表达完整。下面总结了一些制图规范知识，仅供读者参考。

1. 基本要求

● 所有设计图纸都要配备封皮、图纸说明、图纸目录。在图纸封皮中需注明工程名称、图纸类别（施工图、竣工图、方案图）以及制图日期等；而图纸说明中，可以进一步说明工程概况、工程名称、建设单位、施工单位、设计单位或建筑设计单位等。

● 每张图纸都需编制图名、图号、比例和时间。

● 打印图纸需要按照要求，比例出图。

2. 常用制图方式

（1）图幅与格式

A0以及A1图框允许加长，但必须按基本幅面的长边（L）以1/4倍增加，不可随意加长。其余图幅图纸均不允许加长。每个工程图纸目录和修改通知单采用A4大小，其余应尽量采用A1图幅。每项工程图幅应统一，如采用一种图幅确有困难，一个子项工程图幅不得超过两种。

幅面代号	A0	A1	A2	A3	A4
尺寸（mm）	841*1189	594*841	420*594	297*420	210*297

（2）线型

建筑图纸是以明确的线条描绘建筑物形体的轮廓线来表达设计意图的，所以严格的线条绘制是它的重要特征，下面分别对各类线型进行介绍。

线型	尺寸	主要用途
粗实线	0.3mm	平、剖面图中被剖切的主要建筑构造的轮廓线 室内外立面图的轮廓线 建筑装饰构造详图的建筑表面线
中实线	0.15~0.18mm	平、剖面图中被剖的次要建筑构造的轮廓线 室内外平、顶、立、剖面图中建筑构配件的轮廓线 建筑装饰构造详图及剖检详图中一般的轮廓线
细实线	0.1mm	填充线、尺寸线、尺寸界线、索引符号、标高符号、分割线

（续表）

线型	尺寸	主要用途
虚线	0.1~0.13mm	室内平、顶面图中未剖切到的主要轮廓线 建筑构造及建筑装饰构配件不可见的轮廓线 拟扩建的建筑轮廓线 外开门立面图开门表示方式
点划线	0.1~0.13mm	中轴线、对称线、定位轴线
折断线	0.1~0.13mm	不需画全的断开界线

（3）字体

汉字统一选用黑体，字高为300mm，高宽比为1；数字及英文统一选用HZHT字体，字高为300mm，高宽比为0.8；竖向引注框内各专业如对本图纸有注明，字体统一选用宋体，字高为300mm，高宽比为1。

图纸名称字体统一选用黑体，中文字高为600mm，高宽比为0.8；数字字高为500mm，高宽比为0.8；数字与中文图名下粗横线平齐。

（4）图纸中图面表达部分

在设计说明、材料做法表等以文字为主的图纸中：标题字体统一选用黑体，字高为600mm，高宽比为0.8；建筑及设备专业其它内容选用宋体，字高为350~500mm，高宽比为1；结构专业其它内容选用JD.SHX+DING.SHX字体，字高为350~500mm。

（5）标高符号

标高符号为等腰直角三角形；数字以m（米）计单位，小数点后留三位；零点标高应写成±0.000，正数标高不标注+，负数标高应标注-。

（6）尺寸符号

标注的尺寸为统一体，如需调整尺寸数字，可使用"尺寸编辑"命令进行调整；尺寸界线距标注物体为2~3mm，第一道尺寸线距标注物体10~12mm，相邻尺寸线间距为7~10mm；半径、直径标注时箭头样式为实心闭合箭头；标注文字距尺寸线为1~1.5mm。

（7）图名

统一在图名下画线，线宽为0.5b，且与图名文字等宽。数字比例下不划线，其字高为3mm，底部与下划线上部取平。

行业应用向导 **家具设计基本尺寸**

做室内设计时常用的家具尺寸如下。

1 墙面尺寸

踢脚板高	80~200mm	墙裙高	800~1500mm	挂镜线高	1600~1800mm

2 厨餐厅空间

餐桌高	750~790mm	餐椅高	450~500mm
吧台高	900~1050mm，宽500mm	酒吧凳高	600~750mm
推拉门	宽750~1000mm 高1900~2400mm	厨柜	宽600mm
圆桌直径	二人500~800mm 四人900mm 六人1100~1250mm 八人1300mm	方餐桌尺寸	二人700×850mm 四人1350×850mm 八人2250×850mm

3 卧室空间

双人床	宽1500~1800mm，长2000mm，高450mm
单人床	宽800~1300mm，长1800mm，高450mm
床头柜	高500~700mm，宽500~800mm
化妆台	长1350mm，宽450mm
衣橱	深600~650mm，柜门宽度400~650mm
写字台	长1100~1500mm，宽450~600mm，高700~750mm
办公椅	高400~450mm，长450mm，宽450mm
房间门	宽800mm，高1900~2100mm

4 卫生间

浴缸	长1220~1680mm，宽720mm，高450mm
坐便	750*350mm
盥洗盆	600*410mm
淋浴器高	2100mm
厕所门	宽700~800mm，高1900~2100mm

5 客厅尺寸

沙发（单人式）	深度850~900mm，长800~950mm，坐垫高350~420mm，背高700~900mm
沙发（双人式）	深度800~900mm，长1260~1500mm；三人式长1750~1960mm；四人式长2320~2520mm
长方形茶几	长600~1800mm，宽450~800mm，高380~500mm
圆形茶几	直径750~1200mm，高330~420mm
矮柜	深350~450mm，柜门宽300~600mm
电视柜	深450~600mm，高度600~700mm
室内进户门	宽900~950mm，高1900~2100mm

Chapter 01
Chapter 02
Chapter 03
Chapter 04
Chapter 05
Chapter 06
Chapter 07
Chapter 08
Chapter 09
Chapter 10
Chapter 11

秒杀工程疑惑

Q 如何设置绘图区背景颜色?

A 首次启动AutoCAD 2018软件后,系统默认绘图区的背景颜色为黑色,若想改为其他颜色,操作方法很简单,具体步骤如下。

01 启动AutoCAD 2018软件后,执行"应用程序>选项"命令。

02 打开"选项"对话框,选择配色方案为"明",单击下方的"颜色"按钮。

03 在"图形窗口颜色"对话框中,单击"颜色"下拉按钮,选择白色选项。

04 选择完成后,单击"应用并关闭"按钮,其后单击"确定"按钮,完成设置。

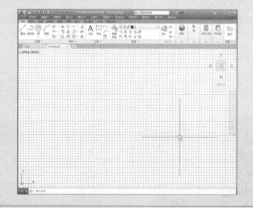

Q 如何更改AutoCAD的默认保存格式?

A 一般情况下,AutoCAD软件默认保存格式为*.dwg格式。若想设置其他格式,可在保存类型下拉列表中进行选择。执行"应用程序>选项"命令,在打开的对话框中单击"打开和保存"选项卡,在"文件保存"选区中单击"另存为"按钮,在下拉列表中选择所需保存的格式。

Q 如何使用对象捕捉功能?

A 右击状态栏中的"对象捕捉"按钮□,在弹出的快捷菜单中选择"设置"选项,打开"草图设置"对话框,选择"对象捕捉"选项卡,在此勾选所需捕捉功能即可启动。

Chapter **02**

AutoCAD
二维绘图技能

在对某室内空间进行设计时，需要使用AutoCAD的二维绘图命令绘制其平面图、立面图及剖面图，所以二维制图是室内设计入门的基础，也是AutoCAD软件最基本的操作。本章将详细介绍如何利用基本二维绘图命令绘制图形，其中包含二维图形的创建与编辑、图层的设置与管理、图块的运用与编辑及尺寸、文字的标注等。熟练运用这些二维绘图命令，可大大提升制图速度，提高制图效率。

01 🅰 学完本章内容您可以

1. 设置与管理图层
2. 应用二维绘图工具
3. 应用二维图形编辑工具

4. 创建与编辑图块
5. 填充图形图案
6. 创建与编辑尺寸、文字注释

02 🎞 内容图例链接

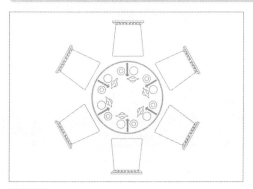

环形阵列

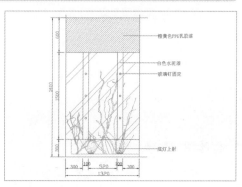

引线标注

2.1 设置与管理图层

灵活运用图层，可帮助用户轻松、方便地完成图纸的制作。图层在AutoCAD中是一个非常重要的功能。

2.1.1 创建新图层

在绘制设计图纸之前，通常需要创建好该图纸所需的所有图层。以便有效地对图纸中不同类型的对象进行分类管理。

启动AutoCAD软件，单击"默认>图层>图层特性"按钮，打开"图层特性管理器"面板，如下左图所示。在该选项面板单击"新建图层"按钮 ，即可完成图层的创建操作，如下右图所示。

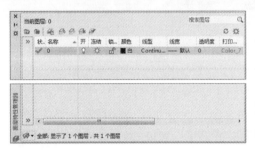

2.1.2 设置图层

图层创建好后，通常需对新图层进行适当的设置操作，例如，设置图层名称、图层颜色以及图层线型等。

1. 更改图层名称

新图层创建好后，若对该图层进行重命名，则打开"图层特性管理器"面板，在图层列表中，单击图层名称，使其成为编辑状态，例如输入"中轴线"，即可更换图层名称，如下图所示。

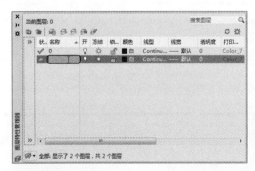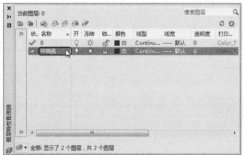

2. 更改图层颜色

为了区分不同的图层对象，通常需要对图层的颜色进行更换。在"图层特性管理器"面板中，单击所需图层的"颜色"选项，打开"选择颜色"对话框，如下左图所示。在该对话框中，选择合适的颜色，单击"确定"按钮，即可更换当前图层颜色，如下右图所示。

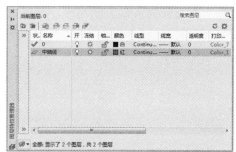

3. 更改图层线型

AutoCAD默认的图层线型为Continuous。但在制图过程中，每条线型的用途都不相同，用户需根据制图要求进行线型的更换，下面举例来介绍其操作步骤。

Step 01 在"图层特性管理器"面板中，单击所需图层的"线型"选项，打开"选择线型"对话框，单击"加载"按钮。

Step 02 打开"加载或重载线型"对话框，在"可用线型"列表框中选择合适的线型。

Step 03 选择好后，单击"确定"按钮，返回至上一层对话框，选择新加载的线型。

Step 04 选择完成后，单击"确定"按钮，即可完成图层线型的更改。

工程师点拨

线型比例的设置

设置好线型后，其线型比例默认为1，此时所绘制的线条无变化。用户可选中该线条，在命令行中输入CH命令后，按回车键，即可打开"特性"面板，然后选择"线型比例"选项，更改其比例值即可。

4. 更改图层线宽

在制图过程中，绘制的线段有宽有细才能让图纸显得生动、富有层次感。其具体设置步骤为：

在"图层特性管理器"面板中，单击所需图层的"线宽"选项，打开"线宽"对话框，如下左图所示。在线宽列表框中，选择合适的线宽选项，单击"确定"按钮，即可完成设置，如下右图所示。

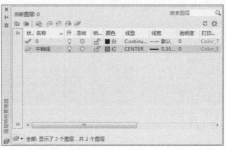

2.1.3 管理图层

创建好所需的图层后，如果没有对图层进行有序的管理，会使用户在制图过程中手忙脚乱，无所适从。有序地管理图层，会使用户在制图中产生事半功倍的效果。图层管理主要包括图层的置为当前、打开与关闭、冻结与解冻、锁定与解锁等。

1. 将图层置为当前

若要在某个图层上绘制图形对象，则需将该图层设置为当前图层。用户可在"图层特性管理器"面板中，双击要设置的图层，当该图层前显示 ✔ 图标，即可完成设置如下左图所示。用户也可以选中需要设置的图层，单击鼠标右键，选择"置为当前"命令，完成将图层置为当前设置，如下右图所示。

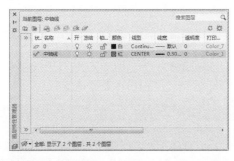
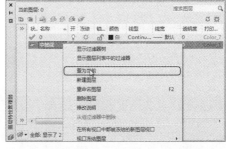

2. 打开／关闭图层

在制图过程中，若想将某些图形隐藏起来，可将该图形所在的图层关闭。单击"默认>图层>图层特性"命令，打开"图层特性管理器"面板，选择所需图层选项，这里选择"布艺"图层，单击"开"选项 ♀，如下左图所示。此时图中所有标注将被隐藏，如下右图所示。

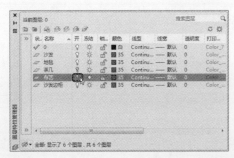
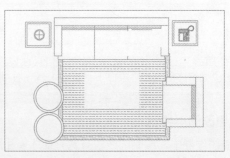

若想将关闭的图层重新打开，只需在"图层特性管理器"面板中，再次单击该图层中的"开"选项 💡，此时被隐藏的图形将会显示出来。

3. 冻结 / 解冻图层

冻结图层有利于减少系统运作的时间。当某图层被冻结，该图层中所有图形将被隐藏，不能操作。在"图层特性管理器"面板中，单击"冻结"选项 ☼，即可将当前图层冻结。再次单击"冻结"选项 ❄，即可解冻。

4. 锁定 / 解锁图层

锁定图层有利于对一些较复杂的图形进行编辑。当某图层被锁定后，该图层中的图形仍然显示，但不能对其操作。比如，在绘制平面图时，通常都是将轴线进行锁定，其后在此基础上绘制墙体及其他图形。

用户只需在"图层特性管理器"面板中，单击"锁定"选项 🔓，即可将该图层锁定，且该图层上的图形颜色会变浅，将光标移动到被锁定的图形上，十字光标旁边会出现一个锁的符号。再次单击"锁定"选项 🔒，即可将锁定的图层解锁，图层锁定前后的效果对此，如下图所示。

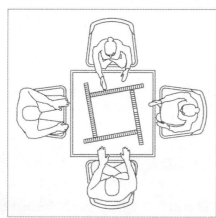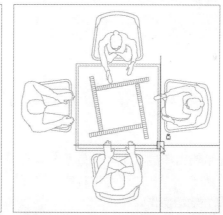

5. 删除图层

在绘图过程中难免会产生多余的图层，图层过多会影响到用户绘图的速度。此时可在"图层特性管理器"面板中，选中需删除的图层，单击"删除"按钮 ✖ 即可。用户也可以右击图层，在打开的快捷菜单中选择"删除图层"命令，将其删除。

6. 保存并输出图层

在绘制一些较为复杂的图纸时，通常需要创建多个图层并进行相关特性设置。若下次重新绘制这些图纸时，又得重新创建图层并设置图层特性，这样一来绘图效率会大大降低。使用图层保存和调用功能，可有效地避免一些重复的操作，从而提高绘图效率。下面将举例介绍图层的保存及输出操作。

Step 01 打开所需的图形文件，单击"图层特性"按钮，打开"图层特性管理器"面板，单击"图层状态管理器"按钮。

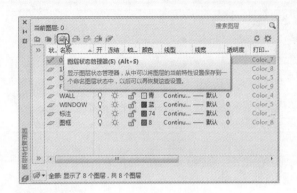

Step 02 在打开的"图层状态管理器"对话框中，单击"新建"按钮。

Step 03 打开"要保存的新图层状态"对话框，输入新图层名称，单击"确定"按钮。

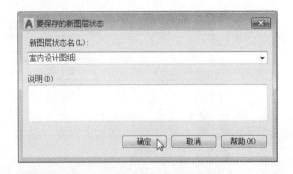

Step 04 在返回的"图层状态管理器"对话框中，单击"输出"按钮。

Step 05 在"输出图层状态"对话框中，选择好输出的路径，单击"保存"按钮，即可完成图层保存输出操作。

Step 06 若在Step 02的"图层状态管理器"对话框中，单击"输入"按钮，在"输入图层状态"对话框中选择保存好的图层文件，即可调用该图层文件。

2.2 | 绘制二维图形

二维图形的创建就是点、线、面三种基本图形的组合，掌握这些基本图形的操作，是学好AutoCAD软件的基础。

2.2.1 | 绘制点

在AutoCAD中，点可用于捕捉绘制对象的节点或参照点，用户可利用这些点，并结合其他操作命令，绘制出相关图形。

1. 设置点样式

在AutoCAD中，点的样式有很多种，用户只需根据自己的绘图习惯来进行选择。执行"格式>点样式"命令，打开"点样式"对话框。在该对话框中，根据需要选择合适的点样式，并调整"点大小"的值，单击"确定"按钮，即可完成设置，如右图所示。

2. 绘制点

点样式设置完成后，在"默认"选项卡的"绘图"面板中单击"多点"按钮，其后在绘图区中单击所需位置，即可完成点的绘制，如下图所示。

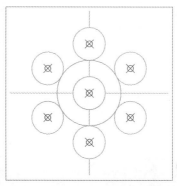

3. 定距等分

定距等分就是按指定的长度，从指定的端点测量一条直线、圆弧或多段线，并在其上按长度标记点或块标记。执行"绘图>点>定距等分"命令，选择图形对象，根据命令行中的信息提示设置线段长度，即可完成等分操作，如下图所示。

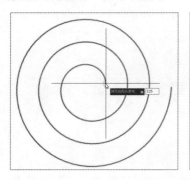
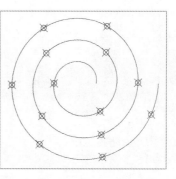

命令行提示如下：

```
命令：_measure
选择要定距等分的对象：                                    （选择图形）
指定线段长度或 [块 (B)]: 125                              （输入等分距离）
```

工程师点拨

"测量"操作注意事项

在执行"测量"命令时，如果输入的等分长度不能被对象总长度整除，那该对象最后的等分点到起始点之间的距离则不是输入的长度。

4. 定数等分

定数等分就是将所选对象等分为制定数目的相等长度，然后在该对象上按指定数目等间距创建点或插入块。执行"绘图>点>定数等分"命令，并根据命令行中的提示，设置等分数目，如下图所示。

命令行提示如下：

```
命令：_divide
选择要定数等分的对象：                                    （选择图形）
输入线段数目或 [块 (B)]: 6                                （输入等分数目）
```

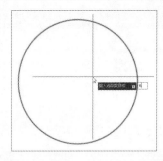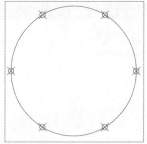

2.2.2 绘制直线形状

在AutoCAD中，绘制线形对象是二维绘图的基础，包括直线、射线、构造线、曲线和多线等的绘制。下面将分别对其操作进行介绍。

1. 直线

"直线"命令是AutoCAD中最常用命令之一，其绘制的方法较为简单。执行"绘图>直线"命令，指定线段的起点，其后根据命令行中的信息提示输入线段距离，按回车键，即可完成线段的绘制。

命令行提示如下：

```
命令：_line
指定第一个点：                                          （指定线段起点）
指定下一点或 [放弃 (U)]: 500                             （输入线段距离值）
指定下一点或 [放弃 (U)]:
```

2. 射线

射线是以一个起点为中心，向某方向无限延伸的直线，一般作为辅助线使用。用户只需执行"绘图>射线"命令，然后指定射线的起点，根据命令行中的信息提示输入射线参数，按回车键，完成射线的绘制，如下左图所示。

命令行提示如下：

```
命令：_ray 指定起点：                                          （指定射线起点）
指定通过点：@100<45                                            （输入射线参数）
指定通过点：*取消*                                          （按 Esc 键，退出操作）
```

3. 构造线

构造线是两端无限延伸的线条，它的用途与射线相同，都起着辅助作用。执行"绘图>构造线"命令，指定好构造线起点，并按照命令行中提示进行绘制，如下右图所示。

命令行提示如下：

```
命令：_xline
指定点或 [水平(H)/垂直(V)/角度(A)/二等分(B)/偏移(O)]:H（指定任意点，选择"水平"选项）
指定通过点： <正交 开>100                                     （输入构造线距离）
指定通过点：                                          （按 Esc 键，完成操作）
```

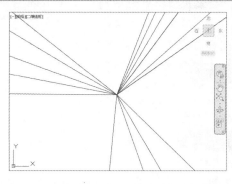 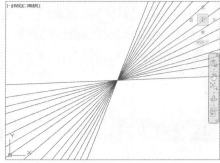

4. 多段线

多段线是由相连的直线段或弧线段构成的特殊线段，所绘制的图形是一个整体，用户可对其进行统一编辑。执行"绘图>多段线"命令，任意指定一点作为多段线起点，并根据命令行中的信息提示，设置起点宽度、端点宽度以及线形等，完成绘制。利用"多段线"命令绘制直线箭头及圆弧箭头的效果，如下图所示。

5. 多线

多线是一种由多条平行线组成的组合图形对象，主要用于绘制墙体及门窗等图形。

（1）设置多线样式

在AutoCAD软件中，不仅可创建和保存多线的样式或应用默认样式，还可设置多线中每个元素的颜色和线型，并能显示或隐藏多线转折处的边线。下面将举例介绍设置多线样式的操作。

Step 01 在命令行中输入MLSTYLE命令后，按回车键确认，打开"多线样式"对话框，单击"修改"按钮。

Step 02 在打开的"修改多线样式"对话框中，勾选"封口"选项组中"直线"的"起点"和"端点"复选框，并在"说明"文本框中输入"墙体"字样。

Step 03 新建"窗户"多线样式，在"新建多线样式"对话框中勾选"封口"选项组中"直线"的"起点"和"端点"复选框，然后设置图元偏移量及颜色。

Step 04 设置完成后，单击"确定"按钮，即可返回上一层对话框，并单击"确定"按钮，完成多线样式的设置。

（2）绘制多线

绘制多线的方法与绘制直线相同。用户只需在命令行中输入ML后，按回车键确认，然后按照命令行中的提示进行绘制，其结果如下图所示。

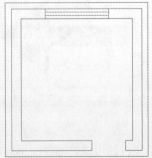

2.2.3 绘制矩形与正多边形

在绘制二维图形时，经常需要绘制方形和多边形图形，熟练掌握相关的绘图命令，可提高绘图效率。

1. 绘制矩形

"矩形"命令在AutoCAD中最常用的命令之一。在绘制时，用户需确定矩形的两个对角点，来完成绘制。执行"绘图>矩形"命令，并根据命令行中的信息提示，完成绘制，如下图所示。

命令行提示如下：

```
命令：_rectang
指定第一个角点或 ［倒角(C)/标高(E)/圆角(F)/厚度(T)/宽度(W)］:          （任意指定矩形起点）
指定另一个角点或 ［面积(A)/尺寸(D)/旋转(R)］: @600,600              （输入长、宽值）
```

2. 绘制正多边形

正多边形是由多条边长相等的闭合线段组合而成的，系统默认边数为4。用户可根据制图需要，更改其边数。执行"绘图>正多边形"命令，按照命令行中的提示信息完成绘制，如下图所示。

命令行提示如下：

```
命令：_polygon 输入侧面数 <4>: 8                              （输入多边形边数）
指定正多边形的中心点或 ［边(E)］:                              （指定多边形中心点）
输入选项 ［内接于圆(I)/外切于圆(C)］ <I>:                       （选择相切类型）
指定圆的半径： ＜正交 开＞ 50                                 （输入半径值）
```

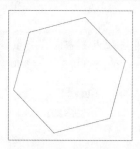

工程师点拨

快速绘制矩形的方法

在输入矩形角点距离值时，通常需要以坐标原点为中心，两次输入X、Y两点的坐标值。这样一来，容易让初学者混淆一些坐标值，从而大大降低了绘图速度。其实，只需加入@相对符号，然后直接输入矩形的长、宽值，即可完成矩形的绘制。

2.2.4 绘制曲线

AutoCAD中的曲线包括圆、圆弧、椭圆、样条曲线及修订云线等，这些曲线在建筑制图中是非常常见的。

1. 绘制圆

圆形在二维图形中的使用率相当高。用户只需执行"绘图>圆"命令，指定好圆心点，输入圆的半径值，即可完成绘制，如下图所示。

命令行提示如下：

```
命令：_circle
指定圆的圆心或 [三点(3P)/两点(2P)/切点、切点、半径(T)]:                    （指定圆心）
指定圆的半径或 [直径(D)] <30.0000>: 30                                （输入圆半径）
```

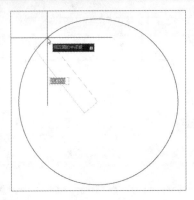 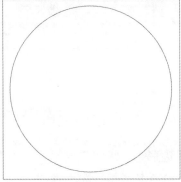

工程师点拨

圆的6种表现方法

在AutoCAD软件中，"圆"命令有6种表现方法："圆心、半径"、"圆心、直径"、"两点"、"三点"、"相切、相切，半径"及"相切、相切，相切"。其中"圆心、半径"命令为系统默认绘制方法。用户可根据绘图要求，选择相应的表现方法。在绘制时，只需根据命令行的提示信息，即可完成绘制。

2. 绘制圆弧

圆弧的形状主要是通过起点、方向、终点、包角、弦长和半径等参数来确定。执行"绘图>圆弧"命令，根据命令行中的信息提示完成圆弧的绘制，如下图所示。

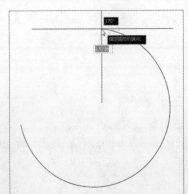 

命令行提示如下：

```
命令：_arc 指定圆弧的起点或 [圆心(C)]: c                    （选择"圆心"选项）
指定圆弧的圆心：                                          （指定圆弧圆心）
指定圆弧的起点：                                          （指定圆弧起点）
指定圆弧的端点或 [角度(A)/弦长(L)]: a                      （选择"角度"选项）
指定包含角：260                                           （输入角度值）
```

在AutoCAD中，除了以上所介绍绘制圆弧的方法外，用户还可以使用其他方法进行绘制。其中使用"起点、圆心、端点"、"起点、圆心、角度"、"起点、圆心、长度"、"起点、端点、方向"及"起点、端点、半径"命令是几种较为常用的方法。

- **起点、圆心、端点**：该方法是通过指定圆弧的起点、圆心和终点来进行绘制。
- **起点、圆心、角度**：该方法是通过指定圆弧的起点、圆心及圆弧所对应的圆心角来进行绘制。
- **起点、圆心、长度**：该方法是通过指定圆弧的起点、圆心和圆弧所对应的弦长来绘制。
- **起点、端点、方向**：该方法是通过指定圆弧的起点、终点和圆弧起点外的切线方向来进行绘制。
- **起点、端点、半径**：该方法是通过指定圆弧的起点、终点和圆弧的半径圆心角来进行绘制。当半径为正数时，绘制劣弧；当半径为负数时，绘制优弧。

3. 绘制椭圆

椭圆是由一条较长的轴和一条较短的轴定义而成。在AutoCAD中，绘制椭圆有3种表现方式：圆心；轴，端点；椭圆弧。其中"圆心"是系统默认的绘图方式。执行"绘图>椭圆"命令，指定好椭圆的圆心点，并根据命令行中的提示信息，确定短轴和长轴值，即可完成椭圆的绘制，如下图所示。

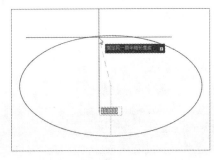 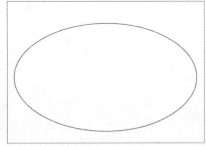

命令行提示如下：

```
命令：_ellipse
指定椭圆的轴端点或 [圆弧(A)/中心点(C)]: _c
指定椭圆的中心点：                                        （指定任意一点为中心点）
指定轴的端点：200                                         （指定一条半轴长度值）
指定另一条半轴长度或 [旋转(R)]: 400                        （指定另一条半轴长度值）
```

4. 绘制圆环

圆环是由两个同心圆组成的组合图形。执行"绘图>圆环"命令，根据命令行中的提示信息，输入圆环内径值和外径值，按回车键，指定圆环中心点，即可完成绘制操作，如下左图所示。

命令行提示如下：

```
命令：_donut
指定圆环的内径 <0.5000>：3                                    （输入环内径值）
指定圆环的外径 <1.0000>：6                                    （输入环外径值）
指定圆环的中心点或 <退出>：                                    （指定圆环中心点）
指定圆环的中心点或 <退出>：*取消*                              （按 Esc 键取消操作）
```

5. 绘制样条曲线

样条曲线可通过起点、控制点、终点及偏差变量来控制曲线的形状，常用于绘制结构图局部剖面的剖切面。执行"绘图>样条曲线>控制点"命令，根据命令行中的提示信息，指定点所在的位置，即可完成样条曲线的绘制，如下右图所示。

命令行提示如下：

```
命令：_SPLINE
当前设置：方式 = 控制点    阶数 =3
指定第一个点或 [方式 (M)/ 阶数 (D)/ 对象 (O)]：_M
输入样条曲线创建方式 [拟合 (F)/ 控制点 (CV)] <CV>：_CV
当前设置：方式 = 控制点    阶数 =3
指定第一个点或 [方式 (M)/ 阶数 (D)/ 对象 (O)]：                （指定样条曲线起点）
输入下一个点：                                                （指定曲线下一点位置）
输入下一个点或 [放弃 (U)]：                                   （按回车键完成操作）
```

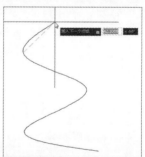

工程师点拨

编辑样条曲线

完成样条曲线的创建后，可对当前曲线进行编辑。选择绘制的曲线，将光标移至线条控制点上，系统自动打开快捷菜单，用户可根据需要选择相关命令进行编辑操作，如下图所示。

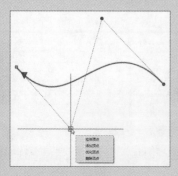
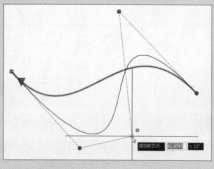

6. 绘制云线

云线是由连续圆弧组成的多段线，常常用于绘制花坛或花丛等图形。执行"绘图>修订云线"命令，根据命令行中的提示信息，设置弧长及样式，指定云线的起点，其后只需移动光标至合适位置，即可完成绘制。普通样式的云线及徒手绘制的云线效果如下图所示。

2.3 编辑二维图形

创建好二维图形后，用户可根据需要对其进行适当的编辑与修改，使图形显得更为完整、生动。

2.3.1 选择图形对象

选择对象是整个绘图工作的基础，在进行图形编辑操作时，首先需要选中要编辑的图形。在AutoCAD中，选取图形的方法有多种，如逐个选取、框选、快速选取以及编组选取等。下面将介绍几种较为常用的图形选择方法。

1. 逐个选取

当需要选择某对象时，在绘图区中直接单击该对象，当图形四周出现夹点形状时，即被选中。当然用户也可以根据需要进行多选，如下图所示。

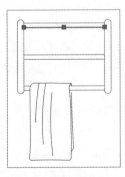 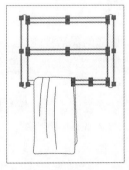

2. 框选

除了逐个选择的方法外，用户还可以对图形进行框选。框选的方法较为简单，在绘图区中，按住鼠标左键并拖动，直到所选择图形对象已在虚线框内，释放鼠标，即可完成框选操作。

框选图形的方法分为两种：从右至左框选和从左至右框选。当从右至左框选时，在图形中所有被框选到的对象以及与框选边界相交的对象都会被选中，如下图所示。

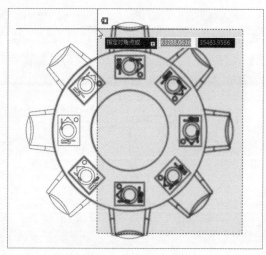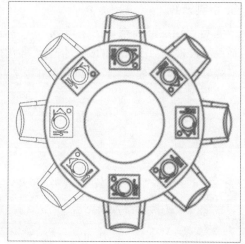

当从左至右框选时，所框选图形全部被选中，但与框选边界相交的图形对象则不被选中，如下图所示。

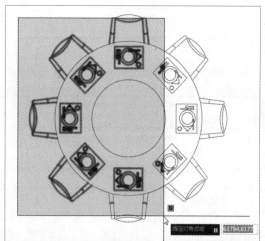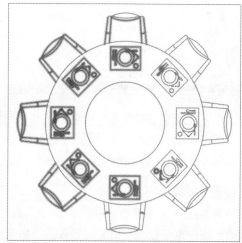

3.围选

使用围选的方式来选择图形的灵活性较大，可通过不规则图形围选需选择的图形。围选的方式可分为两种，分别为圈选和圈交。

（1）圈选

圈选是一种多边形窗口选择方法，其操作与框选的方式相似。用户在要选择图形任意位置指定一点，其后在命令行中，输入WP并按回车键，并在绘图区中指定其他拾取点，通过不同的拾取点构成任意多边形，如下左图所示。在该多边形内的图形将被选中，选择完成后，按回车键即可，如下右图所示。

命令行提示如下：

命令：	（指定圈选起点）
指定对角点或 [栏选 (F)/ 圈围 (WP)/ 圈交 (CP)]: wp	（输入"WP"圈围选项）
指定直线的端点或 [放弃 (U)]:	
指定直线的端点或 [放弃 (U)]:	（选择其他拾取点）

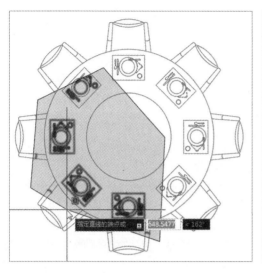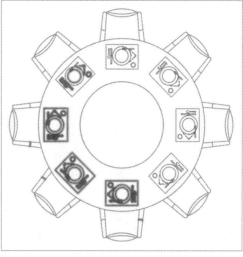

Chapter 01

Chapter 02

Chapter 03

Chapter 04

Chapter 05

Chapter 06

Chapter 07

Chapter 08

Chapter 09

Chapter 10

Chapter 11

（2）圈交

圈交与窗交方式相似，即以绘制一个不规则的封闭多边形作为交叉窗口来选择图形对象，完全包围在多边形中的图形与多边形相交的图形将被选中。用户只需在命令行中输入CP并按回车键，即可完成选取操作，如下图所示。

命令行提示如下：

```
命令：指定对角点或 ［栏选（F）/圈围（WP）/圈交（CP）］：cp
（输入CP选择"圈交"）
指定直线的端点或 ［放弃（U）］：                                          （圈选图形）
```

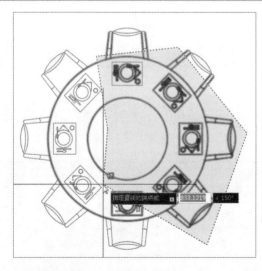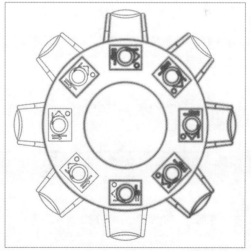

4. 快速选取

快速选择图形操作可以快速选择具有特定属性的图形对象，如相同的颜色、线型、线宽等。用户可根据图形的图层、颜色等特性来创建选择集。

执行"工具>快速选择"命令，打开"快速选择"对话框。在该对话框中根据需要进行相关选择设置，如下左图所示。用户也可在绘图区空白处单击鼠标右键，在打开的快捷菜单中选择"快速选择"命令，同样可打开"快速选择"对话框进行相关设置，如下右图所示。

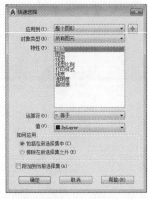 

"快速选择"对话框中的主要选项说明如下。

● **应用到**：在该下拉列表中，用户可选择过滤条件的应用范围。例如整个图形、当前选择集。

● **对象类型**：在该下拉列表中，用户可选择要过滤的对象类型。若当前有一个选择集，则包含多选对象的对象类型；若没有选择集，则下拉列表中包含所有可用的对象类型。

● **特性**：该列表框中的选项用于指定过滤条件的对象特性。

● **运算符**：在该下拉列表中，用户可选择控制过滤的范围。

● **值**：在该下拉列表中，用户可设置过滤的特性值。

● **如何应用**：在该选项组中，若选择"包括在新选择集中"单选按钮，则由满足过滤条件的对象构成选择集；若选择"排除在新选择集之外"单选按钮，则由不满足过滤条件的对象构成选择集。

● **附加到当前选择集**：该复选框用于设置由选取方式所创建的选择集是追加到当前选择集中，还是替代当前选择集。

工程师点拨

取消选取操作

用户在选择图形过程中，可随时按Esc键，终止目标图形对象的选择操作，并放弃已选中的目标。在AutoCAD中，如果没有进行任何编辑操作，可以按Ctrl+A组合键，选择绘图区中的全部图形。

2.3.2　编辑图形对象

在绘制图形时，经常会使用"复制"、"偏移"、"移动"、"阵列"、"镜像"以及"缩放"等命令，来对图形进行编辑和修改操作。下面将对编辑图形的相关命令进行介绍。

1. 复制图形

在制图过程中，如果需要绘制多个相同的图形，可以运用"复制"命令进行操作。执行"修改>复制"命令，选中需要复制的图形，其后选择复制基点，即可完成复制操作，如下图所示。

命令行提示如下：

```
命令：_copy
选择对象：指定对角点：找到 2 个                              （选中所要复制的图形）
选择对象：                                                  （按回车键）
```

当前设置： 复制模式 = 多个

指定基点或 [位移 (D)/ 模式 (O)] < 位移 >： （指定复制基点）

指定第二个点或 [阵列 (A)] < 使用第一个点作为位移 >： （向右移动光标，指定所需复制到的点）

指定第二个点或 [阵列 (A)/ 退出 (E)/ 放弃 (U)] < 退出 >：

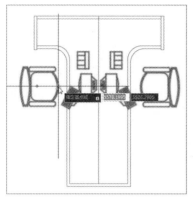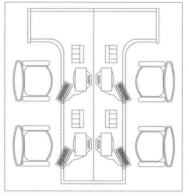

2. 移动图形

移动图形是将单个或多个图形对象从当前位置移至到新位置上。执行"修改>移动"命令，选中要移动的图形，并根据命令行中的提示完成移动操作，如下图所示。

命令行提示如下：

命令：_move

选择对象：指定对角点：找到 4 个 （选中下图中的灯具图形）

选择对象： （按回车键）

指定基点或 [位移 (D)] < 位移 >： （选中灯具中心点）

指定第二个点或 < 使用第一个点作为位移 >： （指定所要移动到的点位置）

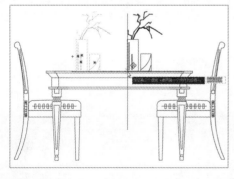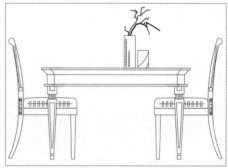

3. 偏移图形

偏移图形操作可以创建一个与选定对象等距的曲线对象，即创建一个与选定对象类似的新对象，并将偏移的对象放置在离原对象一定距离的位置上，同时保留原对象。执行"修改>偏移"命令，根据命令行的提示信息，设置好偏移距离，即可完成偏移操作，如下图所示。

命令行提示如下：

命令：_offset

当前设置：删除源 = 否　图层 = 源　OFFSETGAPTYPE=0

指定偏移距离或 [通过 (T)/ 删除 (E)/ 图层 (L)] < 通过 >： 200 （输入偏移距离值）

选择要偏移的对象，或 ［退出 (E)/ 放弃 (U)］〈退出〉:	（选择要偏移的线段）
指定要偏移的那一侧上的点，或 ［退出 (E)/ 多个 (M)/ 放弃 (U)］〈退出〉:	（选择偏移方向）
选择要偏移的对象，或 ［退出 (E)/ 放弃 (U)］〈退出〉: *取消*	（按 Esc 键取消操作）

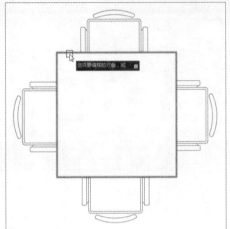 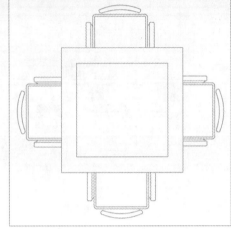

执行偏移操作的注意事项

在执行"偏移"操作时，需先输入偏移值，再选择偏移对象。"偏移"命令只能偏移直线、斜线、曲线或多段线，不能偏移图块。

4. 阵列图形

"阵列"命令是一种有规则的复制命令，当用户遇到一些按规则分布的图形时，可以使用该命令来进行绘制。在AutoCAD中，阵列类型有3种，分别为环形阵列、矩形阵列、路径阵列。

（1）矩形阵列

矩形阵列是指对图形进行阵列复制后，图形呈矩形分布。执行"修改>阵列>矩形阵列"命令，根据命令行中的提示信息设置行、列阵列值以及间距值等参数，如下图所示。

命令行提示如下：

```
命令: _arrayrect
选择对象：找到 1 个
选择对象：                                              （选择需要阵列的对象）
类型 = 矩形   关联 = 是
选择夹点以编辑阵列或 ［关联 (AS)/ 基点 (B)/ 计数 (COU)/ 间距 (S)/ 列数 (COL)/ 行数 (R)/ 层数 (L)/ 退出 (X)］〈
退出〉: cou                                             （选择"计数"选项）
输入列数数或 ［表达式 (E)］〈4〉: 2                          （输入列数值）
输入行数数或 ［表达式 (E)］〈3〉: 4                          （输入行数值）
选择夹点以编辑阵列或 ［关联 (AS)/ 基点 (B)/ 计数 (COU)/ 间距 (S)/ 列数 (COL)/ 行数 (R)/ 层数 (L)/ 退出 (X)］〈
退出〉: s                                               （选择"间距"选项）
指定列之间的距离或 ［单位单元 (U)］〈2025〉: 2700              （输入列间距值）
指定行之间的距离 〈2025〉:1450                             （输入行间距值）
选择夹点以编辑阵列或 ［关联 (AS)/ 基点 (B)/ 计数 (COU)/ 间距 (S)/ 列数 (COL)/ 行数 (R)/ 层数 (L)/ 退出 (X)］〈
退出〉:                                                 （按两次回车键完成操作）
```

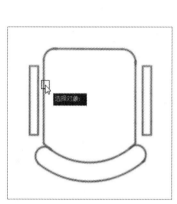
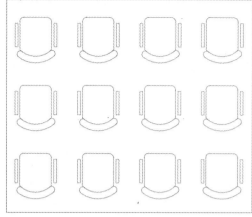

选中阵列后的图形，此时在功能区中会打开"阵列"选项卡，在该选项卡中，用户可对阵列后的图形进行编辑修改，如下图所示。

在"阵列"选项卡中，各常用参数说明如下。

● **基点**：指定需要阵列基点和夹点的位置。

● **总计**：指定阵列行数和列数，可以动态观察变化。

● **介于**：指定阵列行间距和列间距，在移动光标时可以动态观察结果。

● **列数**：指定阵列中的列数。

● **行数**：指定阵列中的行数。

● **编辑来源**：单击该按钮，可编辑选定项的原对象或替换原对象。

● **替换项目**：单击该按钮，可引用原始源对象的所有项。

● **重置矩阵**：单击该按钮，恢复已删除项并删除任何替代项。

（2）环形阵列

环形阵列是指阵列后的图形呈环形。执行"修改>阵列>环形阵列"命令，根据命令行中的提示信息，指定环形中心点，再设置阵列数值、阵列角度等参数，如下图所示。

命令行提示如下：

```
命令：_arraypolar
选择对象：找到 1 个
选择对象：
类型 = 极轴    关联 = 是
指定阵列的中心点或 [基点(B)/旋转轴(A)]：
输入项目数或 [项目间角度(A)/表达式(E)] <4>：e                    （选择"表达式"选项）
输入表达式：6                                               （选择需要阵列数目值）
指定填充角度(+=逆时针、-=顺时针)或 [表达式(EX)] <360>：        （确定阵列角度）
按 Enter 键接受或 [关联(AS)/基点(B)/项目(I)/项目间角度(A)/填充角度(F)/行(ROW)/层(L)/旋转项目
(ROT)/退出(X)]                                           （按回车键完成操作）
```

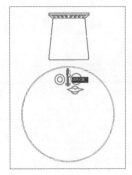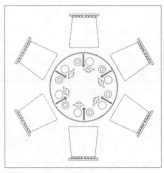

环形阵列完毕后，选中阵列的图形，同样会打开"阵列"选项卡。在该选项卡中可对阵列后的图形进行编辑，如下图所示。

在环形阵列的"阵列"选项卡中，各主要选项组的应用说明如下。

- **项目**：在该面板中，可设置阵列项目数、阵列角度以及指定阵列中第一项到最后一项之间的角度。
- **行**：该面板可设置阵列的行数、行间距以及行的总距离值。
- **层级**：该面板可设置阵列的层数、层间距以及级层的总距离。
- **特性**：该面板可重新设置阵列基点、阵列对象的旋转及旋转角度。

（3）路径阵列

路径阵列是根据所指定的路径，对曲线、弧线、折线等开放型线段进行阵列。执行"修改>阵列>路径阵列"命令，按照命令行中的提示信息，选中所需阵列的路径，并输入阵列数值，即可完成阵列操作，如下图所示。

命令行提示如下：

```
命令：_arraypath
选择对象：找到 1 个                                              （选择阵列对象）
选择对象：
类型 = 路径  关联 = 是
选择路径曲线：                                                  （选择阵列路径）
选择夹点以编辑阵列或 [关联(AS)/方法(M)/基点(B)/切向(T)/项目(I)/行(R)/层(L)/对齐项目(A)/z 方向(Z)/
退出(X)] <退出>：
```

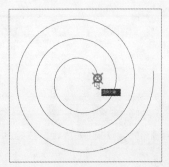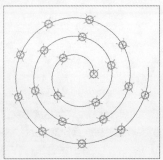

同样，在执行路径阵列后，系统也会打开"阵列"选项卡。该选项卡与其他阵列选项卡相似，都可对阵列后的图形进行编辑操作，如下图所示。

在路径阵列的"阵列"选项卡中，各主要选项的应用说明如下。

● **项目**：该面板可设置阵列的项目数、项目间距、项目总间距等参数。
● **对齐项目**：单击该按钮，可指定是否对其每个项目以与路径方向相切。
● **Z方向**：单击该按钮，可指定是否保持原始的Z方向或沿三维路径自然倾斜项目。

5. 镜像图形

"镜像"命令可生成与所选对象相对称的图形。执行"修改>镜像"命令，根据命令行中的提示信息，选中需镜像图形，并确定镜像轴，即可完成图形镜像操作，如下图所示。

命令行提示如下：

```
命令：_mirror
选择对象：指定对角点：找到 188 个                        （选中所需镜像的图形）
选择对象：                                              （按回车键）
指定镜像线的第一点：                                     （选择镜像线起点）
指定镜像线的第二点：                                     （选择镜像线端点）
要删除源对象吗？[是(Y)/否(N)] <N>：                      （按回车键，完成操作）
```

6. 缩放图形

"缩放"命令可将图形对象按照一定的比例进行缩放操作。执行"修改>缩放"命令，根据命令行提示选择缩放图形，并输入缩放比例值，即可完成图形的缩放操作，如下图所示。

命令行提示如下：

命令：sc SCALE 找到 1 个	（选中所需缩放的图形）
指定基点：	
（选择缩放基点）	
指定比例因子或 [复制(C)/参照(R)]：1.5	（输入缩放比例值）

工程师点拨

放大/缩小图形

在缩放图形时，当确定缩放的比例值后，系统将相对于基点进行缩放对象操作，其默认比例值为1。输入比例值大于1时，该图形放大显示；当比例值大于0而小于1时，该图形缩小显示。输入的比例值必须为自然数。

7. 旋转图形

"旋转"命令用于将当前图形对象绕基点按指定的角度进行旋转。执行"常用>修改>旋转"命令 ○，按照命令行中的提示信息，选中需旋转的图形并输入旋转角度，即可完成图形的旋转操作，如下图所示。

命令行提示如下：

命令：_rotate	
UCS 当前的正角方向：ANGDIR=逆时针 ANGBASE=0	
选择对象：找到 1 个	（选中下图中座椅图形）
选择对象：	（按回车键）
指定基点：	（选择座椅中心点）
指定旋转角度，或 [复制(C)/参照(R)] <0>：-30	（输入旋转角度）

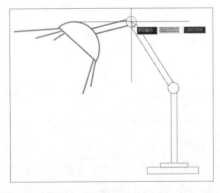

2.3.3 修改图形对象属性

在制图过程中，为了使绘制的图形更标准，通常会使用修改命令对图形进行修改。例如修剪图形、延伸图形、图形倒角、打断图形及分解图形等。

1. 修剪图形

"修剪"命令可对超出图形边界的部分进行修剪。修剪的对象可以是线段、圆弧、曲线等。执行"修改>修剪"命令，按照命令行中的提示信息，完成修剪操作，如下图所示。

命令行提示如下：

```
命令：_trim
当前设置：投影 =UCS，边 = 无
选择剪切边 ...
选择对象或 < 全部选择 >：  指定对角点：找到 13 个                        （全选图形）
选择对象：                                                     （按回车键）
选择要修剪的对象，或按住 Shift 键选择要延伸的对象，或
[ 栏选 (F)/ 窗交 (C)/ 投影 (P)/ 边 (E)/ 删除 (R)/ 放弃 (U)]：      （选择需修剪的线段）
```

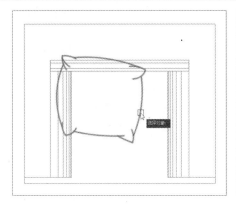 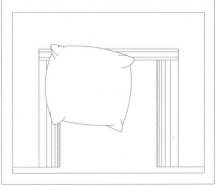

2. 延伸图形

"延伸"命令是将指定的图形对象延伸到指定的边界。执行"修改>延伸"命令，按照命令行提示信息完成延伸操作，如下图所示。

命令行提示如下：

```
命令：ex EXTEND
当前设置：投影 =UCS，边 = 无
选择边界的边 ...
选择对象或 < 全部选择 >：  找到 4 个                    （选择所要延伸到的边界线段）
选择对象：                                              （按回车键）
选择要延伸的对象，或按住 Shift 键选择要修剪的对象，或
[ 栏选 (F)/ 窗交 (C)/ 投影 (P)/ 边 (E)/ 放弃 (U)]：  指定对角点：      （选择要延伸的线段）
```

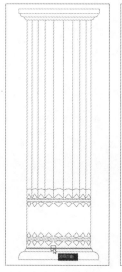 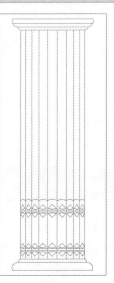

3. 分解图形

若想对组合图形进行编辑，则需用到"分解"命令。执行"修改>分解"命令，选中需分解的图形，按回车键，即可完成分解操作，如下图所示。

命令行提示如下：

```
命令：_explode
选择对象：找到 1 个                              （选择要分解的图形）
选择对象：                                     （按回车键，完成分解）
```

 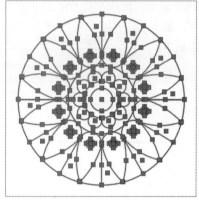

4. 打断图形

"打断"命令用于部分删除对象或把对象分解成两部分。执行"修改>打断"命令，根据命令行中的提示信息完成图形的打断操作，如下图所示。

命令行提示如下：

```
命令：_break 选择对象：                         （选择下左图中的 A 点）
指定第二个打断点 或 [第一点(F)]：               （选择下左图中的 B 点）
```

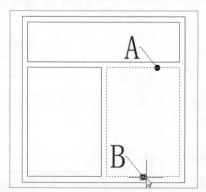 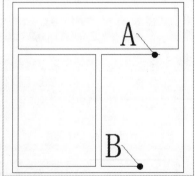

5. 图形倒直角

"倒直角"命令可将两个非平行的直线以直线连接。执行"修改>倒直角"命令，按照命令行中的提示信息进行倒角设置，如下左图所示。

命令行提示如下：

```
命令：_chamfer
（"修剪"模式）当前倒角距离 1 = 0.0000，距离 2 = 0.0000
```

```
选择第一条直线或 [ 放弃 (U)/ 多段线 (P)/ 距离 (D)/ 角度 (A)/ 修剪 (T)/ 方式 (E)/ 多个 (M)]: d
指定 第一个 倒角距离 <0.0000>: 300                                              (输入第一倒角距离)
指定 第二个 倒角距离 <300.0000>:                                                (按回车键，默认当前距离)
选择第一条直线或 [ 放弃 (U)/ 多段线 (P)/ 距离 (D)/ 角度 (A)/ 修剪 (T)/ 方式 (E)/ 多个 (M)]:
选择第二条直线，或按住 Shift 键选择直线以应用角点或 [ 距离 (D)/ 角度 (A)/ 方法 (M)]:
```

6. 图形倒圆角

"倒圆角"命令可将两个相交的线段运用弧线相连，并且该弧线与两条线条相切。执行"常用>修改>倒圆角"命令，根据命令行中的提示信息，设置圆角半径值，并选择两条倒角边，即可完成倒圆角操作，如下右图所示。

命令行提示如下：

```
命令：f FILLET
当前设置：模式 = 修剪，半径 = 0.0000
选择第一个对象或 [ 放弃 (U)/ 多段线 (P)/ 半径 (R)/ 修剪 (T)/ 多个 (M)]: r      (选择"半径"选项)
指定圆角半径 <0.0000>: 50                                                      (输入圆角半径值)
选择第一个对象或 [ 放弃 (U)/ 多段线 (P)/ 半径 (R)/ 修剪 (T)/ 多个 (M)]:        (选择一条倒角边)
选择第二个对象，或按住 Shift 键选择对象以应用角点或 [ 半径 (R)]:                (选择另一条倒角边)
```

2.3.4 编辑多线、多段线及样条曲线

绘制多线、多段线以及样条曲线后，用户可以根据需要对所绘制的图形进行修改或编辑，下面介绍具体操作方法。

1. 编辑多线

AutoCAD软件提供了多个多线编辑工具，用户只需在菜单栏中执行"修改>对象>多线"命令，在打开的"多线编辑工具"对话框中，根据需要选择相关编辑工具，即可进行多线编辑。当然在绘图区中，双击要编辑的多线，也可打开"多线编辑工具"对话框。下面将举例介绍编辑多线的具体操作步骤。

Step 01 打开图形文件后，双击所需编辑的多线。

Step 02 打开"多线编辑工具"面板，根据需要选择相关编辑工具，这里选择"T形打开"工具。

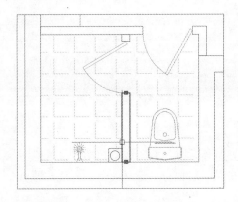

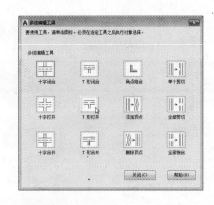

Step 03 在绘图区中，根据命令行的提示信息，选择两条需要修改的多线。

Step 04 选择完成后，即可完成多线的修剪编辑。

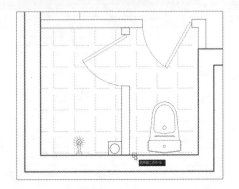

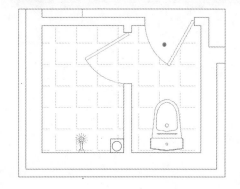

2. 编辑多段线

编辑多段线的方式有多种，其中包括闭合、合并、线段宽度以及移动、添加或删除单个顶点等。用户只需双击要编辑的多段线，其后根据命令行中的提示信息，选择相关编辑方式，即可进行操作。

命令行提示如下：

```
命令: _pedit
输入选项 [闭合(C)/合并(J)/宽度(W)/编辑顶点(E)/拟合(F)/样条曲线(S)/非曲线化(D)/线型生成(L)/反转(R)/
放弃(U)]: *取消*
```

下面将对多段线的编辑方式进行说明。

- **闭合**：该选项用于闭合多段线。
- **合并**：该选项用于合并直线、圆弧或多段线，使所选对象成为一条多段线。执行"合并"操作的前提是各段对象首尾相连。
- **宽度**：该选项用户设置多段线的线宽。
- **拟合**：该选项可以将多段线的拐角用光滑的圆弧曲线进行连接。
- **样条曲线**：该选项可以用样条曲线拟合多段线。
- **线型生成**：该选项用于控制多段线线型生成方式的开关。

3. 编辑样条曲线

在Auto CAD软件中，不仅可对多段线进行编辑，也可对绘制完成的样条曲线进行编辑。执行

"修改>编辑样条曲线"命令，根据命令行中的提示信息，选中需编辑的样条曲线，其后选择相关操作选项，即可进行相关编辑操作。

```
命令：_splinedit
输入选项 [闭合(C)/合并(J)/拟合数据(F)/编辑顶点(E)/转换为多段线(P)/反转(R)/放弃(U)/退出(X)] <退出>：
```

命令行中各选项说明如下。

- 闭合：将开放的样条曲线的开始点与结束点闭合。
- 合并：将两条或两条以上的开放曲线进行合并操作。
- 拟合数据：在该选项中有多项操作子命令，例如添加、闭合、删除、扭折、清理、移动、公差等，用于对曲线上的拟合点进行操作。
- 编辑顶点：其用法与编辑多段线的操作相似。
- 转换为多段线：将样条曲线转换为多段线。
- 反转：反转样条曲线的方向。
- 放弃：放弃当前操作，不保存更改。
- 退出：结束当前操作，退出该命令。

2.4 应用图块

图块是一个或多个对象组成的集合，常用于绘制复杂、重复的图形。一旦对象组合成块，就可以根据绘图需要，将这组对象插入到图中任意的位置。这样可以避免重复绘制图形，提高工作效率。

2.4.1 创建图块

在绘图时，除了可调用已有的图块，还可以根据需要创建图块。绘制好图块后，用户可以执行"绘图>块>创建"命令，在打开的"块定义"对话框中，按照系统提示完成图块的创建操作。下面将举例来介绍其操作步骤。

Step 01 打开"餐桌椅.dwg"素材文件。

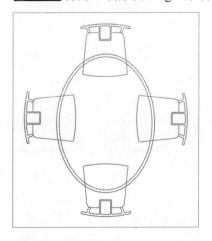

Step 02 执行"绘图>块>创建"命令，在打开的"块定义"对话框中单击"选择对象"按钮。

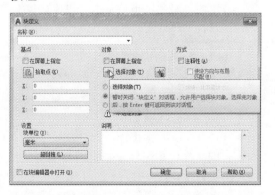

Step 03 在绘图区中框选餐桌图形。

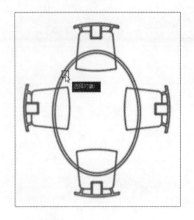

Step 04 返回"块定义"对话框，单击"拾取点"按钮，在绘图区中指定插入基点。

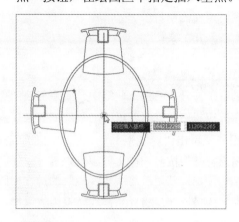

Step 05 再次返回"块定义"对话框，输入块名称，单击"确定"按钮，即可完成图块的创建。

Step 06 将光标移至图形上，会出现"块参照"的提示框。

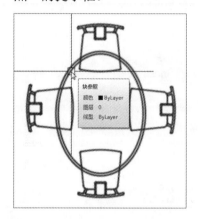

下面将对"块定义"对话框中的各选项进行说明。

- **名称**：用于输入块的名称，最多可使用255个字符。

- **基点**：该选项组用于指定图块的插入基点。系统默认图块的插入基点值为（0,0,0），用户可直接在X、Y和Z数值框中输入坐标相对应的数值，也可以单击"拾取点"按钮，切换到绘图区中指定基点。

- **对象**：用于设置组成块的对象。单击"选择对象"按钮，可以切换到绘图窗口中，选择组成块的各对象；也可单击"快速选择"按钮，在打开的"快速选择"对话框中，设置所选择对象的过滤条件。

- **保留**：选择该单选按钮，则表示创建块后，仍在绘图窗口中保留组成块的各对象。

- **转换为块**：选择该单选按钮，则表示创建块后，将组成块的各对象保留并把它们转换成块。

- **删除**：选择该单选按钮，则表示创建块后，删除绘图窗口中组成块的各对象。

- **设置**：该选项组中的参数用于指定图块的设置。

- **方式**：在该选项组中，用户可以设置插入后的图块是否允许被分解、是否统一比例缩放等。

- **说明**：该选项组用于指定图块的文字说明，在该文本框中可以输入当前图块说明部分的内容。

- **超链接**：单击该按钮，即可打开"插入超链接"对话框，在该对话框中可以插入超级链接文档。
- **在块编辑器中打开**：勾选该复选框，创建图块后，可以在块编辑器窗口中进行"参数"、"参数集"等选项的设置。

2.4.2 插入图块

创建图块后，即可将图块插入至图形中需要的位置。用户可执行"插入>块"命令，打开"插入"对话框，单击"浏览"按钮，在打开的"选择图形文件"对话框中，选择要插入的图块文件，单击"打开".按钮即可，如下图所示。

下面将对"插入"对话框中各选项进行说明。

- **名称**：用于选择块或图形的名称。用户也可以单击"浏览"按钮，在打开"选择图形文件"对话框中选择保存的块和外部图形。
- **插入点**：用于设置块的插入点位置。用户可直接在X、Y、Z文本框中输入点的坐标，也可以通过勾选"在屏幕上指定"复选框，在屏幕上指定插入点位置。
- **比例**：用于设置块的插入比例，用户可直接在X、Y、Z文本框中输入块在3个方向的比例，也可通过勾选"在屏幕上指定"复选框，在屏幕上指定块的插入比例。此外，该选项组中的"统一比例"复选框用于确定所插入块在X、Y、Z三个方向的插入比例是否相同，勾选时表示比例相同，此时用户只需要在X文本框中输入比例值即可。
- **旋转**：用于设置块插入时的旋转角度。用户可直接在"角度"文本框中输入角度值，也可以勾选"在屏幕上指定"复选框，在屏幕上指定旋转角度。
- **分解**：勾选该复选框，可以将插入的块分解成多个基本对象。

2.5 填充图形图案

图案填充是一种使用图形图案对指定图形区域进行填充的操作。用户可使用图案进行填充，也可使用渐变色进行填充。填充完毕后，还可对填充的图形进行编辑操作。下面将分别对图形的图案和渐变色填充操作进行介绍。

2.5.1 填充图案

在AutoCAD软件中，执行"绘图>图案填充"命令，在打开的"图案填充创建"选项卡中，用户可对填充的图案、图案特性、拾取点等参数进行设置，下面将举例介绍其操作步骤。

Step 01 打开素材文件。

Step 02 执行"绘图>图案填充"命令，在"图案填充创建"选项卡的"图案"面板中选择合适的图案。

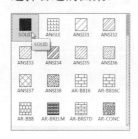

Step 03 单击"图案填充颜色"选项，从下拉列表中选择合适的填充颜色。

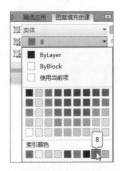

Step 04 设置完成后，在绘图区中单击要填充的区域，按回车键，完成图案填充操作。

2.5.2 填充渐变色

"图案填充"命令除了可设置图形的图案填充，还可以根据绘图需要，设置图形的渐变色填充，使图形内容更丰富、更有观赏性。下面将举例介绍图形渐变色填充的具体操作步骤。

Step 01 打开"餐厅平面填充"素材文件。

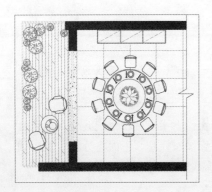

Step 02 执行"绘图>渐变色"命令，在绘图区中选择阳台区域进行填充。

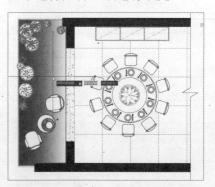

Step 03 在"图案填充创建"选项卡的"特性"面板中设置渐变色1和2效果后，设置填充的透明度为50。

Step 04 设置完成后，观察填充效果。

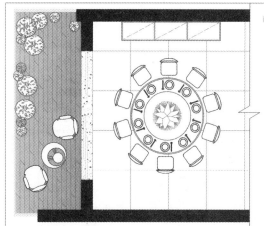

Step 05 执行"绘图>图案填充"命令，选择实体图案，设置颜色为9号灰色，填充客厅地面。

工程师点拨

设置渐变色透明度

在进行渐变色填充时，用户可设置渐变色的透明度。选中所需设置的渐变色，在"图案填充创建"选项卡的"特性"面板中拖动透明度滑块或在右侧文本框中输入数值。数值越大，颜色越透明。

2.6　添加尺寸标注与注释

尺寸标注是图纸中的测量注释，它是一张设计图纸不可缺少的组成部分。尺寸标注可精确地反映图形对象各部分的大小及其相互关系，是指导施工的重要依据。

2.6.1　设置标注尺寸样式

在标注尺寸前，应对尺寸标注的样式进行设定，通常需设定好箭头样式、箭头大小、文字大小及尺寸标注线样式等，下面介绍具体设置步骤。

Step 01 执行"注释>标注"命令 ，打开"标注样式管理器"对话框。

Step 02 单击"修改"按钮，打开"修改标注样式"对话框，在"主单位"选项卡中设置标注精度为0。

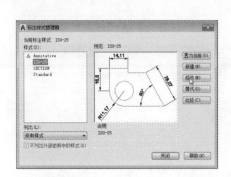

Step 03 切换到"调整"选项卡,选择"文字始终保持在尺寸界线之间"单选按钮。

Step 04 在"文字"选项中设置"文字高度"为100,设置"从尺寸线偏移"为10。

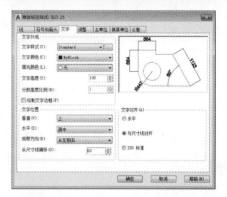

Step 05 在"符号和箭头"选项卡中设置箭头与引线类型后,设置箭头大小。

Step 06 在"线"选项卡中设置超出尺寸线的值和固定尺寸界线的长度。

Step 07 设置完毕后关闭对话框,返回到"标注样式管理器"对话框中,依次单击"置为当前"、"关闭"按钮。

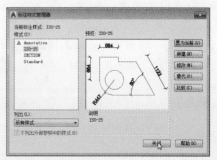

2.6.2 创建尺寸标注

在AutoCAD中，尺寸标注的类型有很多种，在建筑制图中比较常用的几种类型是"线性"、"连续"和"半径"等。

1. 线性标注

线性标注是最基本的标注类型，它可以在图形中创建水平、垂直或倾斜的尺寸标注。用户可执行"标注>线性"命令，在绘图区中指定需标注图形的起点和端点，并确定好标注尺寸的位置，即可完成线性标注操作，如下图所示。

命令行提示如下：

```
命令：_dimlinear
指定第一个尺寸界线原点或〈选择对象〉：                     （指定测量第1点）
指定第二条尺寸界线原点：                                 （指定测量第2点）
指定尺寸线位置或［多行文字（M）/文字（T）/角度（A）/水平（H）/垂直（V）/旋转（R）］：
标注文字 = 2867
```

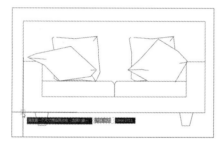
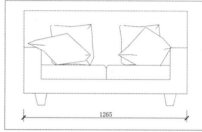

1265

2. 半径标注

半径标注主要用于标注圆形或圆弧的半径尺寸，用户可执行"标注>半径"命令，选中圆或圆弧，并确定好合适的尺寸位置，完成半径标注操作，如下图所示。

命令行提示如下：

```
命令：_dimradius
选择圆弧或圆：                                          （选中所需标注圆的圆弧）
标注文字 = 50
指定尺寸线位置或［多行文字（M）/文字（T）/角度（A）］：*取消*
```

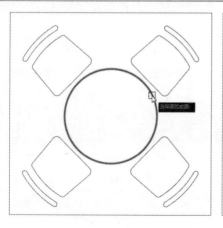
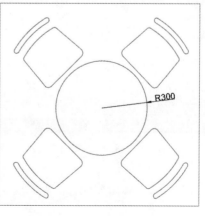

R300

工程师点拨

其他尺寸标注命令

除了以上两种最常用的标注类型外，AutoCAD中还包括"对其"、"弧长"、"角度"、"直径"等其他类型，其操作方法与以上所介绍的相似，都可根据命令行中的提示信息进行标注。

3. 连续标注

连续标注可以用于标注同一方向上连续的线性标注或角度标注，它是以上一个标注或指定标注的第二条尺寸界线为基准连续创建的。执行"标注>连续"命令，选择上一个尺寸界线，依次捕捉剩余测量点，按回车键完成操作，如下图所示。

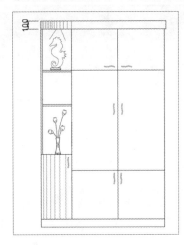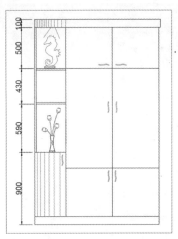

命令行提示如下：

```
命令：_dimcontinue
选择连续标注：                                          (选择上一个标注界线)
指定第二条尺寸界线原点或 [放弃(U)/选择(S)] <选择>：
(依次捕捉下一个测量点)
标注文字 = 480
指定第二条尺寸界线原点或 [放弃(U)/选择(S)] <选择>：
标注文字 = 40
选择连续标注：*取消*
```

4. 基线标注

基线标注又称平行尺寸标注，用于多个尺寸标注时使用同一条尺寸线作为尺寸界线的情况。执行"标注>基线"命令，选择所需指定的基准标注，其后依次捕捉其他延伸线的原点，按回车键，即可创建出基线标注，如下图所示。

命令行提示如下：

```
命令：_dimbaseline
选择基准标注：                                          (选择第一个基准标注界线)
指定第二条尺寸界线原点或 [放弃(U)/选择(S)] <选择>：
(依次捕捉尺寸测量点)
标注文字 = 670
```

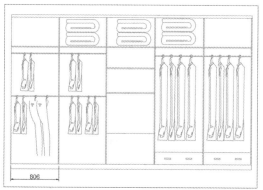
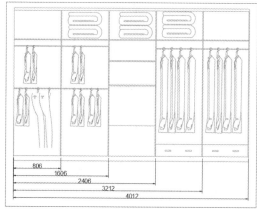

2.6.3 编辑尺寸标注

尺寸标注创建完毕后，若对该标注不满意，可使用AutoCAD的各种编辑功能，对创建好的尺寸标注进行修改编辑。其编辑功能包括：修改尺寸标注文本、调整标注文字位置以及分解尺寸对象等。

1. 修改尺寸文本

若要修改当前标注内容，只需双击要修改的尺寸标注，在打开的文本编辑框中输入新标注内容，其后单击绘图区空白处即可，如下图所示。

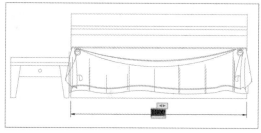
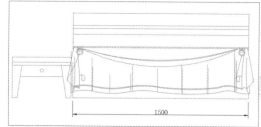

工程师点拨

修改尺寸文本的其他命令

若需对尺寸文本的角度进行修改，可执行"注释>标注>文字角度"命令，根据命令行中的提示信息，选中需要修改的标注文本，并输入文字角度即可；若需对文本的位置进行修改，可执行"注释>标注>左对正/居中对正/右对正"命令，根据命令行中的提示信息，选中需要编辑的标注文本，即可完成相应的设置。

2. 调整标注间距

调整标注间距可调整平行尺寸线之间的距离，使其间距相等或在尺寸线处相互对齐。执行"标注>调整间距"命令，根据命令行中的提示选中基准标注，其后选择要产生间距的尺寸标注，并输入间距值，按回车键完成操作，如下图所示。

命令行提示如下：

```
命令：_DIMSPACE
选择基准标注：                                          （选择基准标注）
选择要产生间距的标注：指定对角点：找到 1 个              （选择要调整的标注线）
```

选择要产生间距的标注：	（按回车键）
输入值或 ［自动（A）］〈自动〉：200	（输入调整间距值，回车）

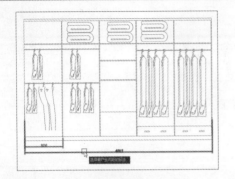 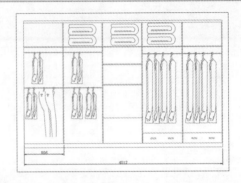

2.6.4 添加引线标注

引线标注可以注释对象信息，常用于对图形中的某些特定对象进行说明，使图形表达更清楚。在添加引线标注前，通常需要对引线样式进行设置。

1. 设置引线样式

引线样式的设置通常包括箭头样式、箭头大小以及注释文字大小等，下面对其设置步骤进行介绍。

Step 01 执行"格式>多重引线样式"命令，打开"多重引线样式管理器"对话框。

Step 02 单击"修改"按钮，打开"修改多重引线样式"对话框，在"引线格式"选项卡中设置引线类型及箭头符号类型。

Step 03 在"内容"选项卡中设置"文字高度"值。

Step 04 单击"确定"按钮，在返回到上一层对话框中，单击"置为当前"按钮，即可完成引线样式的设置。

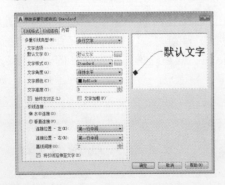 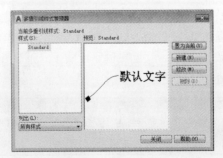

2. 引线标注的添加

引线样式设置好后，执行"标注>多重引线"命令，在绘图区中指定引线的起点和端点，然后输入注释内容，即可完成引线标注的添加，具体操作步骤如下。

Step 01 打开所需文件，执行"注释>多重引线"命令，在绘图区中指定引线起点。

Step 02 接着指定引线端点，并输入注释内容，即可完成引线注释的添加操作。

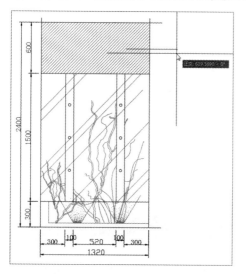

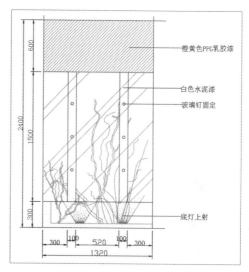

2.7 创建文字和表格

使用文字和表格功能，可对图形进行文字注释，从而更清楚地表达图纸内容。下面将分别对文字注释及表格应用的操作方法进行介绍。

2.7.1 设置文字样式

文字样式设置，主要是针对文字的字体、样式及大小进行设置。用户只需执行"格式>文字样式"命令，打开"文字样式"对话框，在该对话框中，根据绘图需要，设置"字体名"、"字体样式"和"高度"参数，其后单击"置为当前"按钮完成设置，如右图所示。

工程师点拨

新建和删除文本样式

在"文字样式"对话框中，单击"新建"按钮，可创建新样式。而单击"删除"按钮，可删除多余的样式，但当前文字样式与Standard文字样式不能被删除。

2.7.2 添加单行文字和多行文字

创建好文字样式后，用户可执行"绘图>文字"命令，在子列表中选择"单行文字"或"多行文字"命令，然后根据命令行的提示信息添加相应的文字。

1. 单行文本

执行"注释>文字>单行文字"命令，在绘图区中指定文字的起点位置，并根据命令行中提示的信息，确定文字方向和旋转角度，输入完毕后，按Esc键完成输入，如下图所示。

命令行提示如下：

```
命令：_text
当前文字样式："Standard"  文字高度： 80.0000  注释性： 否
指定文字的起点或 [ 对正(J)/ 样式(S)]:                        (指定文字起点，并移动光标，确定文字方向)
指定文字的旋转角度 <0>:0                                      (确定文字旋转角度)
```

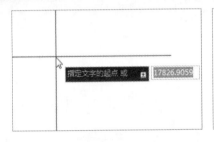 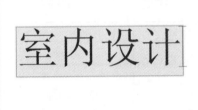

2. 多行文本

输入多行文字时，可以根据输入框的大小和文字数量自动换行，无论输入几行或几段文字，系统都将它们作为一个整体进行处理。执行"注释>文字>多行文字"命令，在绘图区指定文字起始位置，其后按住鼠标左键，拖动光标至合适位置放开鼠标，接着在文本编辑框中输入文本内容，输入完毕后单击绘图区的空白位置，即可完成操作，如下图所示。

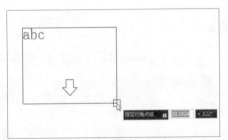

室内设计：
室内设计是根据建筑物的使用性质、所处环境和相应标准，运用物质技术手段和建筑设计原理，创造功能合理、舒适优美、满足人们物质和精神生活需要的室内环境。

工程师点拨

编辑文本

输入文字内容后，选中所输入的内容，在"文字编辑器"选项卡中，用户可对其文本格式、段落样式、对齐方式等进行编辑操作，如下图所示。

2.7.3 设置表格样式

在创建表格前，应先创建表格样式。用户可以使用默认的Standard表格样式，也可以创建自己的表格样式。下面介绍设置表格样式的具体操作步骤。

Step 01 执行"格式>表格样式"命令，打开"表格样式"对话框。

Step 02 单击"新建"按钮，在打开的"创建新的表格样式"对话框中输入新样式名，单击"继续"按钮。

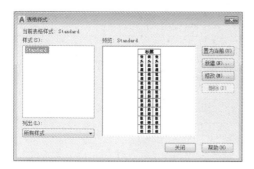

Step 03 打开"新建表格样式"对话框，设置数据对齐方式为"左中"。

Step 04 接着设置标题边框，首先勾选"双线"复选框，再单击"外边框"按钮，即可看到预览效果。

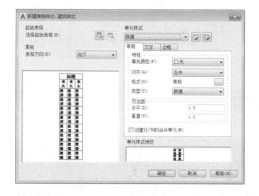

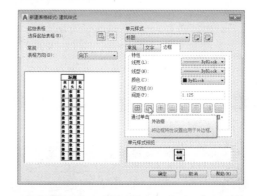

Step 05 切换到"文字"选项卡，单击"文字样式"按钮，打开"文字样式"对话框，设置字体为黑体。

Step 06 设置完毕后依次单击"应用"、"关闭"按钮，关闭该对话框。返回"表格样式"对话框，可以看到预览效果。最后依次单击"置为当前"、"关闭"按钮即可。

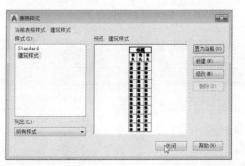

2.7.4 创建表格

设置好表格样式后,执行"注释>表格>表格"命令,在打开的"插入表格"对话框中,根据需要设置好表格的行数和列数,并选择插入方式,即可创建表格。下面将举例说明其操作步骤。

Step 01 执行"注释>表格>表格"命令,打开"插入表格"对话框,在"列和行设置"选项组中将行数设为4、列数设为5。

Step 02 设置好行高和列宽值后,单击"确定"按钮,在绘图区中指定表格的起点,确定表格位置。

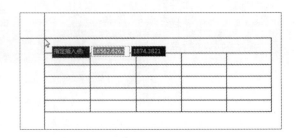

Step 03 确定后,系统将会自动进入文字编辑状态,然后输入表格标题内容。

Step 04 按回车键,进入表头单元格的编辑状态,输入表头文字。

Step 05 再次按回车键,继续在数据单元格中输入文字。

Step 06 输入完成后,在绘图区空白处单击,完成表格的创建操作。

"插入表格"对话框中各选项说明如下。

- **表格样式**:该选项可在要从中创建表格的当前图形中选择表格样式。单击下拉按钮右侧"表格样式"对话框启动器按钮,可创建新的表格样式。
- **从空表格开始**:用于创建可以手动填充数据的空表格。
- **自数据链接**:用于从外部电子表格中的数据创建表格。单击右侧按钮,可在"选择数据链接"对话框中进行数据链接设置。
- **自图形中的对象数据**:用于启动"数据提取"向导。
- **预览**:用于显示当前表格样式。
- **指定插入点**:用于指定表格左上角的位置。可以使用定点设置,也可在命令行中输入坐标值。如果表格样式将表格的方向设为由下而上读取，则插入点则位于表格左下角。
- **指定窗口**：用于指定表格的大小和位置。该设置不仅可以使用定点设置，也可在命令行中输入坐标值，选定此单选按钮时，行数、列数、列宽和行高取决于窗口的大小以及列和行设置。
- **列数**：用于指定表格的列数。
- **列宽**：用于指定表格列宽值。
- **数据行数**：用于指定表格的行数。
- **行高**：用于指定表格行的高值。
- **第一行单元样式**：用于指定表格中第一行的单元样式，系统默认为标题单元样式。
- **第二行单元样式**：用于指定表格中第二行的单元样式，系统默认为表头单元样式。
- **所有其他行单元样式**：用于指定表格中所有其他行的单元样式，系统默认为数据单元样式。

2.7.5 编辑表格

创建表格后，用户可对表格进行剪切、复制、删除、缩放或旋转等操作，也可对表格内文字进行编辑。

选中需编辑的单元格，在"表格单元"选项卡中，用户可根据需要对表格的行、列、单元样式、单元格式等元素进行编辑操作，如下图所示。

下面将对该选项卡中主要参数进行说明。
- **行**：在该面板中，用户可对单元格的行进行相应操作，例如插入行、删除行。
- **列**：在该面板中，用于可对选定的单元列进行操作，例如插入列、删除列。
- **合并**：在该面板中，用户可将多个单元格合并成一个单元格，也可将已合并的单元格取消合并操作。
- **单元样式**：在该面板中，用户可对表格文字的对齐方式、单元格的颜色以及表格的边框样式等进行设置。
- **单元格式**：在该面板中，用户可确定是否将选择的单元格进行锁定操作，也可以设置单元格的数据类型。
- **插入**：在该面板中，用户可插入图块、字段以及公式等特殊符号。
- **数据**：在该面板中，用户可设置表格数据，如将Excel电子表格中的数据与当前表格中的数据进行链接操作。

2.8 实战演练：绘制三居室平面户型图

下面将综合二维绘图命令，绘制三居室户型图，其中涉及到的二维绘图命令有多线、图层、修剪、偏移及尺寸标注等，具体操作步骤如下。

Step 01 打开素材文件后,打开"图层特性管理器"面板,新建图层,并设置相关参数。

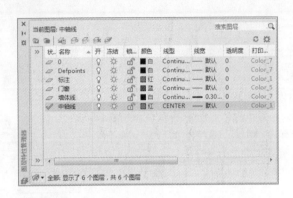

Step 02 将"墙体线"图层设为当前层,在菜单栏中执行"格式>多线样式"命令,打开"多线样式"对话框,单击"修改"按钮。

Step 03 在打开的对话框中,勾选"直线"选项中的"起点"和"端点"复选框,其后单击"确定"按钮。

Step 04 返回上一层对话框中,单击"确定"按钮,完成多线样式的设置。

Step 05 在命令行中输入ML,将"对正"设为"无",将"比例"设为240,然后在绘图区中捕捉绘制墙体。

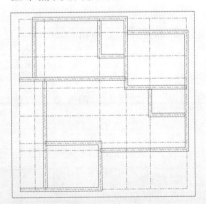

Step 06 利用"直线"、"偏移"命令,绘制门洞和窗洞位置。

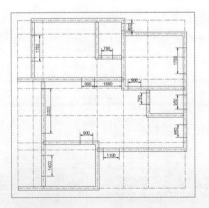

Step 07 利用"修剪"命令,修剪出门洞和窗洞。

Step 08 双击多段线,打开"多线编辑工具"面板,选择"T形打开"工具。

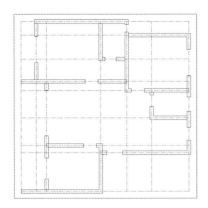

Step 09 编辑多线。

Step 10 新建名为Windows的多线样式。

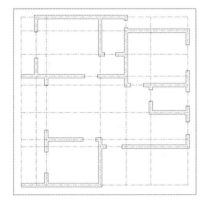

Step 11 将该多线样式置为当前，再设置"门窗"图层为当前层，在命令行中输入ML，将"比例"设为1，其后捕捉绘制窗户图形。

Step 12 执行"矩形"、"圆弧"命令，绘制入户门。

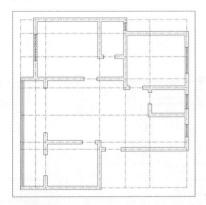

Step 13 再利用"矩形"、"圆弧"命令，绘制其他平开门及推拉门。

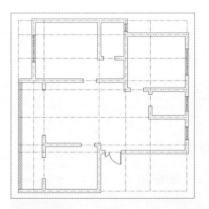

Step 14 执行"格式>标注样式"命令，打开"标注样式管理器"对话框，单击"修改"按钮，打开"修改标注样式"对话框。在"主单位"选项卡中设置精度为0，在"调整"选项卡中选择"文字始终保持在尺寸界线之间"单选按钮。

Chapter 01
Chapter 02
Chapter 03
Chapter 04
Chapter 05
Chapter 06
Chapter 07
Chapter 08
Chapter 09
Chapter 10
Chapter 11

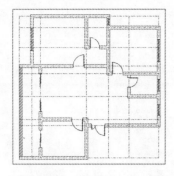

🔧 Step 15 在"文字"选项卡中设置文字高度为260，在"符号和箭头"选项卡中设置箭头类型为建筑标注，再设置箭头大小为100。

🔧 Step 16 切换到"线"选项卡，设置尺寸界线参数。

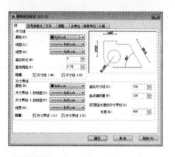

🔧 Step 17 标注样式设置完毕后，将"标注"图层置为当前层，执行"标注>线性"命令，对图纸标注第一个尺寸。

🔧 Step 18 执行"标注>连续"命令，继续进行尺寸标注。

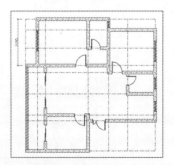

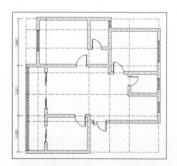

🔧 Step 19 继续执行"线性"、"连续"命令，对图形进行尺寸标注。

🔧 Step 20 关闭"中轴线"图层，观察效果。

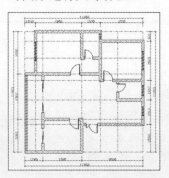

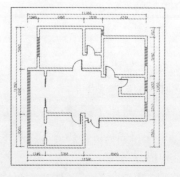

行业应用向导 **关于绘制室内平面图的要求**

室内设计图纸是表述设计构思，指导生产的重要技术文件。根据其特点，所绘制的设计图纸通常包含平面布置图、顶棚平面图、立面图、剖面图、节点详图、局部效果图等内容。下面将向读者介绍一些平面图的绘制要求。

1 平面布置图的主要表现内容

平面布置图绘制的重点在于整个室内空间的规划，它能够清晰地反映出各功能区域的安排、流动路线的组织、通道和间隔的设计、门窗的位置以及固定和活动家具、装饰陈设品的布置等，绘制出一个合理、舒适的使用空间。下左图为别墅平面图，下右图为办公室平面图。

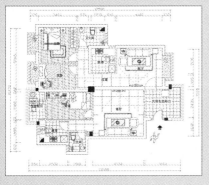 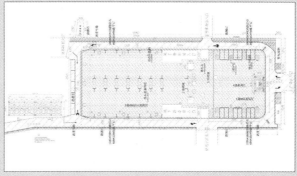

2 平面布置图的绘制目的

通过平面布置图的绘制，能确切地掌握室内空间的功能区域分布和各功能区域之间的关系、使用面积的分配、交通流动路线的组织等内容；更清楚地展示设计构想和理念；是预算编制、施工组织、材料准备和相关专业（如电气、给排水、暖通、通信、家具、艺术品等）进行设计的依据。

3 平面布置图的绘制依据

绘制平面布置图的依据是原建筑设计图或现场测绘资料。在现场测绘时，需掌握建筑物的朝向；建筑空间的总体尺寸，梁、柱、门窗等构造尺寸和位置尺寸；建筑物的结构情况；各种设备（如电气、给排水、通暖、煤气、综合布线等）的位置以及建筑物的周边环境状况等，根据勘测的结果，绘制建筑现况图，并以此作为平面布置图的绘制依据。

4 平面布置图的绘制要求

平面布置图是假设将一幢建筑物从水平方向剖开，它的剖切面是从地平面算起约1000-1500的高度。在这个高度，可以剖到建筑物的许多主要构件，例如门、窗、墙、柱以及较高的橱柜或冷（暖）气设备等。

绘制平面图要根据建筑物的规模和设计内容确定图幅和比例，根据建筑设计图和现场勘测结果绘制建筑图，要注意对于不可变动的建筑结构、管道间、管道、配电房、消防设施一定要毫无遗漏地绘制出来，这样能比较清楚地表达出室内建筑的配置关系，然后根据设计要求和设计的构想，以间隔—装修构造—门窗—家具布置等顺序完成。

图形绘制完成后，需进行标注和说明，标注须准确，能让人迅速掌握各空间的规模。

秒杀工程疑惑

Q 如何删除顽固图层

A 删除顽固图层的有效方法是采用图层影射，执行Laytrans命令，将需要删除的图层影射为0层即可。

Q 为什么输入的文字高度无法改变

A 使用的字型高度值不为0时，使用DTEXT命令书写文本时都不提示输入高度，这样写出来的文本高度，包括使用该字型进行的尺寸标注是不变的。

Q 特殊符号的输入

A 我们知道表示直径的Φ符号、表示地平面的±符号、标注度°符号，可以用控制码%%C、%%P、%%D来输入。而要想输入特殊符号，则首先执行T文字命令，拖出一个文本框，随后单击鼠标右键，选择"符号"子菜卜的选项。

Q 在AutoCAD 2018中找不到密码保护功能？

A 向图形文件添加密码保护的功能在本版本中已经取消，因为它不符合现有的安全标准，用户可以直接打开受密码保护的文件。

Q 在AutoCAD中，可以使用格式刷吗？

A 当然可以。在AutoCAD中的"格式刷"功能为"特性匹配"命令。用户可执行"常用>剪贴板>特性匹配"命令，根据命令行的提示信息，选中匹配的源图形，待光标旁显示刷子形状后，选中所要匹配的新图形，即可完成操作。

Q 调用外部表格

A 在"插入表格"对话框中，单击"自数据链接"右侧按钮，打开"选择数据链接"对话框，单击"创建新的Excel数据链接"选项，在"输入数据链接名称"对话框中输入表格名称，单击"确定"按钮。在"新建Excel数据链接"对话框中，单击"浏览文件"右侧按钮，其后在"另存为"对话框中选择调用的文件，单击"打开"按钮。在"新建Excel数据链接"对话框中，依次单击"确定"按钮，最后在绘图区指定表格位置，即可完成调用操作。

Q 为什么调入图块后，不能对该图块进行编辑修改？

A 在调入图块后，该图块是一个整体，不能直接对其进行操作。若想对图块进行修改，则可执行"常用>修改>分解"命令，选中该图块，将其进行分解即可。如果使用"分解"命令，不能对当前图块进行分解，需考虑该图块所在的图层是否被锁定，只有图层解锁后，才能进行分解。若以上操作都无法分解，则需确认该图块是否被编组，如果图块被编组，则执行"常用>组>解除编组"命令即可。

Chapter **03**

AutoCAD
三维绘图技能

AutoCAD软件不仅能够绘制出漂亮的二维图形,还可以运用三维绘图命令绘制出精美的三维模型图。本章将介绍三维绘图的相关知识,如绘制各种三维直线、样条曲线、多段线、螺旋线、创建实体模型、编辑与修改实体模型、赋予材质及渲染模型等。只有熟练地掌握这些操作命令,才可为创建室内效果图打下坚实的基础。

01 🔷 学完本章内容您可以

1. 掌握三维实体的创建

2. 掌握三维实体的编辑与修改

3. 掌握三维网格的创建

4. 掌握三维材质贴图及渲染操作

02 🎬 内容图例链接

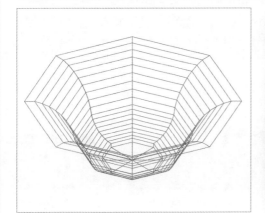

旋转网格

区域渲染

3.1 三维建模基本要素

绘制三维图形最基本的要素为三维坐标和三维视图，这两个基本要素缺一不可。所以在学习如何创建实体模型前，需先掌握三维坐标及三维视图的运用与操作。

3.1.1 创建三维坐标

在三维建模空间中，三维坐标可分为两种形式：世界坐标系和用户坐标系。在AutoCAD中，系统默认的坐标系为世界坐标系，其坐标原点和方向都是固定不变的。而用户坐标系则可根据绘图需求，改变其坐标原点和方向，使用起来较为灵活。

1. 世界坐标系

世界坐标系又称为绝对坐标系，是AutoCAD默认坐标。在三维的世界坐标系中，其表示方法包括直角坐标、圆柱坐标和球坐标3种形式。

（1）直角坐标

直角坐标又称为笛卡尔坐标，用直角坐标确定空间一点的位置时，需要指定该点的X、Y、Z三个坐标值。其中绝对坐标值的输入形式是：X，Y，Z；相对坐标值的输入形式是：@X，Y，Z。

（2）圆柱坐标

用圆柱坐标确定空间一点的位置时，需要指定该点在XY平面内的投影点与坐标系原点的距离、投影点与X轴的夹角以及该点的Z坐标值。绝对坐标值的输入形式为：XY平面距离<XY平面角度，Z坐标；相对坐标值的输入形式是：@XY平面距离<XY平面角度，Z坐标。

（3）球坐标

用球坐标确定空间一点的位置时，需要指定该点与坐标原点的距离、该点和坐标系原点的连线在XY平面上的投影与X轴的夹角、该点和坐标系原点的连线与XY平面形成的夹角。绝对坐标值的输入形式是：XYZ距离<平面角度<与XY平面的夹角；相对坐标值的输入形式是：@XYZ距离<与XY平面的夹角。

2. 用户坐标系

用户可根据需要定义三维空间中的用户坐标。在命令行中输入UCS命令后，按回车键，根据命令行中指定好X、Y、Z轴的方向，即可完成设置，如下图所示。

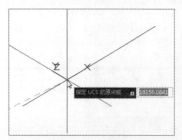 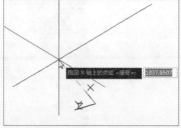 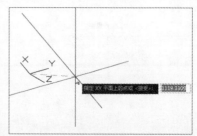

命令行提示如下：

```
命令：UCS
当前 UCS 名称：*世界*
```

指定 UCS 的原点或 [面(F)/命名(NA)/对象(OB)/上一个(P)/视图(V)/世界(W)/X/Y/Z/Z 轴(ZA)] <世界>:
(指定新的坐标原点)
指定 X 轴上的点或 <接受>: <正交 开>   (移动光标，指定 X 轴方向)
指定 XY 平面上的点或 <接受>:   (移动光标，指定 Y 轴方向)

命令行中各选项说明如下。

- **指定UCS的原点**：使用一点、两点或三点定义一个新的UCS。
- **面**：用于将UCS与三维对象的选定面对齐，UCS的X轴将与找到的第一个面上的最近边对齐。
- **命名**：按名称保存并恢复通常使用的UCS坐标系。
- **对象**：根据选定的三维对象定义新的坐标系。
- **视图**：以平行于屏幕的平面为XY平面建立新的坐标系，UCS原点保存不变。
- **世界**：将当前用户坐标系设置为世界坐标系。
- **X/Y/Z**：绕指定的轴旋转当前UCS坐标系。
- **Z轴**：用指定的Z轴正半轴定义新的坐标系。

工程师点拨

设置三维绘图空间

在创建三维实体模型前，需将绘图空间转换为"三维建模"空间。在快速访问工具栏中单击"工作空间"下拉按钮，选择"三维建模"选项，即可完成绘图空间的转换。

3.1.2 设置三维视图

在三维建模空间中有10种视图视点，分别为：俯视、仰视、左视、右视、前视、后视、西南、东南、东北和西北。在"可视化"选项卡的"视图"面板中单击"视图"下拉按钮，在打开的下拉列表中，选择所需的视图选项，即可完成视图转换，如下左图所示。

在"视图"下拉列表中，选择"视图管理器"选项，在打开的"视图管理器"对话框中，可对当前坐标进行设定，如下右图所示。

3.1.3 三维视觉样式

在绘制三维实体时，用户可使用多种不同的视图样式观察模型，如线框、隐藏等。不同的视图样式，具有不同的特点。执行"视图>视觉样式"命令，在打开的下拉列表中选择合适的样式即可。下面将介绍4种常用的视图样式。

- **二维线框**：它是三维视图的默认显示样式，将二维图形转换为三维模型时，当前图形是以二维线框样式显示，如下左图所示。
- **隐藏**：该视图样式用于暂时隐藏位于实体背后被遮挡的部分，如下右图所示。

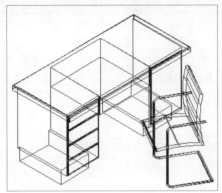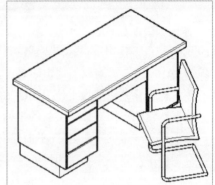

- **概念**：该样式在"隐藏"样式基础上，添加了灰度颜色，使其看上去较为真实，如下左图所示。
- **真实**：该样式在"概念"样式的基础上，添加了简单的光影效果，并且还能够显示当前实体的材质，如下右图所示。

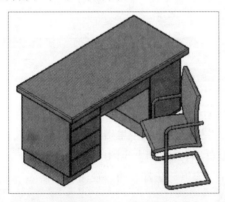

3.1.4 设置系统变量

在三维建模中，常用的系统变量有ISOLINES、DISPSILH和FACETRES三种。这三个系统变量影响着三维模型的显示效果。

1. ISOLINES 系统变量

ISOLINES系统变量可以控制对象上每个曲面的轮廓线数目，数目越多，模型精度越高，但渲染时间也越长。有效取值范围为0～2047，默认值为4。用户只需在命令行中，输入ISOLINES命令后，按回车键，并输入变量值，即可设置完成。下左图所示的是默认值，下右图所示的是变量值为15的效果。

命令行提示如下：

```
命令：ISOLINES
输入 ISOLINES 的新值 <4>: 15                                    （输入变量值）
```

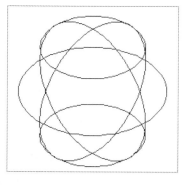 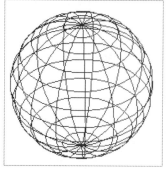

2. DISPSILH 系统变量

DISPSILH系统变量可控制是否将三维实体对象的轮廓曲线显示为线框。其有效取值范围为：0~1，默认值为0。下左图为默认值，下右图为数值为1的效果。

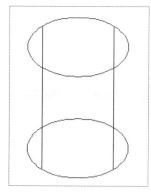 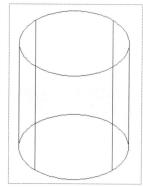

3. FACETRES 系统变量

FACETRES系统变量可以控制着色和渲染曲面实体的平滑度，该值越高，显示性能越差，渲染时间越长。有效取值范围为0.01~10，默认值为0.5。

3.2 创建三维实体

在三维制图中，创建三维模型的方法有两种：一是使用简单几何形体进行创建；二是使用相关拉伸命令，对模型二维截面图进行拉伸创建。下面分别对其操作进行讲解。

3.2.1 创建三维实体模型

创建三维实体的命令包括"长方体"、"球体"、"圆柱体"、"多段体"和"圆环"等，通过这些命令可绘制出简单的三维实体模型。

1. 创建长方体

长方体作为最基本的几何形体，其应用非常广泛。执行"绘图>建模>长方体"命令，在命令行中输入长、宽、高度数值，即可完成长方体的创建，如下图所示。

命令行提示如下：

```
命令：_box
指定第一个角点或 ［中心(C)］:                                            （指定长方体起点）
指定其他角点或 ［立方体(C)/长度(L)］: 1                                   （选择"长度"选项）
指定长度：〈正交 开〉600                                                 （输入长度数值）
指定宽度：500                                                          （输入宽度值）
指定高度或 ［两点(2P)］〈345.5607〉: 450                                  （输入高度数值）
```

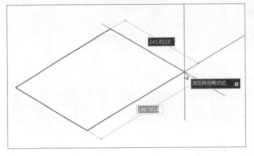 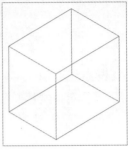

工程师点拨

绘制立方体

若要绘制立方体，也可执行"绘图>建模>长方体"命令，根据命令行提示，指定底面长方形起点，输入C，并指定好立方体一条边的长度值，即可完成绘制。

2. 创建圆柱体

执行"绘图>建模>圆柱体"命令，在命令行中输入底面圆心的半径以及圆柱体的高度值，即可完成圆柱体的创建。当然，若底面为椭圆形，也可绘制出椭圆柱，如下图所示。

命令行提示如下：

```
命令：_cylinder
指定底面的中心点或 ［三点(3P)/两点(2P)/切点、切点、半径(T)/椭圆(E)］:             （指定圆心点）
指定底面半径或 ［直径(D)］〈280.0003〉: 300                                 （输入底面半径值）
指定高度或 ［两点(2P)/轴端点(A)］〈450.0000〉: 500                           （输入高度值）
```

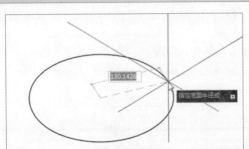 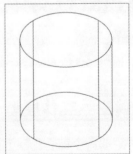

工程师点拨

绘制椭圆体

绘制椭圆体的方法与圆柱体相似。执行"圆柱体"命令，在命令行中输入E，启动"椭圆"命令，其后根据提示，指定底面椭圆的长半轴和短半轴距离，并输入椭圆柱高度值，即可完成椭圆柱的绘制。

3. 创建楔体

执行"绘图>建模>楔体"命令，根据命令行中的提示信息，创建出三角形的实体模型。该命令常用来绘制装饰品等实体模型，如下图所示。

命令行提示如下：

```
命令：_wedge
指定第一个角点或 [中心(C)]:                          （指定底面方形的起点）
指定其他角点或 [立方体(C)/长度(L)]:〈正交 开〉1          （选择"长度"选项）
指定长度：200                                       （输入长度值）
指定宽度：400                                       （输入高度值）
指定高度或 [两点(2P)]: 300                            （输入高度值）
```

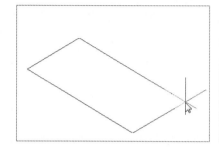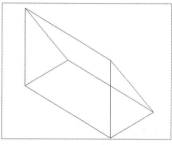

4. 创建球体

要绘制球体，需要直接或间接地定义球体的球心位置和球体的半径或直径。执行"绘图>建模>球体"命令，根据命令行的提示，指定球体的中心点和球体半径，即可完成创建。

命令行提示如下：

```
命令：_sphere
指定中心点或 [三点(3P)/两点(2P)/切点、切点、半径(T)]:           （指定好中心点）
指定半径或 [直径(D)] <300.0000>:                          （指定球体半径值）
```

5. 创建圆环体

执行"绘图>建模>圆环"命令，在命令行提示中指定圆环的半径值和圆管的半径值，即可完成圆环体的创建，如下图所示。

命令行提示如下：

```
命令：_torus
指定中心点或 [三点(3P)/两点(2P)/切点、切点、半径(T)]:          （指定圆环体的中心点）
指定半径或 [直径(D)] <200.0000>:                          （指定圆环半径值）
指定圆管半径或 [两点(2P)/直径(D)] <100.0000>: 60            （指定圆管半径值）
```

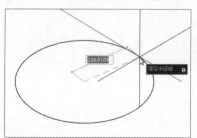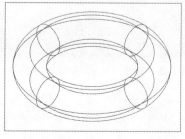

6. 创建多段体

在室内设计制图中，"多段体"命令常用来绘制室内空间的墙体，其绘制的方法与"多段线"相似。执行"绘图>建模>多段体"命令，在命令行中设置多段体的高度和宽度值，并指定绘制方向即可，如下图所示。

命令行提示如下：

```
命令：_Polysolid 高度 = 80.0000，宽度 = 5.0000，对正 = 居中
指定起点或 [对象(O)/高度(H)/宽度(W)/对正(J)] <对象>：h                    （选择"高度"选项）
指定高度 <80.0000>：2600                                                （输入高度值）
高度 = 2600.0000，宽度 = 5.0000，对正 = 居中
指定起点或 [对象(O)/高度(H)/宽度(W)/对正(J)] <对象>：w                    （选择"宽度"选项）
指定宽度 <5.0000>：240                                                  （输入宽度值）
高度 = 2600.0000，宽度 = 240.0000，对正 = 居中
指定起点或 [对象(O)/高度(H)/宽度(W)/对正(J)] <对象>：j                    （选择"对正"选项）
输入对正方式 [左对正(L)/居中(C)/右对正(R)] <居中>：c                       （选择"居中"选项）
高度 = 2600.0000，宽度 = 240.0000，对正 = 居中
指定起点或 [对象(O)/高度(H)/宽度(W)/对正(J)] <对象>：                     （指定多段体的起点）
指定下一个点或 [圆弧(A)/放弃(U)]：                                        （移动鼠标，指定下一点）
```

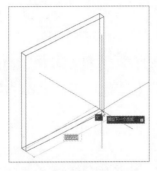 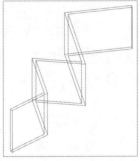

3.2.2 将二维图形拉伸成三维模型

除了运用几何命令建模外，用户还可通过使用一些三维拉伸命令，例如"拉伸"、"旋转"、"放样"以及"扫琼"等，将绘制好的二维图形拉伸成三维实体。

1. 拉伸实体

执行"绘图>建模>拉伸"命令，根据命令行中的提示信息，指定要拉伸的路径，并输入拉伸高度，即可完成拉伸实体的创建，如下图所示。

命令行提示如下：

```
命令：_extrude
当前线框密度： ISOLINES=4，闭合轮廓创建模式 = 实体
选择要拉伸的对象或 [模式(MO)]：_MO 闭合轮廓创建模式 [实体(SO)/曲面(SU)] <实体>：_SO
选择要拉伸的对象或 [模式(MO)]：指定对角点：找到 1 个                       （选择所要拉伸的二维图形）
选择要拉伸的对象或 [模式(MO)]：                                          （按回车键）
指定拉伸的高度或 [方向(D)/路径(P)/倾斜角(T)/表达式(E)] <600.0000>：400
                                                              （向上移动鼠标，并输入拉伸的高度值）
```

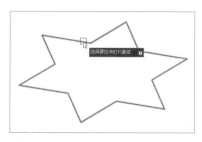 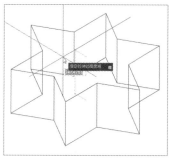 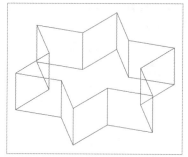

工程师点拨

"拉伸"命令可拉伸的对象

"拉伸"命令可对直线、椭圆、圆弧、椭圆弧、样条曲线、多段线、二维平面、面域及二维曲线等对象进行拉伸。

如果需要按照路径进行拉伸，只需选择所需拉伸的图形后，在命令行中输入P再按回车键，根据命令行提示，选择拉伸路径即可完成，如下图所示。

命令行提示如下：

```
命令：_extrude
当前线框密度： ISOLINES=4，闭合轮廓创建模式 = 实体
选择要拉伸的对象或 [模式(MO)]：_MO 闭合轮廓创建模式 [实体(SO)/曲面(SU)] <实体>：_SO
选择要拉伸的对象或 [模式(MO)]：找到 1 个                          （选择要拉伸的图形对象）
选择要拉伸的对象或 [模式(MO)]：                                （按回车键）
指定拉伸的高度或 [方向(D)/路径(P)/倾斜角(T)/表达式(E)] <467.6003>：p（选择"路径"选项）
选择拉伸路径或 [倾斜角(T)]：                                   （选择要拉伸的路径对象）
```

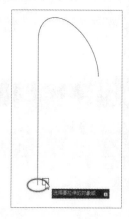 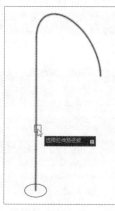 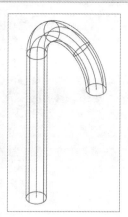

2. 旋转拉伸实体

执行"绘图>建模>旋转"命令，在命令行中指定旋转轴后，选择要旋转的图形对象，即可完成旋转拉伸实体操作，如下图所示。

命令行提示如下：

```
命令：_revolve
当前线框密度： ISOLINES=4，闭合轮廓创建模式 = 实体
选择要旋转的对象或 [模式(MO)]：_MO 闭合轮廓创建模式 [实体(SO)/曲面(SU)] <实体>：_SO
```

Chapter 01
Chapter 02
Chapter 03
Chapter 04
Chapter 05
Chapter 06
Chapter 07
Chapter 08
Chapter 09
Chapter 10
Chapter 11

```
选择要旋转的对象或 ［模式 (MO)］：找到 1 个
选择要旋转的对象或 ［模式 (MO)］：                          （选择所要旋转的图形，按回车键）
指定轴起点或根据以下选项之一定义轴 ［对象 (O)/X/Y/Z］〈对象〉：      （选择中心轴的起点）
指定轴端点：                                          （选择中心轴的端点）
指定旋转角度或 ［起点角度 (ST)/ 反转 (R)/ 表达式 (EX)］〈360〉：       （输入旋转角度）
```

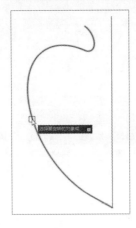
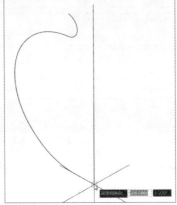
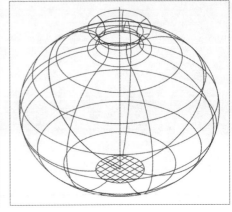

3. 放样实体

"放样"命令可在包含两个或多个横截面轮廓的一组轮廓中，通过对轮廓进行放样来创建实体模型或曲面。使用"放样"命令时，至少须指定两个横截面。执行"绘图>建模>放样"命令，根据命令行的提示信息，按照次序选择所有横截面，完成放样操作，如下图所示。

命令行提示如下：

```
命令：_loft
当前线框密度： ISOLINES=4，闭合轮廓创建模式 = 实体
按放样次序选择横截面或 ［点 (PO)/ 合并多条边 (J)/ 模式 (MO)］：_MO 闭合轮廓创建模式 ［实体 (SO)/ 曲面 (SU)］
〈实体〉：_SO
按放样次序选择横截面或 ［点 (PO)/ 合并多条边 (J)/ 模式 (MO)］：找到 1 个
按放样次序选择横截面或 ［点 (PO)/ 合并多条边 (J)/ 模式 (MO)］：找到 1 个，总计 2 个
按放样次序选择横截面或 ［点 (PO)/ 合并多条边 (J)/ 模式 (MO)］：找到 1 个，总计 3 个
按放样次序选择横截面或 ［点 (PO)/ 合并多条边 (J)/ 模式 (MO)］：
选中了 3 个横截面                                      （依次选中 3 个横截面）
输入选项 ［导向 (G)/ 路径 (P)/ 仅横截面 (C)/ 设置 (S)］〈仅横截面〉：     （按回车键，完成操作）
```

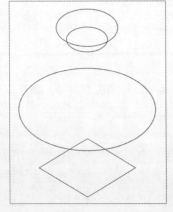
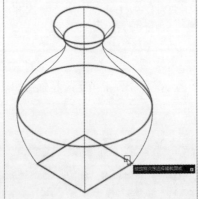

4. 扫掠实体

"扫掠"命令，可以通过沿开放或闭合的二维或三维路径，扫掠开放或闭合的平面曲线（轮廓）来生成新实体或曲面。执行"绘图>建模>扫掠"命令，根据命令行的提示信息，选择需扫掠的对象及扫掠路径，即可完成操作，如下图所示。

命令行提示如下：

```
命令：_sweep
当前线框密度： ISOLINES=4，闭合轮廓创建模式 = 实体
选择要扫掠的对象或 [模式(MO)]：_MO 闭合轮廓创建模式 [实体(SO)/曲面(SU)] <实体>：_SO
选择要扫掠的对象或 [模式(MO)]：找到 1 个                              （选择下左图中的圆形）
选择要扫掠的对象或 [模式(MO)]：                                        （按回车键）
选择扫掠路径或 [对齐(A)/基点(B)/比例(S)/扭曲(T)]：                      （选择五边图形）
```

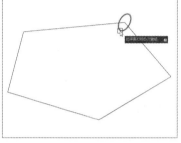  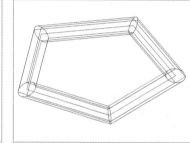

3.3 编辑三维实体模型

绘制三维图形后，用户可以根据需要对三维图形进行编辑操作，如阵列、对齐和移动等。同时，用户还可以根据需要对三维实体的体、边和面进行编辑操作，如剖切、压印边和拉伸面等。

3.3.1 变换三维实体

在绘制三维模型中，要想变换实体模型的方向和位置，可使用"旋转"、"移动"、"镜像"、"阵列"以及"对齐"命令。下面将分别对这些命令的应用进行介绍。

1. 三维旋转

使用"三维旋转"命令可以灵活定义旋转轴并对三维实体进行旋转。执行"常用>修改>三维旋转"命令，根据命令行中的提示信息，选择旋转轴和旋转角度，即可完成旋转操作。下面将举例介绍其操作步骤。

Step 01 打开所需文件，执行"修改>三维操作>三维旋转"命令，根据命令行提示，选中要旋转的对象。

Step 02 选择完成后，按回车键，根据命令行提示选择旋转轴，这里选择z轴的旋转轴。

 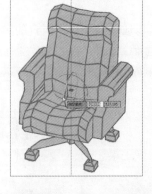

🔩 **Step 03** 指定好基点后，选择旋转轴，再移动鼠标，模型会随着鼠标的移动而旋转。

🔩 **Step 04** 旋转到合适的角度后，单击鼠标左键，即可完成三维旋转操作。

2. 三维移动

"三维移动"命令可将实体在三维空间中移动。执行"修改>三维操作>三维移动"命令，在命令行中指定移动基点，其后指定新位置基点，即可完成移动操作，如下图所示。

命令行提示如下：

命令：_move
选择对象：指定对角点：找到 1 个 　　　　　　　　　　　　　　　（选择下左图中花瓶模型）
选择对象： 　　　　　　　　　　　　　　　　　　　　　　　　　　　　　（按回车键）
指定基点或 [位移(D)] <位移>： 　　　　　　　　　　　　　　　（选中花瓶底部中心点）
指定第二个点或 <使用第一个点作为位移>： 　　　　　　　　　（移动光标，并指定新位置）

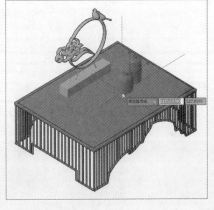 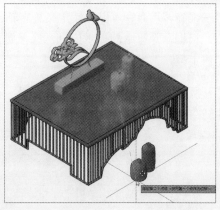

3. 三维镜像

"三维镜像"与"二维镜像"命令的操作方法类似。执行"修改>三维操作>三维镜像"命令，选中要镜像的模型，并选择好镜像面，即可完成镜像操作，如下图所示。

命令行提示如下：

```
命令：_mirror3d
选择对象：指定对角点：找到 4 个
选择对象：指定对角点：找到 2 个，总计 6 个
选择对象：指定对角点：找到 5 个（4 个重复），总计 7 个
选择对象：                                              （选中所需镜像的实体）
指定镜像平面（三点）的第一个点或[对象(O)/最近的(L)/Z 轴(Z)/视图(V)/XY 平面(XY)/YZ 平面(YZ)/ZX
平面(ZX)/三点(3)]＜三点＞：ZX                          （选择"ZX"平面）
指定 ZX 平面上的点＜0,0,0＞：                          （选择下左图中的 A 点）
是否删除源对象？[是(Y)/否(N)]＜否＞：                 （按回车键，完成操作）
```

4. 三维阵列

使用"三维阵列"命令可以在三维空间绘制对象的矩形阵列或环形阵列，与二维阵列的操作方法相似。打开菜单栏，执行"修改>三维操作>三维阵列"命令，在命令行中选择"矩形"或"环形"阵列，其后按照提示信息输入相关参数。

（1）三维矩形阵列

三维矩形阵列是以行、列、层的方式进行阵列操作。执行"三维阵列"命令，选中要阵列的实体模型，根据命令行中的提示信息，输入相关参数，即可完成操作，如下图所示。

命令行提示如下：

```
命令：_3darray
选择对象：找到 1 个                                    （选择下左图中的方体）
选择对象：                                              （按回车键）
输入阵列类型 [矩形(R)/环形(P)]＜矩形＞:r              （选择"矩形"选项）
输入行数（---）＜1＞：4                                （输入行值）
输入列数（|||）＜1＞：3                                （输入列数值）
输入层数（...）＜1＞：4                                （输入层数）
指定行间距（---）：100                                 （输入行间距数值）
指定列间距（|||）：100                                 （输入列间距数值）
指定层间距（...）：100                                 （输入层间距数值）
```

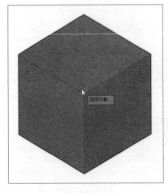 

（2）三维环形阵列

若要进行三维环形阵列操作，则需要指定阵列角度、阵列中心以及阵列数值，如下图所示。

命令行提示如下：

```
命令：_3darray
选择对象：找到 1 个
选择对象：                                                （选择下左图中的圆柱体）
输入阵列类型 ［矩形（R）/ 环形（P）］＜矩形＞：p          （选择"环形"选项）
输入阵列中的项目数目：6                                   （输入所要阵列的数目）
指定要填充的角度（+= 逆时针，-= 顺时针）＜360＞：          （输入阵列角度）
旋转阵列对象？［是（Y）/ 否（N）］＜Y＞：                  （按回车键）
指定阵列的中心点：                                       （选择大圆柱体顶面圆心）
指定旋转轴上的第二点：                                    （选择大圆柱体底面圆心）
```

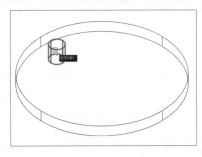 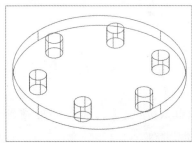

5. 三维对齐

使用"三维对齐"命令，分别指定源对象与目标对象中的三个点，可以将源对象与目标对象对齐。执行"修改>三维操作>三维对齐"命令，根据命令行中的信息提示，选择相关操作，如下图所示。

命令行提示如下：

```
命令：_3dalign
选择对象：找到 1 个                                       （选中长方体 a）
选择对象：指定源平面和方向 ...
指定基点或［复制（C）］：                                  （选择点 a）
指定第二个点或［继续（C）］＜C＞：                         （按回车键）
 指定目标平面和方向 ...
指定第一个目标点：                                       （选中长方体 b 中的点 b）
```

```
指定第二个目标点或 [退出(X)] <X>:                          （按回车键，完成对齐操作）
命令：_3dalign
选择对象：找到 1 个
选择对象：找到 1 个，总计 2 个                              （选中a、b 两个长方体）
选择对象：指定源平面和方向 ...
指定基点或 [复制(C)]:                                      （选中点 b）
指定第二个点或 [继续(C)] <C>:                              （按回车键）
 指定目标平面和方向 ...
指定第一个目标点：                                         （选中长方体 c 中的点 c）
指定第二个目标点或 [退出(X)] <X>:                          （按回车键，完成三个方体对齐操作）
```

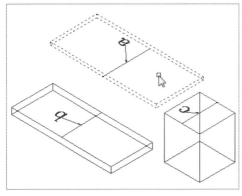 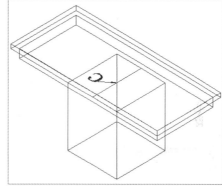

Chapter 01
Chapter 02
Chapter 03
Chapter 04
Chapter 05
Chapter 06
Chapter 07
Chapter 08
Chapter 09
Chapter 10
Chapter 11

3.3.2 编辑三维实体

在AutoCAD三维建模中，可使用"倒圆角"、"倒直角"、"抽壳"、"分解"等命令，对单个三维实体进行修改操作。

1. 实体倒角

倒角分两种："倒圆角"和"倒直角"。在三维建模中，"倒圆角"和"倒直角"的操作与二维倒角的命令相似。

（1）实体倒圆角

执行"修改>实体编辑>圆角边"命令，按照命令行中的提示信息，输入圆角半径值，并选中倒角边，即可完成操作，如下图所示。

命令行提示如下：

```
命令：_fillet
当前设置：模式 = 修剪，半径 = 0.0000
选择第一个对象或 [放弃(U)/多段线(P)/半径(R)/修剪(T)/多个(M)]: r     （选择"半径"选项）
指定圆角半径 <0.0000>: 20                                        （输入圆角半径）
选择第一个对象或 [放弃(U)/多段线(P)/半径(R)/修剪(T)/多个(M)]:       （选择倒角边）
输入圆角半径或 [表达式(E)] <20.0000>:                             （按回车键确认）
选择边或 [链(C)/环(L)/半径(R)]:                                  （再次选择倒角边）
已拾取到边。
选择边或 [链(C)/环(L)/半径(R)]:                                  （按回车键，完成操作）
已选定 1 个边用于圆角。
```

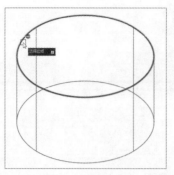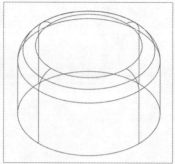

工程师点拨

倒圆角的其他操作方法

通过默认的方法，可指定倒圆角的半径，并选择倒角边即可。在实际操作中，用户还可为每个圆角边指定单独的测量单位，并对一系列相切的边进行倒圆角。

（2）实体倒直角

执行"常用>修改>倒直角"命令，根据命令行中的提示信息，设置倒角距离值，并选择倒角边，即可完成操作，如下图所示。

命令行提示如下：

```
命令：_chamfer
（"修剪"模式）当前倒角距离 1 = 0.0000，距离 2 = 0.0000
选择第一条直线或 ［放弃(U)/ 多段线(P)/ 距离(D)/ 角度(A)/ 修剪(T)/ 方式(E)/ 多个(M)］：
基面选择 ...
输入曲面选择选项 ［下一个(N)/ 当前(OK)］＜当前(OK)＞：          （按回车键，默认选择）
指定 基面 倒角距离或 ［表达式(E)］：20                            （输入倒角距离）
指定 其他曲面 倒角距离或 ［表达式(E)］＜20.0000＞：               （按回车键）
选择边或 ［环(L)］：                                              （选择倒角边）
选择边或 ［环(L)］：                                       （按回车键，完成操作）
```

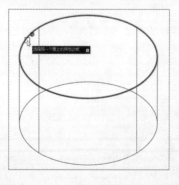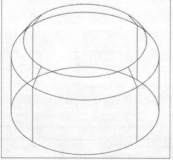

2. 抽壳实体

"抽壳"命令是将三维实体转换为中空壳体，也就是创建具有一定厚度的壁，其厚度用户可根据需要指定。执行"常用>实体编辑>抽壳"命令 ，根据命令行中的提示信息，进行抽壳操作，如下图所示。

命令行提示如下：

```
命令：_solidedit
实体编辑自动检查： SOLIDCHECK=1
输入实体编辑选项 [面(F)/边(E)/体(B)/放弃(U)/退出(X)] <退出>：_body
输入体编辑选项
[压印(I)/分割实体(P)/抽壳(S)/清除(L)/检查(C)/放弃(U)/退出(X)] <退出>：_shell
选择三维实体：                                          （选择下左图中的圆柱体）
删除面或 [放弃(U)/添加(A)/全部(ALL)]：找到一个面，已删除 1 个。    （选择圆柱体的顶面）
删除面或 [放弃(U)/添加(A)/全部(ALL)]：                      （按回车键）
输入抽壳偏移距离： 60                                    （输入所需的壁厚度值）
已开始实体校验。
已完成实体校验。
输入体编辑选项
[压印(I)/分割实体(P)/抽壳(S)/清除(L)/检查(C)/放弃(U)/退出(X)] <退出>：    （按回车键）
实体编辑自动检查： SOLIDCHECK=1
输入实体编辑选项 [面(F)/边(E)/体(B)/放弃(U)/退出(X)] <退出>：   （按回车键，完成操作）
```

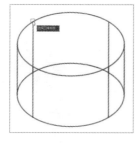 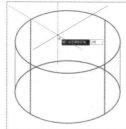 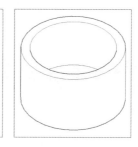

3. 剖切实体

"剖切"命令可将现有实体进行切剖后，删除指定的一半并生成新的实体。而剖切后的实体保留原实体的图层和颜色特性。执行"常用>实体编辑>剖切"命令，根据命令行中的提示信息，进行相应的选择，如下图所示。

命令行提示如下：

```
命令：_slice
选择要剖切的对象：找到 1 个                              （选中所要剖切的实体）
选择要剖切的对象：                                      （按回车键）
指定 切面 的起点或 [平面对象(O)/曲面(S)/Z 轴(Z)/视图(V)/XY(XY)/YZ(YZ)/ZX(ZX)/三点(3)] <三点>：
                                                    （捕捉切面的起点和端点）
指定 YZ 平面上的点 <0,0,0>：                            （按回车键）
在所需的侧面上指定点或 [保留两个侧面(B)] <保留两个侧面>：      （选取所要保留的一侧角点）
```

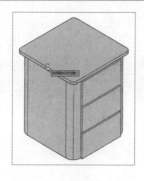 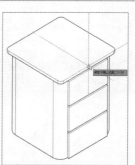 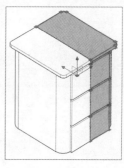

4. 加厚实体

使用"加厚"命令，可以为曲面添加厚度。执行"常用>实体编辑>加厚"命令，根据命令行中的提示信息，选择要加厚的曲面，并输入厚度值，即可完成操作，如下图所示。

命令行提示如下：

```
命令：_Thicken
选择要加厚的曲面：找到 1 个                                    （选择下左图中的平面曲面）
选择要加厚的曲面：                                              （按回车键）
指定厚度 <0.0000>：200                                         （输入所需厚度值）
```

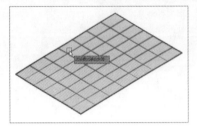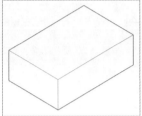

工程师点拨

其他编辑实体命令

在"实体编辑"面板中，除了以上4种编辑实体的命令外，还有其他操作命令，例如"干涉"、"分割"、"清除"和"检查"等。使用这些命令时，只需要根据命令行中的提示信息操作，即可完成。由于这些命令不常用，在此将不做介绍。

3.3.3 编辑三维实体面

在三维建模界面中，用户除了可对创建好的实体进行编辑操作，也可对当前实体的面进行编辑，例如拉伸、旋转、偏移等。下面将分别对其操作进行介绍。

1. 拉伸实体面

"拉伸面"命令是将所选择的实体面，按照一定的高度和倾斜角度，或指定拉伸路径，拉伸成为新实体。执行"修改>实体编辑>拉伸面"命令，根据命令行中的提示，选择要拉伸的面，并输入拉伸高度和倾斜角度，即可完成操作，如下图所示。

命令行提示如下：

```
命令：_solidedit
实体编辑自动检查：  SOLIDCHECK=1
输入实体编辑选项 [面(F)/边(E)/体(B)/放弃(U)/退出(X)] <退出>：_face
输入面编辑选项
[拉伸(E)/移动(M)/旋转(R)/偏移(O)/倾斜(T)/删除(D)/复制(C)/颜色(L)/材质(A)/放弃(U)/退出(X)] <退出>：
_extrude
选择面或 [放弃(U)/删除(R)]：找到一个面。                        （选择五角星顶面）
选择面或 [放弃(U)/删除(R)/全部(ALL)]：                         （按回车键）
指定拉伸高度或 [路径(P)]：30                                   （输入拉伸高度）
指定拉伸的倾斜角度 <15>：20                                    （输入倾斜角度）
```

已开始实体校验。

已完成实体校验。

输入面编辑选项

[拉伸 (E)/ 移动 (M)/ 旋转 (R)/ 偏移 (O)/ 倾斜 (T)/ 删除 (D)/ 复制 (C)/ 颜色 (L)/ 材质 (A)/ 放弃 (U)/ 退出 (X)] <
退出 >：　　　　　　　　　　　　　　　　　　　　　　　　　　　　　　　　（按回车键）

实体编辑自动检查： SOLIDCHECK=1

输入实体编辑选项 [面 (F)/ 边 (E)/ 体 (B)/ 放弃 (U)/ 退出 (X)] <退出 >：　　　（按回车键）

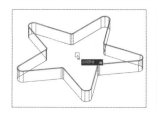 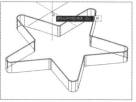 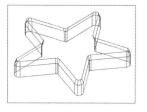

2. 旋转实体面

　　"旋转面"命令可将实体面沿着指定的旋转轴和方向进行旋转，从而改变三维实体的形状。执行"修改>实体编辑>旋转面"命令，按照命令行的提示，选中旋转轴，并输入旋转角度，即可完成实体面的旋转操作，如下图所示。

　　命令行提示如下：

命令： _solidedit

实体编辑自动检查： SOLIDCHECK=1

输入实体编辑选项 [面 (F)/ 边 (E)/ 体 (B)/ 放弃 (U)/ 退出 (X)] <退出 >：_face

输入面编辑选项

[拉伸 (E)/ 移动 (M)/ 旋转 (R)/ 偏移 (O)/ 倾斜 (T)/ 删除 (D)/ 复制 (C)/ 颜色 (L)/ 材质 (A)/ 放弃 (U)/ 退出 (X)] <退出 >：
_rotate

选择面或 [放弃 (U)/ 删除 (R)]：找到一个面。　　　　　　　　　　　　　　　（选中实体面）

选择面或 [放弃 (U)/ 删除 (R)/ 全部 (ALL)]：　　　　　　　　　　　　　　　（按回车键）

指定轴点或 [经过对象的轴 (A)/ 视图 (V)/X 轴 (X)/Y 轴 (Y)/Z 轴 (Z)] <两点 >：（选择旋转轴起点）

在旋转轴上指定第二个点：　　　　　　　　　　　　　　　　　　　　　　　（选择旋转轴端点）

指定旋转角度或 [参照 (R)]：30　　　　　　　　　　　　　　　　　　　　　（输入旋转角度）

已开始实体校验。

已完成实体校验。

输入面编辑选项

[拉伸 (E)/ 移动 (M)/ 旋转 (R)/ 偏移 (O)/ 倾斜 (T)/ 删除 (D)/ 复制 (C)/ 颜色 (L)/ 材质 (A)/ 放弃 (U)/ 退出 (X)] <
退出 >：　　　　　　　　　　　　　　　　　　　　　　　　　　　　　　　　（按回车键）

实体编辑自动检查： SOLIDCHECK=1

输入实体编辑选项 [面 (F)/ 边 (E)/ 体 (B)/ 放弃 (U)/ 退出 (X)] <退出 >：　　　（按回车键）

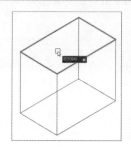 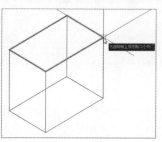 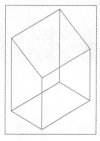

3. 偏移实体面

"偏移面"命令可按指定的距离均匀地偏移面。该命令可将现有的面从原始位置向内或向外偏移指定的距离，创建新的面，其用法与偏移线段操作相似。执行"修改>实体编辑>偏移面"命令，根据命令行的提示信息，输入偏移距离即可，如下图所示。

命令行提示如下：

```
命令：_solidedit
实体编辑自动检查： SOLIDCHECK=1
输入实体编辑选项 [面(F)/边(E)/体(B)/放弃(U)/退出(X)] <退出>：_face
输入面编辑选项
[拉伸(E)/移动(M)/旋转(R)/偏移(O)/倾斜(T)/删除(D)/复制(C)/颜色(L)/材质(A)/放弃(U)/退出(X)] <退出>：
_offset
选择面或 [放弃(U)/删除(R)]：找到一个面。                    （选中下左图中圆柱体外轮廓）
选择面或 [放弃(U)/删除(R)/全部(ALL)]：                    （按回车键）
指定偏移距离：40                                         （输入偏移距离）
已开始实体校验。
已完成实体校验。
输入面编辑选项
[拉伸(E)/移动(M)/旋转(R)/偏移(O)/倾斜(T)/删除(D)/复制(C)/颜色(L)/材质(A)/放弃(U)/退出(X)] <
退出>：                                                  （按回车键）
实体编辑自动检查： SOLIDCHECK=1
输入实体编辑选项 [面(F)/边(E)/体(B)/放弃(U)/退出(X)] <退出>：    （按回车键）
```

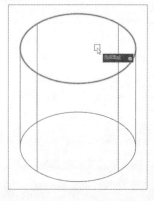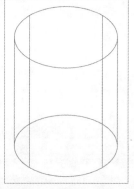

工程师点拨

实体面编辑其他相关命令介绍

编辑实体面除了以上3种操作外，还有5种编辑命令，分别为："复制"、"移动"、"倾斜"、"删除"以及"着色"。这些编辑命令操作起来很简单，与二维绘图命令中的用法相似，在此将不再一一介绍。

3.3.4 编辑三维实体边

在AutoCAD三维建模工作空间中，可对三维实体边进行压印、复制和着色等操作。用户可执行"修改>实体编辑"命令，在打开的下拉列表中选择所需的操作命令，其后在命令行的提示信息中，根据需要输入相关参数，即可完成操作，如下左图所示。

● **提取边**：该命令可从三维实体、曲面、网格、面域或子对象的边创建线框几何图形。执行"常用>实体编辑>提取边"命令，选中所需提取的实体，按回车键，即可完成操作。

● **压印边**：该命令可以在选定的对象上压印一个图形对象，相当于将一个选定的对象映射到另一个三维实体上。执行"常用>实体编辑>压印边"命令，选中实体和压印对象，按回车键，即可完成操作，如下右图所示。

● **复制边**：该命令可复制三维实体对象的各个边。执行"常用>实体编辑>复制边"命令，选中所复制的实体边，按回车键，即可完成操作，如下左图所示。

● **着色边**：该命令可以为三维实体的某个边进行着色处理。执行"常用>实体编辑>着色边"命令，选中要着色的边，按回车键。在打开的颜色面板中，选择合适的颜色，即可完成操作，如下右图所示。

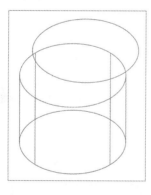
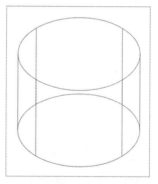

3.3.5 布尔运算

布尔运算功能可以合并、减去或找出两个及两个以上三维实体、曲面或面域的相交部分，创建复合三维对象。运用布尔运算可绘制出一些较为复杂的三维实体。

1. 并集

"并集"命令可对所选的两个及两个以上的面域或实体进行合并运算。执行"修改>实体编辑>并集"命令，根据命令行中的提示，选中所有需并集的实体，按回车键，即可完成操作，如下图所示。

命令行提示如下：

```
命令：_union
选择对象：指定对角点：找到 2 个                    （选中所需合并的实体）
选择对象：                                         （按回车键，完成操作）
```

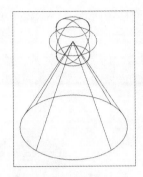 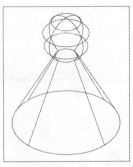

2. 差集

"差集"命令可从一组实体中删除与另一组实体的公共区域，从而生成一个新的实体或面域。执行"修改>实体编辑>差集"命令，根据命令行的提示，选择相关选项即可，如下图所示。

命令行提示如下：

命令：_subtract 选择要从中减去的实体、曲面和面域 ...
选择对象：找到 1 个   （选择下左图中的长方体）
选择对象： 选择要减去的实体、曲面和面域 ...
选择对象：找到 1 个   （选择下左图中的圆柱体）
选择对象：   （按回车键）

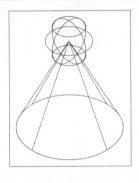 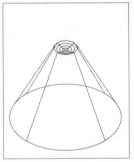

3. 交集

应用"交集"命令可以将多个面域或实体之间的公共部分生成新实体。执行"修改>实体编辑>交集"命令，根据命令行的提示，选择所需实体，按回车键即可，如下图所示。

命令：_intersect
选择对象：指定对角点：找到 2 个   （选中下左图中的两个球体）
选择对象：   （按回车键，完成操作）

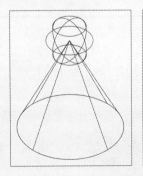 

3.4 设置材质贴图

三维模型创建完毕后，为了让模型更为逼真，可为模型添加合适的材质贴图，并对其进行渲染。在材质中，贴图可以模拟纹理、凹凸效果、反射或折射。

3.4.1 创建材质贴图

在AutoCAD中创建材质贴图时，用户可使用系统自带的材质来创建，也可使用自定义的材质来创建。下面将分别对其方法进行介绍。

1. 创建系统自带的材质

执行"视图>渲染>材质浏览器"命令，打开"材质浏览器"面板，在"Autodesk库"选项组中选择所需材质缩略图，其后单击该材质编辑按钮，如下左图所示。在"材质编辑器"面板中，输入该材质的名称即可，如下右图所示。

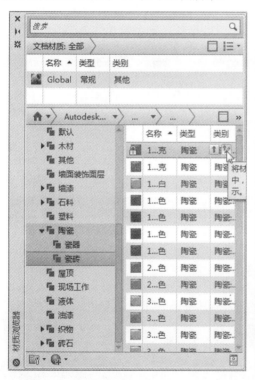
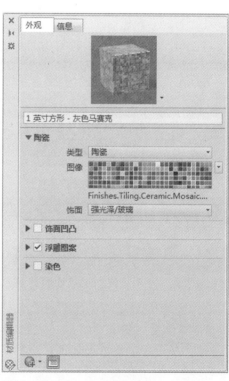

2. 创建自定义材质

单击"渲染>材质"按钮，打开"材质编辑器"面板，根据面板中的相关命令即可进行材质的创建。下面将举例来介绍其具体的操作步骤。

Step 01 执行"视图>渲染>材质编辑器"命令，打开"材质编辑器"面板，单击"创建或复制材质"下拉按钮，选择"新建常规材质"选项。

Step 02 在名称文本框中输入材质的新名称，单击"颜色"下拉按钮，选择"按对象着色"选项。

Step 03 单击"图像"选项，在"材质编辑器打开文件"对话框中，选择需要的材质图选项，单击"打开"按钮。

Step 04 此时，在"材质编辑器"面板中，显示了自定义的材质效果。

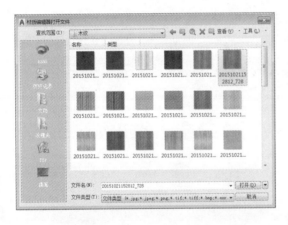

"材质编辑器"面板中常用选项说明如下。

- **外观**：在该选项卡中，显示了图形中可用的材质样例以及材质创建编辑的各选项。系统默认材质名称为Global。
    - **常规**：单击该选择组左侧扩展按钮，在打开的扩展区域中，用户可对材质的常规特性进行设置。单击"颜色"下拉按钮，在下拉列表中可选择颜色的着色方式；单击"图像"下拉按钮，在下拉列表中可选择材质的漫射颜色贴图。
    - **反射率**：在该选项组中，用户可对材质的反射特性进行设置。
    - **透明度**：在该选项组中，用户可对材质的透明度特性进行设置。完全不透明的实体对象不允许光穿过其表面，不具有不透明特性的对象是透明的。
    - **剪切**：在该选项组中，用户可设置剪切特性。
    - **自发光**：在该选项组中，用户可对材质的自发光特性进行设置。当设置的数值大于0时，可使对象自身显示为发光，而不依赖图形中的光源。
    - **凹凸**：在该选择组中，用户可对材质的凹凸特性进行设置。
    - **染色**：在该选项组中，用户可对材质进行着色设置。

● 信息：在该选项卡中，显示了当前图形材质的基本信息。

● 创建复制材质 ◎‧：单击该按钮，在打开的下拉列表中用户可选择创建材质的基本类型选项。

● 打开/关闭材质浏览器：单击该按钮，可打开"材质浏览器"面板。在该面板中，用户可选择系统自带的材质贴图。

3.4.2 编辑材质贴图

创建材质贴图后，如果对其贴图比例不满意，可在"材质编辑器"面板中进行调整修改。执行"渲染>材质"命令 ˹，打开"材质编辑器"面板，单击"常规"选项组中的"图像"选项，如下左图所示。其后在打开的"纹理编辑器"面板中，用户可对材质贴图的属性、位置、比例及样式进行修改编辑，如下中图所示。

如果想删除当前材质贴图，可在"材质编辑器"面板中，单击"图像"右侧的下拉按钮，在打开的下拉列表中选择"删除图像"选项，即可删除当前材质，如下右图所示。

3.4.3 赋予材质

材质创建好后，可使用两种方法将创建好的材质赋予实体模型上。一种是直接使用拖曳的方法赋予材质，而另一种则是使用右键快捷菜单的方法赋予材质。

1. 使用拖曳方法操作

执行"渲染>材质>材质浏览器"命令，在"材质浏览器"面板的"Autodesk库"中，选择需要的材质缩略图，按住鼠标左键，将该材质图拖至模型合适位置后，释放鼠标即可，如下左图所示。

2. 使用右键快捷菜单的方法操作

选择要赋予材质的模型，单击"材质浏览器"按钮，在打开的面板中右击所需的材质图，在打开的快捷菜单中选择"指定给当前选择"命令即可，如下右图所示。

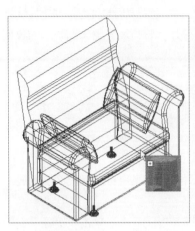

3.5 创建渲染光源

在模型渲染环境中,灯光的创建尤为重要。模型绘制得再好,没有光源的照射,一切都无法显示。在室内设计中,光源的设计是非常重要的。

3.5.1 创建光源

在AutoCAD中,光源分成4种类型,分别为:点光源、聚光灯、平行光以及光域网灯光。在没有指定光源时,系统则使用默认光源,下左图为默认光源,下右图为添加阳光效果。

1. 点光源

点光源从其所在位置向四周发射光线,与灯泡发出的光源类似,都是从一点向各个方向发射的光源。点光源不以一个对象为目标,根据点光线的位置,模型将产生较为明显的阴影效果。使用点光源可以达到基本的照明效果。

执行"渲染>光源>创建光源>点"命令💡,在打开的对话框中,选择"关闭默认光源"选项,其后指定好点光源的位置,根据命令行提示,设置点光源的属性,例如"强度因子"、"阴影"、"过渡颜色"等,设置后按回车键,即可完成点光源的创建,如下图所示。

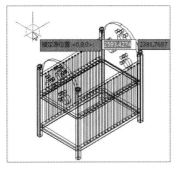 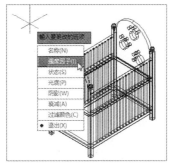

2. 聚光灯

聚光灯发射定向锥形光，与点光源相似，也是从一点发出，但点光源的光线没有可指定的方向，而聚光灯的光线可以沿着指定的方向发射出锥形光束。和点光源一样，聚光灯也可以手动设置为强度随距离衰减。但是，聚光灯的强度始终是根据相对于聚光灯的目标矢量的角度衰减。此衰减由聚光灯的聚光角角度和照射角角度控制。聚光灯可用于亮显模型中的特定特征和区域。

执行"渲染>光源>创建光源>聚光灯"命令✎，根据命令行提示，在绘图区中指定聚光灯的起点位置，如下左图所示。其后指定光源的方向点，如下右图所示。然后按回车键，即可对聚光灯的属性进行设置，并完成创建操作。

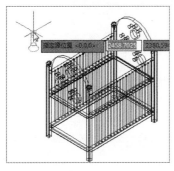 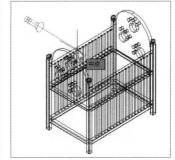

3. 平行光

平行光源仅向一个方向发射统一的平行光光线，需要指定光源的起始位置和发射方向，来定义光线的方向。平行光的强度并不随着距离的增加而衰减，对于每个照射的面，平行光的亮度都与其在光源处相同。在照亮对象或照亮背景时，平行光很有用。

执行"渲染>光源>创建光源>平行光"命令✎，根据命令行提示，指定平行光的起点和光线点，并设置平行光的属性选项，即可完成创建操作。

4. 光域网灯光

光域网光源是具有自定义光分布的光度控制光源，同样也需指定光源的起始位置和发射方向。光域网是灯光分布的三维表示，它将测角图扩展到三维，以便同时检查照度对垂直角度和水平角度的依赖性。光域网的中心表示光源对象的中心。任何给定方向中的照度与光域网和光度控制中心之间的距离成比例，沿离开中心的特定方向的直线进行测量。

在"可视化"选项卡的"光源"面板中单击"光域网灯光"按钮🔳，根据命令行提示，指定光域网灯光的起点位置和光线方向位置，然后按回车键，对光域网灯光的属性进行设置，完成该光源的创建，如下图所示。

下面对AutoCAD中光源参数设置的属性选项进行介绍，具体如下。

- **名称**：指定光源名称。该名称可使用大、小写英文字母；数字；空格等多种字符。
- **强度因子**：设置光源灯光强度或亮度。
- **状态**：打开和关闭光源。若没有启用光源，则该设置不受影响。
- **光度**：测量可见光源的照度。当Lightingunits系统变量设为1或2时，该光度可用。而照度是指对光源沿特定方向发出的可感知能量的测量。
- **聚光角**：指定最亮光椎的角度。该选项只有在使用聚光灯光源时可用。
- **照射角**：指定完整光椎的角度，照射角度取值范围为0~160之间。该选项同样在聚光灯中可用。
- **阴影**：该选项包含多个属性参数。选择"关"选项，则关闭光源阴影的显示和计算；选择"强烈"选项，则显示带有强烈边界的阴影；选择"已映射柔和"选项，则显示大有柔和边界的真实阴影；选择"已采样柔和"选项，则显示真实阴影和基于扩展光源的柔和阴影。
- **衰减**：该选项同样包含多个属性参数。其中"衰减类型"用于控制光线如何随着距离增加而衰减，对向距点光源越远，则越暗；"使用界线衰减起始界限"用于指定是否使用界限；"衰减结束界限"用于指定一点，光线的亮度相对于光源中心的衰减于该点结束。没有光线投射在此点之外，光线的效果很微弱，以致计算将浪费处理时间的位置处，设置结束界限提高性能。
- **过滤颜色**：控制光源的颜色。
- **矢量**：通过矢量方式指定光源方向，该属性在使用平行光时可用。
- **光域网**：指定球面栅格上点的光源强度，该属性在使用光域网时可用。

3.5.2 设置光源

灯光创建完成后，用户可根据需要对当前灯光进行设置，例如光源强度、光源颜色等。

1. 更改当前光源参数

灯光创建完成后，若想对光源的参数进行调整，只需选中光源，其后在命令行中输入CH并按回车键，在打开的"特性"面板中，用户可根据需要更改光源参数，如下左图所示。

2. 查看光源列表

创建光源后，用户可以执行"视图>渲染>光源>光源列表"命令，在打开的"模型中的光源"面板中查看创建的光源，如下右图所示。

3. 阳光状态设置

在AutoCAD中，除了可添加室内光源外，还可添加太阳光源。阳光与天光是 AutoCAD 中自然照明的主要来源。执行"可视化>阳光和位置>阳光状态"命令，如下左图所示。打开"渲染环境和曝光"面板，从中可完成阳光的添加，如下中图所示。

添加完成后，打开"阳光特性"面板，在该面板中可根据需要设置阳光的颜色、强度等参数，如下右图所示。

4. 天光设置

天光的设置仅在光源单位为"光度"时可用，即LIGHTINGUNITS变量值为1或2时可用。当系统变量LIGHTINGUNITS值为0时，天空背景将被禁用。

"阳光与天光"背景可以在视图中交互调整，执行"阳光和位置"命令，在"阳光特性"面板的"天光特性"选项组中，单击"天光特性"按钮，在"调整阳光与天光背景"对话中，用户可以更改阳光与天光特性并预览对背景所做的更改，如右图所示。

设置完成后，单击"应用"按钮，关闭该对话框和"阳光特性"面板，其后开启"阳光状态"功能，并单击"渲染"按钮，即可查看天光渲染效果。

3.6 渲染实体模型

渲染模型是创建三维模型最后一步操作，为创建的实体模型执行渲染操作，可使图形更加清楚、真实。

3.6.1 模型渲染

在AutoCAD软件中，有两种模型渲染方式，分别为：渲染和区域渲染。在使用"渲染"方式时，用户可在渲染的窗口中，读取当前渲染模型的相关信息，如材质参数、阴影参数、光源参数及渲染时间和内存等。而"区域渲染"方式较为灵活，用户可根据需要自行选择渲染区域，可渲染整体模型，也可对模型局部进行渲染。

1. 渲染

在"可视化"选项卡的"渲染"面板中单击执行"渲染"按钮 ，即可打开渲染窗口，并对当前模型进行渲染。渲染完毕后，用户可执行"文件>保存"命令，在打开的"渲染输出文件"对话框中，对当前渲染的图形进行保存，如下图所示。

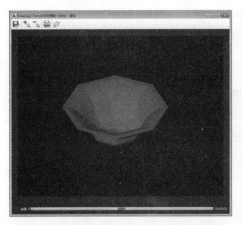

2. 区域渲染

执行"渲染>渲染>渲染面域"命令 ，在绘图区域中按住鼠标左键，拖曳出所需的渲染窗口，放开鼠标，即可进行渲染。该渲染方式的缺点是，渲染完毕后，只要移动光标，渲染的图形将会消失，所以渲染效果不能被保存，如下图所示。

3.6.2 渲染等级

在执行渲染操作时，用户可根据需要对渲染的过程进行详细设置。AutoCAD软件提供了5种渲染等级。渲染等级越高，图像越清晰，渲染时间也越长。下面将分别对常用的几种渲染等级进行简单说明。

- **中**：使用该等级进行渲染时，将使用材质与纹理过滤功能渲染，但不会使用阴影贴图。该等级为AutoCAD默认的渲染等级。
- **高**：使用该等级进行渲染时，系统会根据光线跟踪产生的折射、反射和阴影。该等级渲染出的图像较为精细，但渲染速度相对较慢。
- **演示**：该渲染等级常用于最终渲染，其图像最精细，效果最好，但渲染时间也最慢。

若想对渲染等级进行调整，可执行"渲染"命令，在"高级渲染设置"面板左上角的"选择渲染预设"下拉列表中，对渲染等级进行选择。

如果要对渲染等级参数进行调整，可在"选择渲染预设"列表中选择"管理渲染预设"选项，打开"渲染预设管理器"面板，在其左侧选中所需渲染等级，随后在右侧列表框中对所需参数进行设置。

3.7 实战演练：绘制双人床模型

下面将综合本章所介绍的三维操作命令，绘制双人床模型。其中涉及的三维命令有：拉伸、倒圆角、三维镜像、更改用户坐标、贴图以及渲染等，具体操作如下。

Step 01 启动AutoCAD软件，在"可视化"选项卡的"视图"面板中，将当前视图设置为左视图。

Step 02 复制线条造型，并对其进行调整。

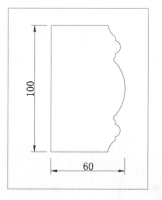

Step 03 执行"长方体"命令，绘制长1900mm、宽2050mm、高50mm的长方体，并放置图形的合适位置。

Step 04 切换到西南等轴测视图，执行"扫掠"命令，以线条造型为横截面，以矩形为路径，创建模型。

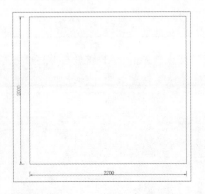

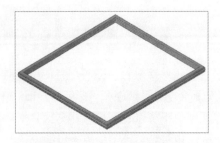

Step 05 执行"长方体"命令，捕捉模型内部角，创建一个高度为100mm的长方体。

Step 06 执行"并集"命令，将模型合并为一个整体，作为床板。

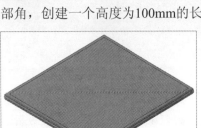

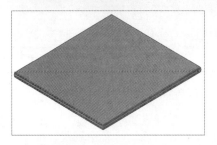

Step 07 接着复制线条造型，调整到前视图。

Step 08 执行"矩形"命令，在左视图中绘制尺寸为1980mm*1600mm的长方形。

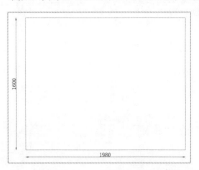

Step 09 执行"扫掠"命令，对线条造型和矩形进行扫掠操作，制作出两个模型，并将其对齐到床板模型。

Step 10 执行"长方体"命令，捕捉创建厚度为30mm的长方体，作为靠背。

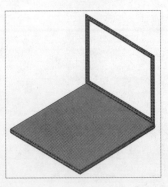

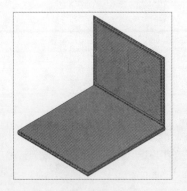

Step 11 执行"圆角边"命令，设置圆角半径为24mm，对矩形的边进行圆角操作。

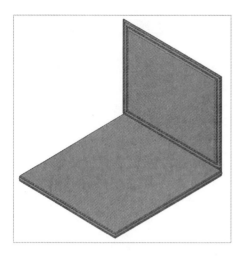

Step 12 执行"长方体"命令，创建尺寸为100mm*100mm*400mm的长方体和边长为100mm的正方体，作为床腿并进行复制。

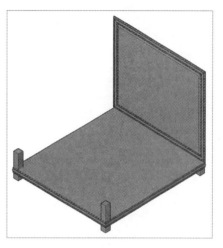

Step 13 执行"球体"命令，创建半径为100mm的球体，将其放置到床腿位置。

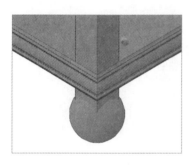

Step 14 执行"圆锥体"命令，绘制顶面半径为60mm、底面半径为25mm的圆锥体，并将其放置到床腿位置。

Step 15 复制球体与圆锥体到其他床腿位置。

Step 16 执行"长方体"命令，捕捉创建长方体，放置到床尾位置。

Chapter 01
Chapter 02
Chapter 03
Chapter 04
Chapter 05
Chapter 06
Chapter 07
Chapter 08
Chapter 09
Chapter 10
Chapter 11

Step 17 执行"长方体"命令，创建尺寸为2100mm*1900mm*200mm的长方体。

Step 18 执行"圆角边"命令，设置圆角半径为50mm，对长方体进行圆角操作。

Step 19 将模型移动到合适的位置。

Step 20 执行"长方体"命令，创建尺寸为700mm*480mm*200mm的长方体模型。

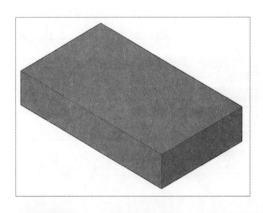

Step 21 执行"倒角边"命令，设置边长分别为50mm、100mm，对长方体的边进行倒角操作。

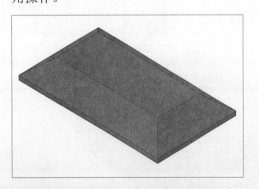

Step 22 执行"圆角边"命令，设置圆角半径为20mm，继续对模型边进行圆角操作。

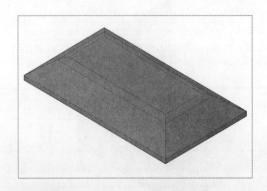

Step 23 将枕头模型移动到合适的位置，然后执行复制操作。

Step 24 将当前视图设为左视图，执行"样条曲线"命令，绘制一条曲线。

Step 25 执行"偏移"命令，将样条曲线向上偏移20mm。

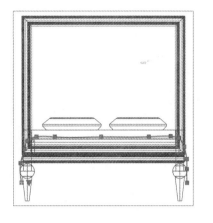

Step 26 调整曲线端点，并执行"修改>对象>有样条曲线"命令，将两条曲线合并。

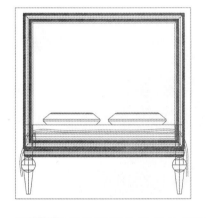

Step 27 将编辑好的样条曲线移至床模型合适的位置。执行"常用>拉伸"命令，将该多段线拉伸1600mm，完成被单模型的绘制。

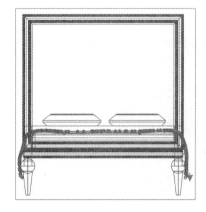

Step 28 执行"长方体"命令，创建尺寸为400mm*400mm*500mm的长方体。

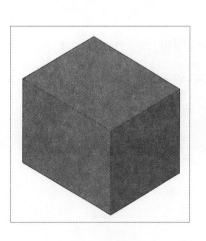

Chapter 01
Chapter 02
Chapter 03
Chapter 04
Chapter 05
Chapter 06
Chapter 07
Chapter 08
Chapter 09
Chapter 10
Chapter 11

Step 29 继续执行"长方体"命令，绘制尺寸为400mm*420mm*230mm的长方体，移动到合适的位置。

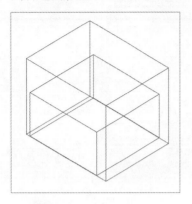

Step 30 执行"差集"命令，将小的长方体从大长方体中减去。

Step 31 执行"长方体"命令，绘制尺寸分别为420mm*520mm*15mm和120mm*420mm*15mm的长方体。

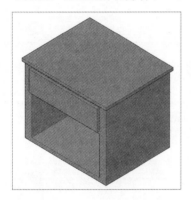

Step 32 执行"圆角边"命令，设置圆角半径为10mm，对模型进行圆角操作。

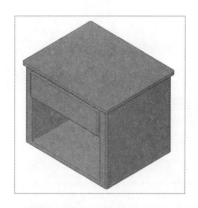

Step 33 执行"球体"命令，绘制半径为12mm的球体，移动到合适的位置。

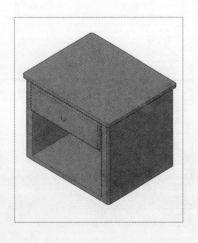

Step 34 执行"圆锥体"命令，绘制底面半径为8mm、顶面半径为15mm、高度为150mm的圆锥体作为柜子腿，并对其进行复制操作。

Step 35 执行"并集"命令，对模型进行并集操作，然后移动柜子模型到合适的位置，并进行复制操作，完成双人床模型的创建。

Step 36 执行"视图>渲染>材质浏览器"命令，打开"材质浏览器"面板后，打开"木材"材质列表。

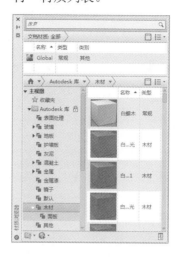

Step 37 选择木纹材质和布料材质，并将其拖到模型上。

Step 38 在"可视化"选项卡的"渲染"面板中，单击"渲染预设管理器"按钮，打开"渲染预设管理器"面板，设置渲染参数。

Step 39 单击"渲染"按钮，查看渲染后的场景效果。

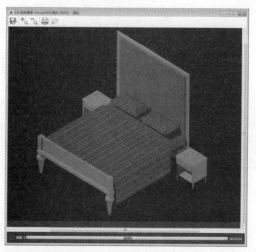

行业应用向导 室内立面图的绘制要求

室内装饰立面图是一种与垂直界面平行的正投影图，用反映垂直界面的形状和装饰做法，是室内设计中不可缺少的设计图纸。下面将介绍一些立面图的绘制方法和要求。

1 绘制立面图的重要性

室内装饰立面图能够反映出该立面的墙柱形状、墙柱面积、门窗排列、开启方向、入口位置、各种构件位置以及墙面材料、色彩等，室内立面造型和设计的施工依据，室内设计的主要效果，大多都是由立面图反映出来的。

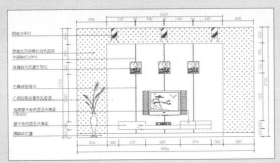 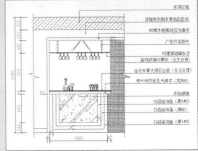

2 立面图图形的表现方式

- 墙柱面的主要造型，如墙壁装饰、装饰线以及固定于墙身的柜、台、座的轮廓线装饰等。
- 吊顶天花及吊顶以上的主题结构，如梁、楼板等。
- 墙、柱面的饰面材料、涂料的名称、规格、颜色以及工艺说明等。
- 立面尺寸标注，例如壁龛、壁饰及装饰等造型的定形、定位尺寸；楼地面标高；吊顶天花标高等。
- 立面图的材料标注及索引符号。

3 立面图的绘制步骤

（1）绘制室内地平线、两端的定位轴线、内墙轮廓线以及屋顶线等。

（2）根据层高、各种标高和平面的门窗洞口尺寸，绘制出立面图中的门窗洞、各种家具造型等细部的外形轮廓。

（3）绘制门窗、墙面等细部造型。对于相同的构造和做法，可以只详细绘制其中一个，其余的只绘制外轮廓线。

（4）检查并加深、加粗图线。其中室内周边墙柱、楼板等结构轮廓用粗实线，顶棚剖面线用粗实线，墙柱面造型轮廓用中实线，造型内的装饰及分格线以及其他可见线用细实线。

（5）标注尺寸，相对于本层楼地面的各造型位置及顶棚底面标高。

（6）标注详图索引符号、剖切符号、说明文字、图名比例。

4 立面图的线型和绘制比例

立面图的外轮廓用粗实线表示；墙面上的门窗及凸凹于墙面的造型用中实线表示；其他图示内容、尺寸标注、引出线等用细实线表示。立面图的常用比例为1:50，可用比例为1:30、1:40等。

秒杀工程疑惑

Q 二维绘图中的哪些命令在三维绘图中也能使用?

A 二维命令只能在X、Y面上或与该坐标面平行的平面上作图,例如"圆"、"圆弧"、"椭圆"、"圆环"、"多边形"以及"矩形"等。在使用这些命令时,需弄清是在哪个平面上操作的,其中"直线"、"射线"和"构造线"命令,可在三维空间任意绘制。对于二维编辑命令均可在三维空间使用,但必须在X、Y平面内,只有"镜像"、"阵列"和"旋转"命令,在三维空间有着不同的使用方法。

Q 在AutoCAD中如何为三维图形添加尺寸标注?

A 绘制一些简单的三维图形时,通常都需要标注加工尺寸,比如家具、架子等。在AutoCAD中没有三维标注的功能,尺寸标注都是基于二维图形平面标注的。因此,要把三维的标注转换到二维平面上,简化标注。使用到用户坐标系,将坐标系转换到需要标注的平面就可以了。

Q 为什么拉伸的图形不是实体?

A 应用"拉伸"命令时,如果想获得实体,必须保证拉伸图形是整体的一个图形(例如矩形、圆、多边形等),否则拉伸出的是片体。"拉伸"命令默认输出结果为实体,即便截面为封闭的,执行"拉伸"命令后,在命令行输入MO并按回车键,再根据提示输入SU命令并按回车键,封闭的界面也可以拉伸成片体。

另外利用线段绘制的封闭图形,拉伸出的图形也是片体,如果需要将线段的横截面设置为面,则为线段创建面域即可。

Q 如何正确标注三维实体尺寸?

A 在进行三维实体标注时,若使用透视图进行标注,则标注的尺寸很容易被物体掩盖,且不容易指定需要的端点。在这种情况下,我们可以分别在顶视图、前视图和右视图上进行标注,并查看三维模型的各部分尺寸。

Q 进行差集运算时,为什么总是提示"未选择实体或面域"?

A 执行"差集"命令后,根据提示选择实体对象,按回车键后再选择减去的实体,再次按回车键即可。若操作方法正确,则需要查看这些实体是不是相互孤立,而不是一个组合实体,将需要的实体合并在一起后,再次进行差集运算即可实现差集效果。

Q 三维实体模型与三维网格如何区别?

A 用户单从外表是不容易看出对象是否是三维实体,AutoCAD的提示功能可很容易看出对象的属性及类型。将光标放置到某对象上数秒,系统将会显示提示信息。若选择的是三维实体模型,则在打开的信息框中会显示"三维实体",反之,则会显示"网格"。

Chapter
01

Chapter
02

Chapter
03

Chapter
04

Chapter
05

Chapter
06

Chapter
07

Chapter
08

Chapter
09

Chapter
10

Chapter
11

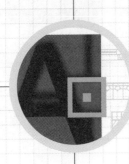

Chapter **04**

室内设计常用
图形的绘制

本章将运用AuoCAD软件的常用命令，来绘制室内设计制图中的一些常用图形。用户在绘制室内设计图时，可以直接使用一些现成的图块，也可自己绘制所需的图形，并将其创建成块，以便下次调用。这样一来，极大地方便了用户绘图，同时也加快了绘图速度，提高了绘图的效率。

01 ⚙ 学完本章内容您可以

1. 巩固AutoCAD基本绘图命令的应用

2. 运用AutoCAD的绘图命令绘制图块平面图

3. 根据平面图尺寸绘制图块立面图

02 🎞 内容图例链接

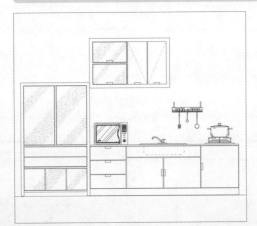

橱柜立面图

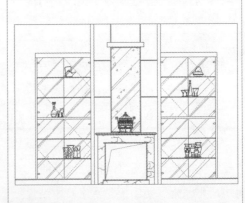

酒柜立面图

4.1　绘制常用家具图块

　　在室内设计中，常用家具图块包括桌、椅、茶几、床、柜等几种，下面将分别对其绘制的操作步骤进行介绍。

4.1.1　绘制双人床图形

　　下面介绍双人床平面图、立面图的绘制过程，具体如下。

Step 01 执行"矩形"命令，绘制一个长2100mm、宽1800mm的长方形。

Step 02 执行"偏移"命令，将矩形向内偏移20mm。

Step 03 执行"拉伸"命令，将内部的矩形上方边线向下拉伸30mm。

Step 04 执行"圆角"命令，设置圆角半径为50mm，对内部矩形的四个边角进行圆角操作。

Step 05 执行"矩形"命令，绘制1800mm*
50mm的矩形，对齐到图形中。

Step 07 执行"圆弧"命令，利用弧线绘制
出枕头图形。

Step 09 执行"样条曲线"命令，绘制两条
曲线。

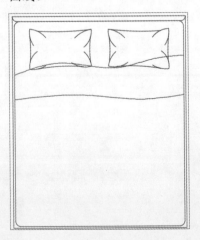

Step 06 执行"圆角"命令，默认圆角半径
为50mm，对矩形进行圆角操作。

Step 08 执行"镜像"命令，镜像复制另一
侧的枕头图形。

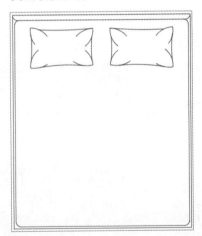

Step 10 执行"修剪"命令，修剪被覆盖的
图形。

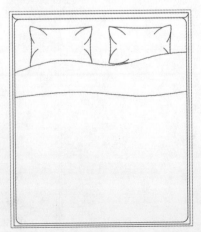

Step 11 执行"圆弧"命令，绘制多条弧线。

Step 12 执行"矩形"命令，绘制650mm*400mm的矩形，距离床边距离为80mm。

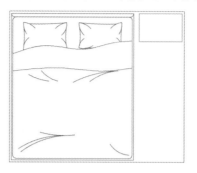

Step 13 执行"偏移"命令，将矩形向内偏移10mm。

Step 14 执行"直线"命令，居中绘制相互垂直的两条长250mm的线段。

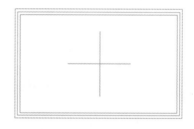

Step 15 执行"圆"命令，绘制半径分别为80mm和50mm的同心圆。

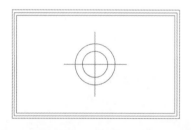

Step 16 执行"镜像"命令，将床头柜图形镜像复制到另一侧。

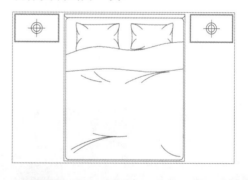

Step 17 执行"圆"命令，以双人床右下角为圆心，绘制半径为700mm的圆。

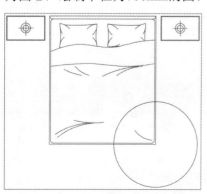

Step 18 执行"偏移"命令，将圆形向内偏移20mm。

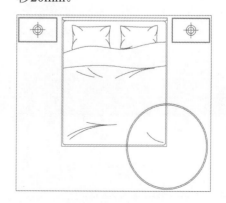

Chapter 01
Chapter 02
Chapter 03
Chapter 04
Chapter 05
Chapter 06
Chapter 07
Chapter 08
Chapter 09
Chapter 10
Chapter 11

Step 19 执行"修剪"命令，修剪掉被床体覆盖的图形。

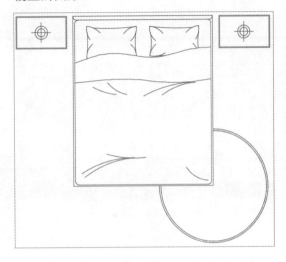

Step 20 执行"圆"命令，随意绘制多个半径不同的圆。

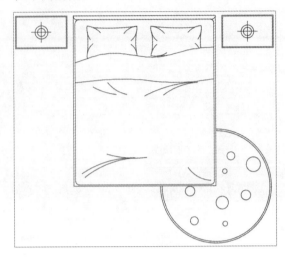

Step 21 执行"图案填充"命令，为圆填充图案后，删除圆形。

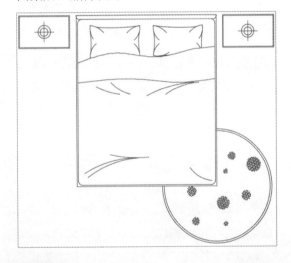

Step 22 执行"偏移"命令，将地毯图形外侧的圆向外偏移80mm。

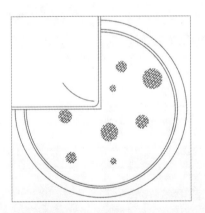

Step 23 执行"直线"命令，在两个圆弧之间绘制多条直线。

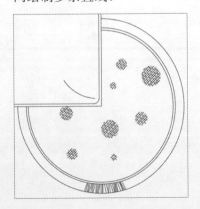

Step 24 执行"环形阵列"命令，以圆心为阵列中心，对绘制的直线进行阵列复制。

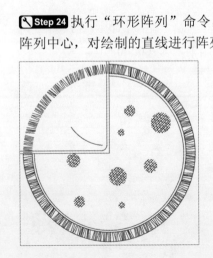

Step 25 删除地毯图形最外圈的圆，对阵列后的图形进行分解操作，然后删除被床体覆盖的图形。

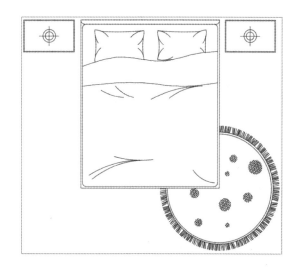

工程师点拨

重复复制图形对象

在使用"复制"命令时，系统默认一次只能复制一个图形，如果要对同一个图形对象进行重复复制操作，可选择要复制的对象后，在命令行中输入O，并选择模式为"多个"，这样即可进行重复复制操作。

4.1.2 绘制衣柜图形

下面介绍大衣柜平面图和立面图的绘制方法，具体操作过程如下。

Step 01 执行"矩形"命令，绘制长1500mm、宽600mm的长方形。执行"偏移"命令，将该长方形向内偏移20mm。

Step 02 执行"直线"命令，绘制长方形的中线。执行"偏移"命令，将中线向两边分别偏移10mm。

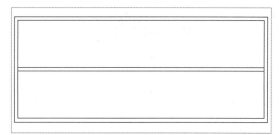

Step 03 将中线设置为虚线，然后执行"矩形"命令，绘制长500mm、宽20mm的长方形，并将其倒圆角，作为衣架。

Step 04 执行"特性匹配"命令，将衣架线型设置为虚线。执行"旋转"命令，将衣架旋转30度。

Step 05 执行"复制"命令，复制衣架图形，然后执行"旋转"命令，对衣架的角度进行调整操作。

Step 06 执行"矩形"命令，绘制长466mm、宽20mm的长方形。执行"旋转"命令，将该长方形旋转30度，作为衣柜门。

Chapter 01
Chapter 02
Chapter 03
Chapter 04
Chapter 05
Chapter 06
Chapter 07
Chapter 08
Chapter 09
Chapter 10
Chapter 11

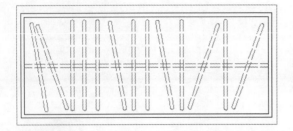

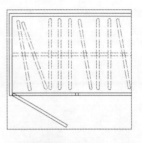

Step 07 执行"镜像"命令，对柜门进行镜像复制操作，完成衣柜平面图的绘制。

Step 08 执行"矩形"命令，根据平面图尺寸，绘制长2400mm、宽1500mm的矩形。

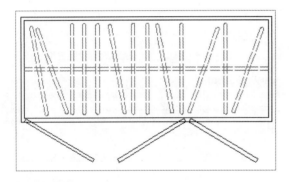

Step 09 执行"修剪"命令，修剪矩形下方的线段。

Step 10 执行"偏移"命令，将图形向内依次偏移10mm、30mm、10mm。

Step 11 将内部线条分解，然后执行"偏移"命令，将内部上方的线条向下依次偏移550mm、20mm、50mm、20mm、1070mm、20mm、220mm、20mm、300mm。

Step 12 继续执行"偏移"命令，将内部右侧的线条向左侧依次偏移500mm、20mm。

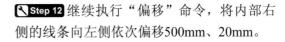

Step 13 执行"修剪"命令，修剪图形，隔出衣柜内部轮廓。

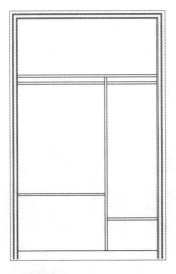

Step 14 执行"直线"命令，捕捉终点绘制两条线段。

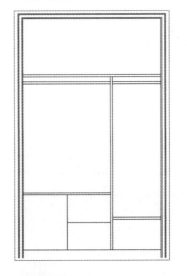

Step 15 执行"偏移"命令，将线段向两侧分别偏移10mm。

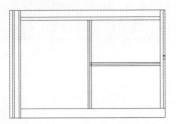

Step 16 删除中线，再执行"修剪"命令，修剪多余线条。

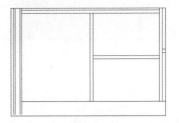

Step 17 执行"偏移"命令，将图形向下依次偏移100mm、100mm、170mm。

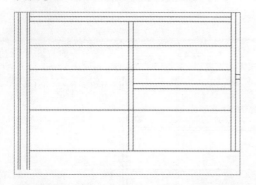

Step 18 执行"修剪"命令，修剪多余的图形。

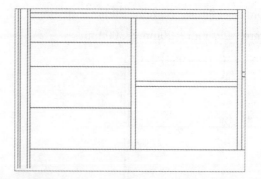

Step 19 执行"矩形"命令，绘制40mm*10mm的矩形作为拉手，居中放置并进行复制。

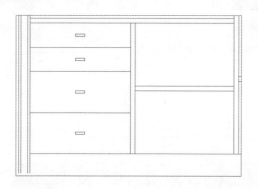

Step 20 执行"插入>块"命令，插入衣物、收纳盒等图形图块，并进行复制。

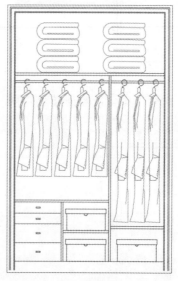

Step 21 执行"直线"命令，在底部绘制一条直线，即可完成衣柜正立面图的绘制操作。

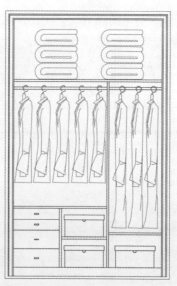

4.1.3 绘制组合沙发图形

下面介绍组合沙发平面图的绘制方法，操作过程如下。

Step 01 执行"矩形"命令，绘制一个长1000mm、宽1000mm的正方形。

Step 02 执行"分解"命令，将该正方形分解。然后执行"偏移"命令，将正方形上方的边线向下偏移250mm，将两侧边线向内偏移150mm。

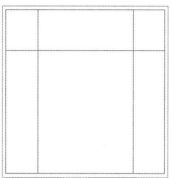

Step 03 执行"偏移"命令，将内部的边线向外依次偏移5mm、10mm、15mm、20mm、25mm。

Step 04 执行"修剪"命令，对偏移后的线段执行修剪操作。

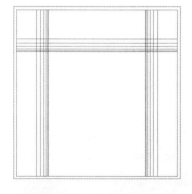

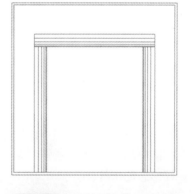

Step 05 执行"偏移"命令，将下方的边线向上偏移40 mm。

Step 06 执行"修剪"命令，对偏移后的线条执行修剪操作。

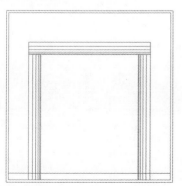

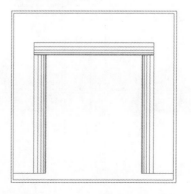

Step 07 下面将绘制一个抱枕图形，首先执行"圆弧"命令，绘制两条圆弧。

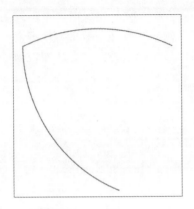

Step 09 执行"圆弧"命令，绘制圆弧将四个角连接起来，绘制出抱枕的造型。

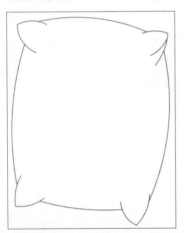

Step 11 复制沙发模型后，执行"圆弧"命令，绘制另外一种形态的抱枕。

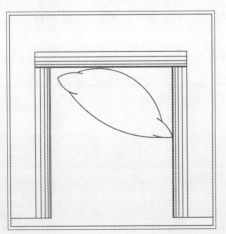

Step 08 继续执行"圆弧"命令，绘制出抱枕的四个角，调整图形的角度和位置。

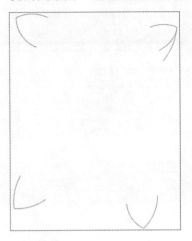

Step 10 执行"移动"命令，将抱枕图形移动到单人沙发的合适位置。

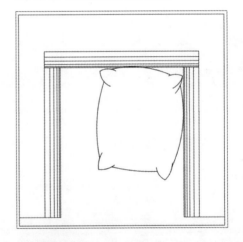

Step 12 旋转图形，使两个单人沙发图形相对，设置间距为2100 mm。

Step 13 复制一个沙发图形,执行"拉伸"命令,将沙发坐宽拉伸到1800mm。

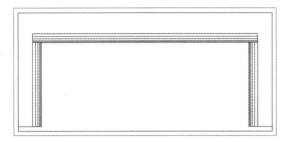

Step 14 执行"直线"命令,绘制两条直线,将沙发坐宽等分为三份,制作出多人沙发。

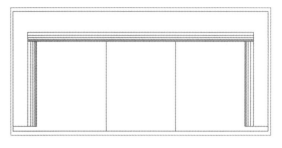

Step 15 执行"圆弧"命令,绘制多个抱枕造型。

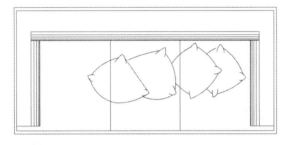

Step 16 执行"修剪"命令,修剪掉被覆盖的图形。

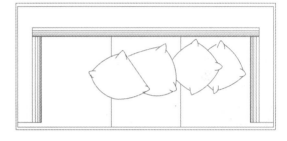

Step 17 调整沙发位置,与两侧的单人沙发边角对齐。

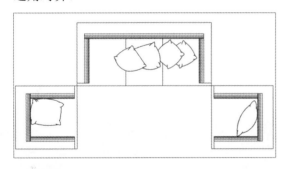

Step 18 执行"移动"命令,将多人沙发向上移动200mm。

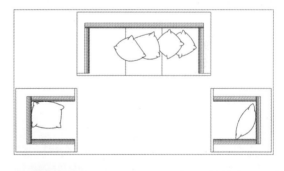

Step 19 执行"矩形"命令,绘制一个长2400mm、宽1500mm的矩形,调整对齐到沙发中间。

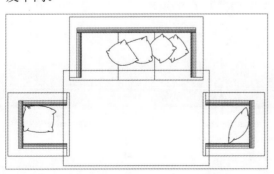

Step 20 执行"多段线"命令,捕捉绘制多段线后,删除矩形。

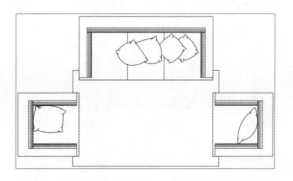

Step 21 执行"偏移"命令，将多段线向内偏移30mm。

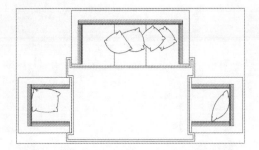

Step 22 执行"矩形"命令，绘制长1000mm、宽520mm的矩形，居中放置。

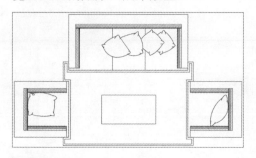

Step 23 使用"偏移"命令，将矩形向内进行多次偏移，偏移尺寸分别为5mm、10mm、10mm、5mm。

Step 24 执行"直线"命令，绘制连接装饰线。

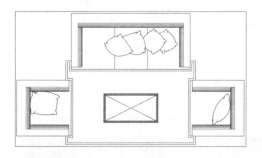

Step 25 执行"圆"命令，绘制半径为300mm的圆形。执行"直线"命令，绘制两条长度为300mm互相垂直的线段，相交于圆心。

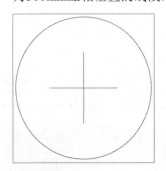

Step 26 执行"圆"命令，分别绘制半径为80mm和40mm的圆。

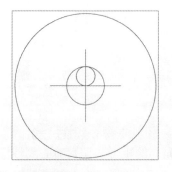

Step 27 将图形调整到合适的位置。

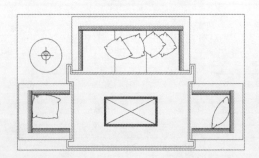

Step 28 执行"矩形"命令，绘制700mm*700mm的正方形。

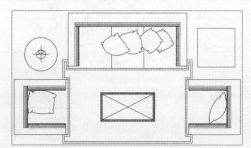

Step 29 复制一个电话图形，放置到正方形中的合适位置。

Step 30 执行"图案填充"命令，选择AR-CONC图案，其余参数保持默认，对地毯区域进行填充。

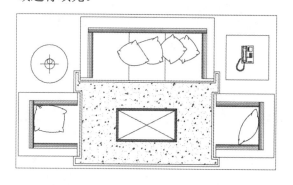

Step 31 执行"偏移"命令，将地毯轮廓的多段线向外偏移50mm。

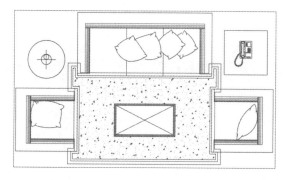

Step 32 执行"圆弧"命令，依次绘制多条弧线。

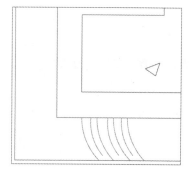

Step 33 执行"复制"和"镜像"命令，复制所绘制的弧线。

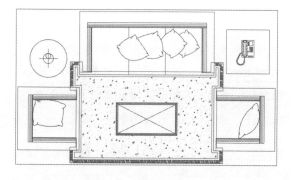

Step 34 删除地毯最外侧的多段线，即可完成组合沙发图形的绘制。

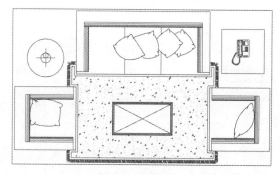

4.2 绘制常用电器图形

在室内设计中，常用的家用电器图块包括电视机、冰箱、空调、油烟机以及洗衣机等。下面将运用AutoCAD的基本绘图命令，绘制这些家用电器图块。

4.2.1 绘制冰箱图形

下面介绍冰箱正立面图图块的绘制方法，具体操作过程如下。

Step 01 执行"矩形"命令，绘制长600mm、宽650mm的长方形，并对长方形进行分解。

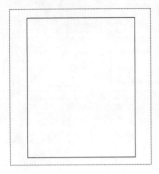

Step 02 执行"偏移"命令，将长方形边线向内偏移。

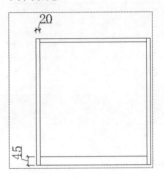

Step 03 执行"矩形"命令，绘制长580mm、宽20mm的长方形。执行"旋转"命令，将该长方形旋转15度，作为冰箱门。

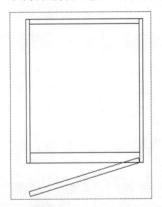

Step 04 按照同样的操作方法，绘制长520mm、宽25mm以及长520mm、宽50mm的两个长方形，并进行旋转。

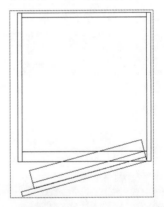

Step 05 执行"偏移"和"修剪"命令，绘制冰箱内部的图形。

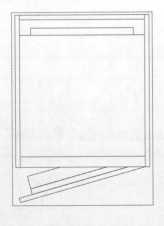

Step 06 执行"圆"和"修剪"命令，绘制半径为19mm的圆并进行复制，再对图形进行修剪，完成冰箱平面图形的绘制。

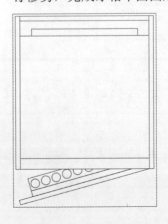

Step 07 执行"直线"命令，绘制长1150mm、宽600mm的长方形。

Step 08 执行"偏移"命令，将长方形的两侧边线向内分别偏移5mm、10mm。

Step 09 继续执行"偏移"命令，将长方形的上方边线向下依次偏移10mm、380mm、10mm、10mm、30mm、630mm。

Step 10 执行"修剪"命令，修剪掉多余的图形。

Step 11 执行"偏移"和"直线"命令，将直线向下偏移10mm，再绘制斜线。

Step 12 执行"修剪"命令，修剪出冰箱门的把手造型。

Step 13 执行"矩形"命令,绘制一个长45mm、宽5mm的矩形。执行"矩形阵列"命令,设置"列数"为40、列的"介于"值为10、"行数"为1。

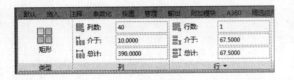

Step 15 执行"矩形"命令,绘制一个长40mm、宽15mm的矩形,距离右侧边缘40mm。

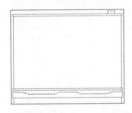

Step 17 执行"圆角"命令,设置圆角尺寸为8mm,对冰箱图形的边角进行圆角操作。

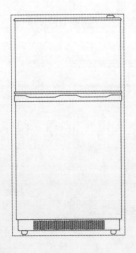

Step 14 将阵列复制出的图形放置到冰箱图形底部。

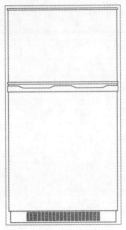

Step 16 继续执行"矩形"命令,绘制两个长30mm、宽20mm的矩形作为冰箱的支撑,距两侧各20mm。

Step 18 执行"椭圆"和"单行文字"命令,绘制长半径为60mm、宽半径为20mm的椭圆,再创建单行文字,完成冰箱正立面图的绘制。

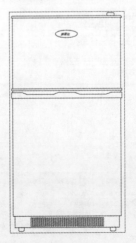

4.2.2　绘制空调图形

下面介绍空调平面图、立面图图块的绘制过程，具体步骤如下。

Step 01 要绘制空调平面图，首先执行"矩形"命令，绘制一个长550mm、宽300mm的长方形，并绘制长方形对角线。

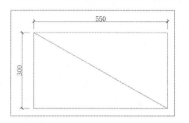

Step 02 执行"单行文字"命令，指定文字的起点和文字高度值，并输入A和C，绘制出空调平面图。

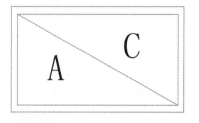

Step 03 执行"矩形"命令，绘制尺寸为500mm*1700mm的矩形。

Step 04 执行"偏移"命令，将矩形向内偏移40mm。

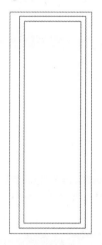

Step 05 执行"拉伸"命令，将内部矩形向上拉伸1390mm。

Step 06 向下复制矩形，距离底边40mm。

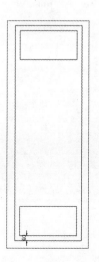

Chapter 01
Chapter 02
Chapter 03
Chapter 04
Chapter 05
Chapter 06
Chapter 07
Chapter 08
Chapter 09
Chapter 10
Chapter 11

Step 07 执行"拉伸"命令，将下方矩形向上拉伸580mm。

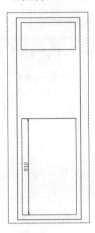

Step 08 执行"圆角"命令，设置圆角半径为50mm，对图形进行圆角操作。

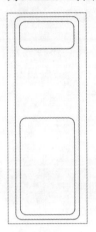

Step 09 执行"图案填充"命令，选择图案为ANSI32，然后设置填充角度、比例及颜色，填充图形。

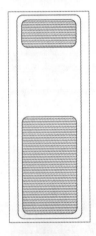

Step 10 执行"椭圆"、"矩形"和"图案填充"命令，绘制按键面板，然后放置到合适的位置。

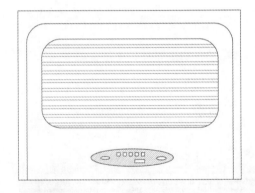

Step 11 执行"插入>块"命令，插入品牌图标并放置到合适的位置。

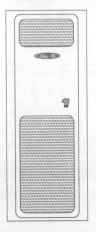

Step 12 执行"单行文字"命令，创建文字并放置到图标下方，完成空调立面图的绘制。

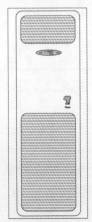

4.3 绘制常用厨卫图形

下面将运用AutoCAD中的绘图命令，绘制洁具和厨房图块，其中包括洗菜池、炉灶、洗脸盆及淋浴房等。

4.3.1 绘制淋浴房图形

下面介绍淋浴房图块的绘制过程，具体操作方法如下。

Step 01 执行"矩形"命令，绘制一个尺寸为900mm*900mm的矩形。

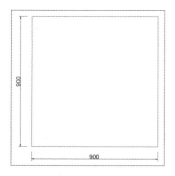

Step 02 执行"圆角"命令，设置圆角半径为450mm，对矩形的一角进行圆角操作。

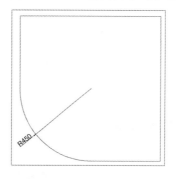

Step 03 执行"偏移"命令，将矩形依次向内偏移10mm、20mm、20mm。

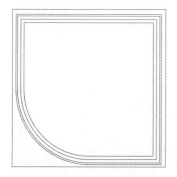

Step 04 执行"圆"命令，捕捉一角绘制半径为280mm的圆。

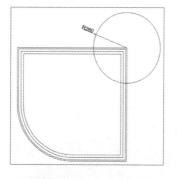

Step 05 执行"修剪"命令，修剪图形中多余的线条。

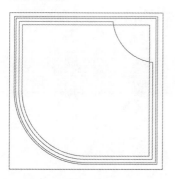

Step 06 分解矩形，然后执行"圆角"命令，设置圆角半径为50mm，对图形进行圆角操作。

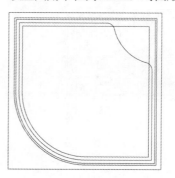

Chapter 01
Chapter 02
Chapter 03
Chapter 04
Chapter 05
Chapter 06
Chapter 07
Chapter 08
Chapter 09
Chapter 10
Chapter 11

Step 07 执行"偏移"命令，设置偏移尺寸为20mm，偏移图形。

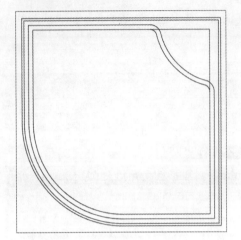

Step 09 执行"多边形"命令，绘制一个半径为12mm外切于圆的正六边形。

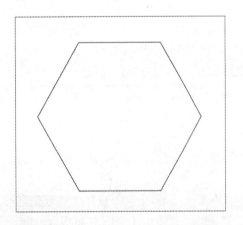

Step 11 将图形移动到合适的位置。

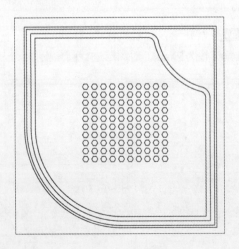

Step 08 执行"修剪"命令，修剪图形中的多余线条。

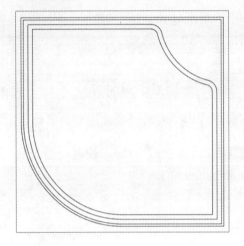

Step 10 执行"矩形阵列"命令，设置列数和行数都为10，其余参数操持默认，对正六边形进行阵列复制。

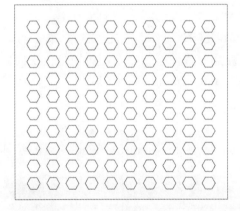

Step 12 执行"旋转"命令，将阵列图形旋转45°。

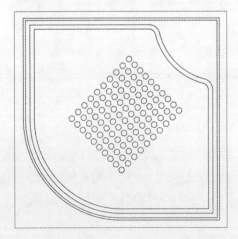

Step 13 执行"圆"、"直线"命令，绘制半径分别为40mm、50mm的同心圆，并绘制长度为120mm的垂直直线。

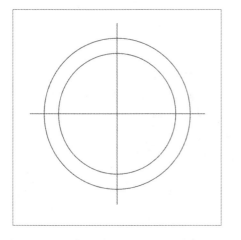

Step 14 将图形移动到合适的位置，即可完成成品淋浴房的绘制。

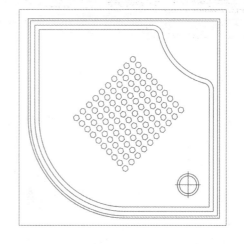

Chapter 01

Chapter 02

Chapter 03

Chapter 04

Chapter 05

Chapter 06

Chapter 07

Chapter 08

Chapter 09

Chapter 10

Chapter 11

4.3.2 绘制坐便器图形

下面介绍坐便器平面图块的绘制过程，具体操作方法如下。

Step 01 执行"矩形"命令，绘制一个尺寸为500mm*185mm的矩形。

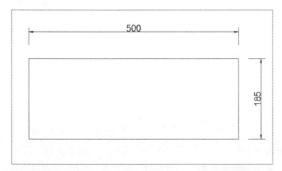

Step 02 分解矩形，然后执行"偏移"命令，将上边线向下偏移35mm。

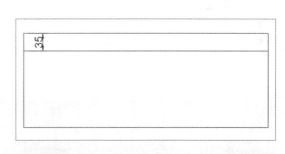

Step 03 执行"直线"命令，捕捉绘制两条斜线。

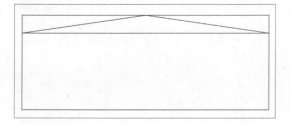

Step 04 执行"修剪"命令，修剪并删除图形中多余的线条。

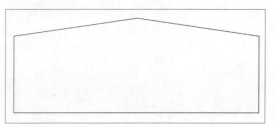

Step 05 执行"倒角"命令，设置倒角距离分别为6mm、30mm，对图形进行倒角操作。

Step 06 执行"偏移"命令，设置偏移距离为10mm，对图形执行偏移操作。

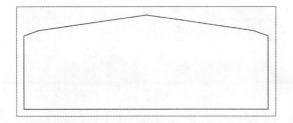

Step 07 执行"修剪"命令，修剪图形中多余的线条。

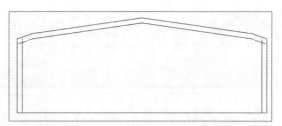

Step 08 执行"圆角"命令，设置圆角半径为20mm，对图形进行圆角操作。执行"修剪"命令，修剪图形。

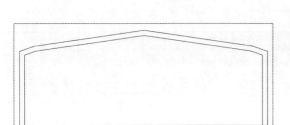

Step 09 执行"直线"、"偏移"命令，捕捉中点绘制长400mm的直线，再对直线进行偏移操作。

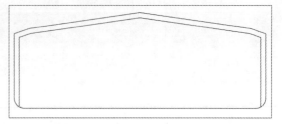

Step 10 执行"直线"命令，捕捉绘制斜线后，删除多余的线条。

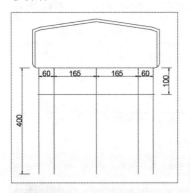

Step 11 执行"圆角"命令，设置圆角半径为165mm，对两条斜线进行圆角操作。

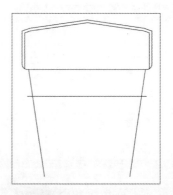

Step 12 执行"偏移"命令，将轮廓线向内偏移40mm。

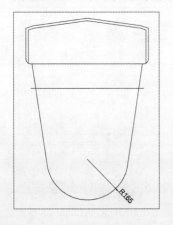

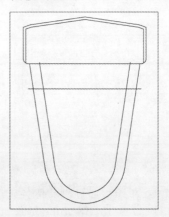

Step 13 执行"圆角"命令，设置圆角半径为50mm，对图形进行圆角操作。

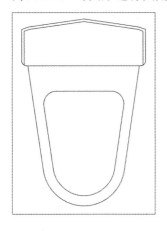

Step 14 执行"圆"命令，绘制半径分别为16mm和26mm的圆，并放置到合适的位置。

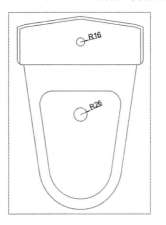

Step 15 执行"矩形"命令，绘制尺寸分别为300mm*6mm和25mm*10mm的矩形。

Step 16 执行"修剪"命令，修剪图形中多余的线条。

Step 17 移动图形到合适的位置，完成坐便器图形的绘制。

4.3.3 绘制燃气灶图形

下面介绍燃气灶平面图块的绘制过程，具体操作方法如下。

Step 01 执行"矩形"命令，绘制一个圆角半径为20mm、长宽尺寸为750mm*440mm的圆角矩形。

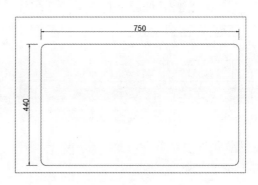

Step 02 执行"偏移"命令，将圆角矩形向内偏移3mm。

Step 03 执行"直线"命令，捕捉中点绘制直线。执行"偏移"命令，将竖向中线向左依次偏移50mm、145mm。再将横向中线向上偏移30mm，向下偏移135mm。

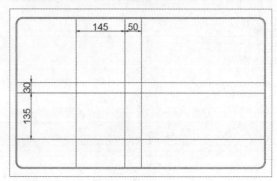

Step 04 删除中线图形。

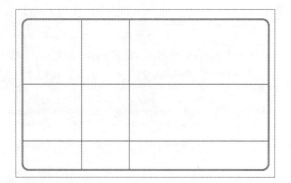

Step 05 执行"圆"命令，捕捉直线交点，绘制多个同心圆。

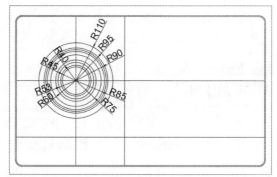

Step 06 删除两条直线。

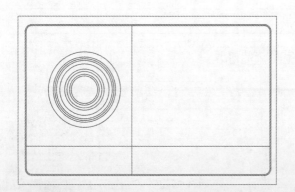

Step 07 执行"直线"命令，捕捉象限点绘制直线。执行"偏移"命令，将直线分别向两侧偏移。

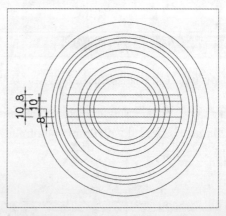

Step 08 执行"修剪"命令，修剪并删除图形中多余的线条。

Step 09 执行"旋转"命令，旋转复制的图形。

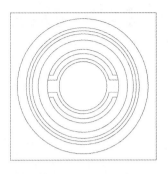

Step 10 执行"修剪"命令，修剪图形。执行"旋转"命令，以圆心为旋转基点将图形旋转45°。

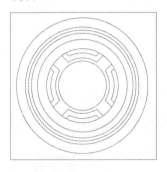

Step 12 删除相交的直线。

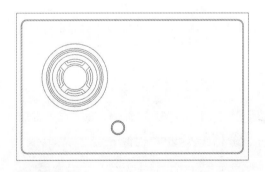

Step 14 执行"修剪"命令，修剪并删除图形中多余的线条。

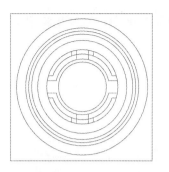

Step 11 执行"圆"命令，捕捉另一处直线交点，绘制半径为23mm、22mm、19mm的同心圆。

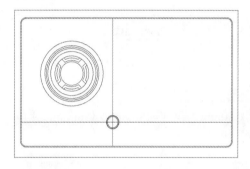

Step 13 执行"直线"命令，捕捉象限点绘制直线。执行"偏移"命令，将直线向两侧各自偏移4mm。

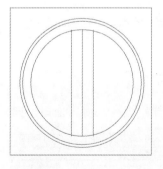

Step 15 执行"圆角"命令，设置圆角半径为2mm，对图形进行圆角操作。

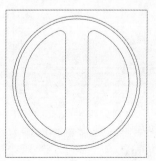

Step 16 执行"镜像"命令，镜像复制图形到另一侧。

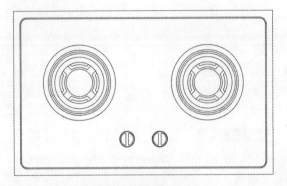

Step 17 执行"直线"命令，绘制多条斜线作为装饰线，完成燃气灶图形的绘制。

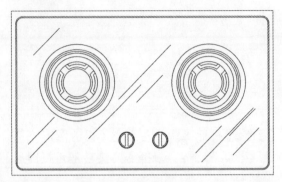

4.3.4　绘制洗菜池图形

下面介绍洗菜池平面图块的绘制过程，具体操作方法如下。

Step 01 执行"矩形"命令，绘制一个圆角半径为50mm、尺寸为800mm*450mm的圆角矩形。

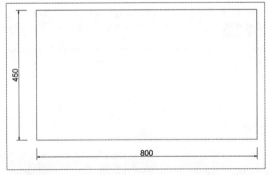

Step 02 执行"偏移"命令，将矩形向内偏移30mm。

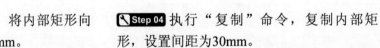

Step 03 执行"拉伸"命令，将内部矩形向下拉伸50mm、向左拉伸460mm。

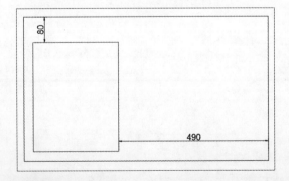

Step 04 执行"复制"命令，复制内部矩形，设置间距为30mm。

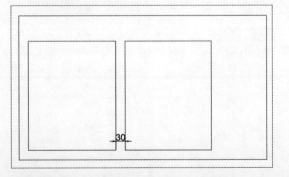

Step 05 继续执行"拉伸"命令，将内部右侧矩形向右拉伸150mm。

Step 06 执行"圆角"命令，设置圆角半径为50mm，对图形进行圆角操作。

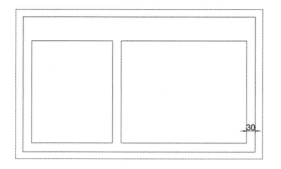

Step 07 执行"圆"、"复制"命令，绘制半径为27mm、20mm的同心圆，放置到合适的位置后，执行复制操作。

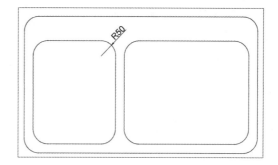

Step 08 执行"直线"命令，绘制长200mm的直线。执行"偏移"命令，设置偏移距离为30mm，将直线依次向下偏移。

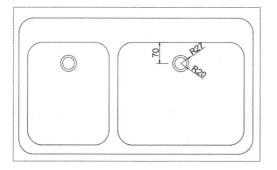

Step 09 执行"直线"命令，绘制上宽为60mm、下宽为28mm、高度为180mm的梯形。

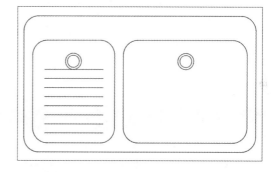

Step 10 执行"圆角"命令，分别设置圆角半径为25mm、14mm，对图形进行圆角操作。

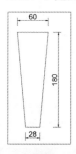

Step 11 执行"圆"命令，绘制半径为20mm的圆，绘制出龙头轮廓。

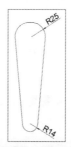

Step 12 将图形移动到合适的位置，执行"旋转"、"修剪"命令，将图形旋转45°后，修剪图形，完成洗菜池图形的绘制。

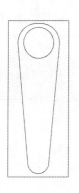

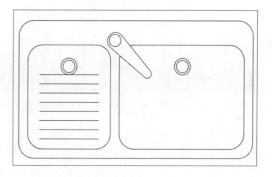

4.4 绘制装饰图形

下面将介绍一些室内局部装饰设计图块的绘制，其中包括玄关设计、电视背景设计、厨柜设计及过道设计等。

4.4.1 绘制酒柜立面图

下面介绍酒柜立面图块的绘制过程，具体操作方法如下。

Step 01 执行"矩形"命令，绘制尺寸为4000mm*2800mm的矩形。

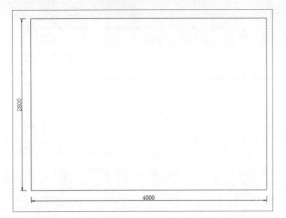

Step 02 分解矩形，再执行"偏移"命令，将边线向内依次偏移相应的尺寸。

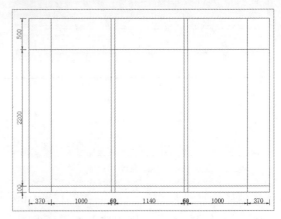

Step 03 执行"修剪"命令，修剪图形中多余的线条。

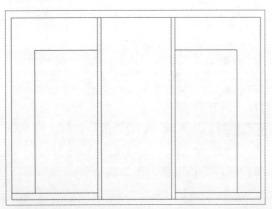

Step 04 继续执行"偏移"命令，依次偏移图形。

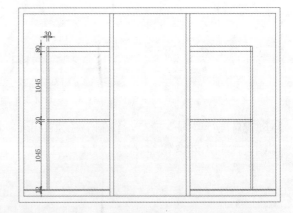

工程师点拨

重复上一次命令

在使用某一操作命令后，如需再次使用该命令，只需按键盘上的回车键即可。当然，用户也可在绘图区空白处右击，选择已显示的操作命令。

Step 05 执行"修剪"命令，修剪图形中多余的线条。

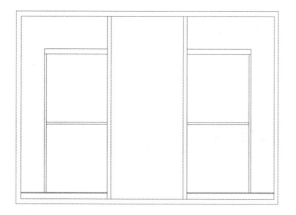

Step 07 执行"修剪"命令，修剪图形中多余的线条。

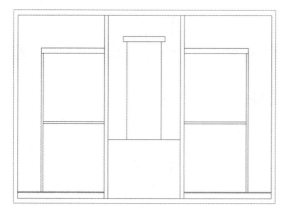

Step 09 执行"修剪"命令，修剪图形中多余的尺寸。

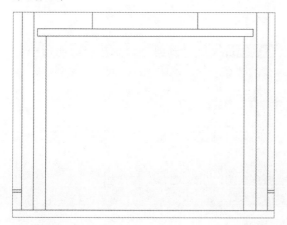

Step 11 执行"修剪"命令，修剪图形中多余的线条，制作出壁炉轮廓。

Step 06 执行"偏移"命令，继续依次偏移图形。

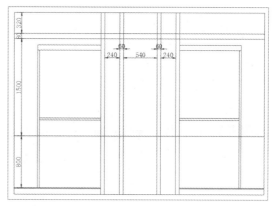

Step 08 执行"偏移"命令，在图形中间位置依次偏移图形。

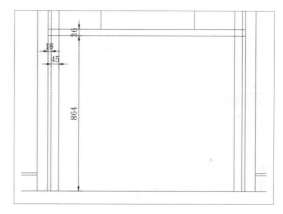

Step 10 继续执行"偏移"命令，依次偏移图形。

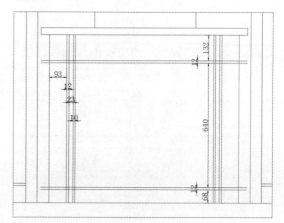

Step 12 执行"偏移"命令，将壁炉台面依次向下偏移7mm、18mm、7mm。

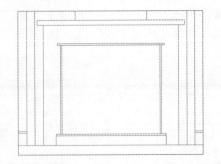

Step 13 继续执行"偏移"命令，依次偏移壁炉台面左上角的图形。

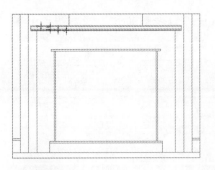

Step 14 执行"圆角"命令，分别设置圆角尺寸为9mm、16mm、4mm、6mm，对壁炉台面上下两处图形进行圆角操作。

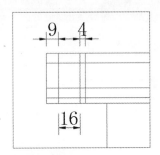

Step 15 执行"修剪"命令，修剪图形中多余的线条。

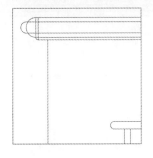

Step 16 执行"镜像"命令，镜像复制造型到另一侧，再修剪删除图形中多余的线条。

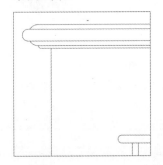

Step 17 执行"偏移"命令，依次偏移图形。

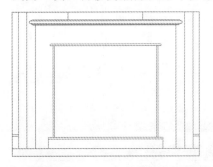

Step 18 执行"修剪"命令，修剪图形中多余的线条。

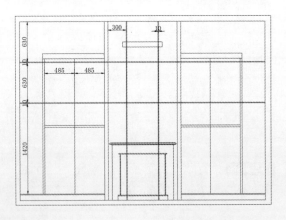

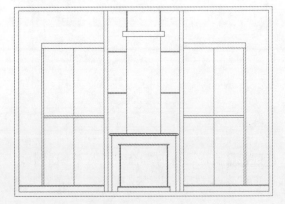

Step 19 执行"偏移"命令，偏移酒柜隔断尺寸。

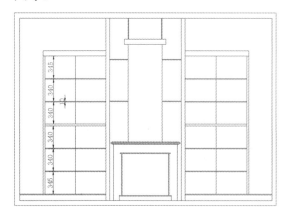

Step 21 执行"矩形"、"圆角"命令，绘制隔板托造型。

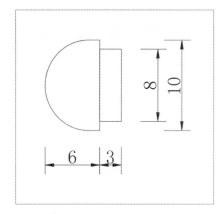

Step 23 执行"图案填充"命令，选择AR-RROOF图案，设置填充角度、比例及颜色，对玻璃门区域进行填充。

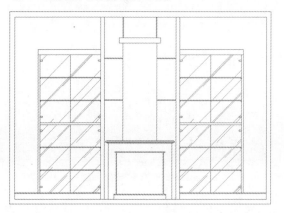

Step 20 执行"矩形"命令，绘制尺寸为40mm*20mm的矩形。执行"圆角"命令，设置圆角尺寸为10mm，对矩形进行圆角操作，绘制出玻璃门夹造型。

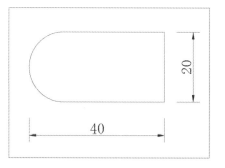

Step 22 将玻璃门夹及隔板托图形分别移动到合适的位置，并进行"复制"和"镜像"操作。

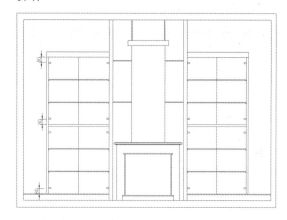

Step 24 执行"矩形"、"偏移"命令，捕捉绘制矩形并将其向内偏移12mm，然后删除外侧矩形。

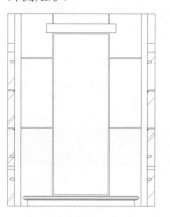

Chapter
01

Chapter
02

Chapter
03

Chapter
04

Chapter
05

Chapter
06

Chapter
07

Chapter
08

Chapter
09

Chapter
10

Chapter
11

Step 25 执行"直线"命令,捕捉绘制车边镜角线,再执行"图案填充"命令,选择AR-RROOF和AR-CONC图案,分别设置填充角度、比例及颜色,对车边镜区域进行填充。

Step 26 继续执行"图案填充"命令,选择自定义的大理石填充图案,设置填充比例及颜色,对壁炉区域进行填充。

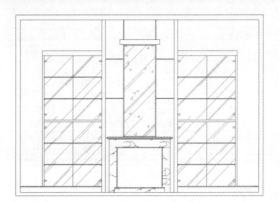

工程师点拨

自定义填充图案

在绘图过程中,为了图纸的美观,往往会在某一部分采用填充图案的形式。若在AutoCAD自带的填充图案库找不到所需的图案,用户可以在网上下载其他形式的图案,将图案文件放置到AutoCAD安装文件夹下的support文件夹中即可。

Step 27 执行"直线"命令,绘制装饰线来表示壁炉中空区域。

Step 28 执行"多段线"命令,绘制玻璃门装饰线并执行复制操作,然后调整线型及比例。

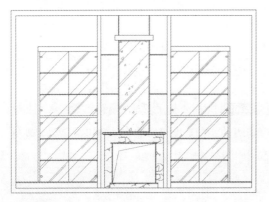

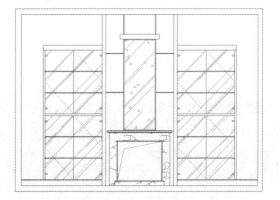

Step 29 最后执行"插入>块"命令,插入各种装饰图块,并调整到合适的位置,即可完成酒柜立面图块的绘制。

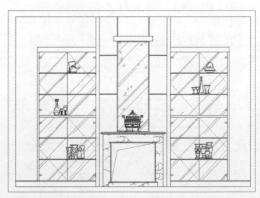

4.4.2 绘制厨柜立面图

下面介绍厨柜立面图块的绘制过程，具体操作方法如下。

Step 01 执行"多段线"命令，绘制长1600mm、宽1000mm的多段线。执行"偏移"命令，将多段线向内偏移40mm。

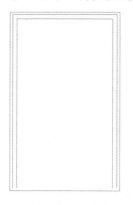

Step 02 将内部多段线分解，执行"偏移"命令，将上方线条向下依次偏移840mm、20mm、290mm、20mm、310mm、20mm。

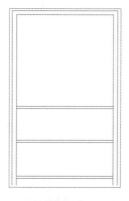

Step 03 继续执行"偏移"命令，将两侧边线向内各偏移450mm，然后执行"修剪"命令，修剪图形。

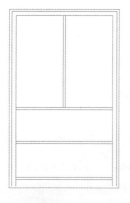

Step 04 执行"定数等分"命令，将线段分为三份，并绘制直线，再绘制一条横向中线。

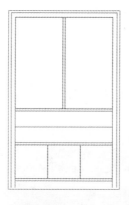

Step 05 执行"矩形"和"偏移"命令，捕捉绘制矩形，并将矩形向内偏移5mm。

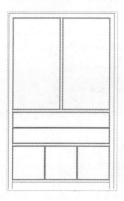

Step 06 删除中线和多余的矩形图形后，执行"直线"命令，封闭底部。

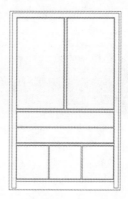

Step 07 执行"直线"命令,沿图形右侧绘制长2200mm、宽720mm的长方形。

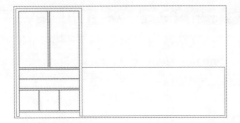

Step 08 执行"偏移"命令,将上方线条向下偏移20mm、160mm、440mm,将右侧线条向左偏移550mm、550mm、550mm。

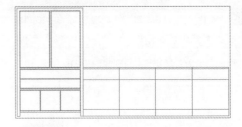

Step 09 执行"修剪"命令,对厨柜执行修剪操作。

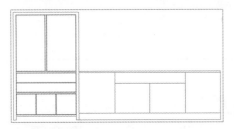

Step 10 执行"定数等分"命令,将直线段等分为三份,再绘制直线。

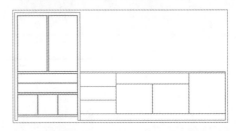

Step 11 执行"矩形"和"偏移"命令,捕捉绘制矩形,并向内偏移5mm。

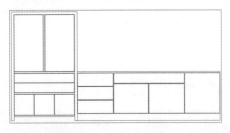

Step 12 删除中线及矩形外框线等图形。

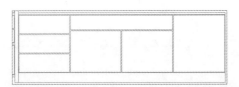

Step 13 执行"矩形"命令,绘制长90mm、宽25mm的矩形作为把手。

Step 14 执行"矩形"命令,绘制长1200mm、宽700mm的矩形,设置与柜台间距为800mm。

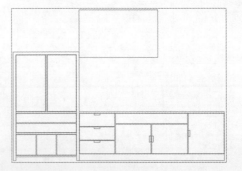

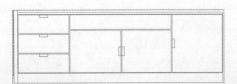

Step 15 执行"偏移"命令,将矩形向内偏移50mm。

Step 16 将内部矩形分解,执行"偏移"命令,向左侧依次偏移280mm、10mm、280mm、10mm。

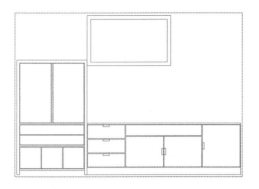

Step 17 绘制中线并分别向两侧偏移10mm。

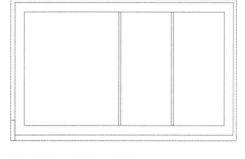

Step 18 捕捉绘制矩形并向内偏移5mm，删除多余的线条。

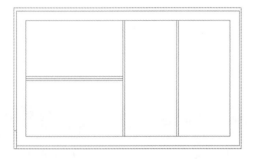

Step 19 复制把手图形，居中放置。

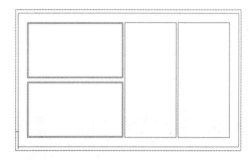

Step 20 执行"直线"命令，绘制多条平行的线段，并设置其中两条的线型。

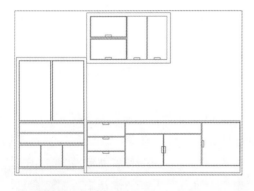

Step 21 执行"图案填充"命令，对图形中的部分区域进行填充，然后删除多余的线条。

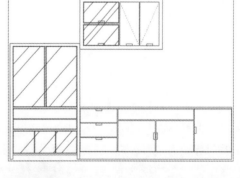

Step 22 在图形中添加厨具、电器、水池等图形图块，完成橱柜模型的制作。

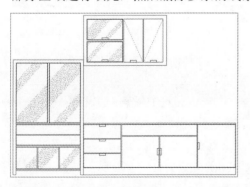

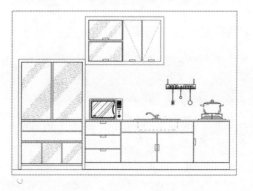

行业应用向导 **室内采光照明要求**

在室内设计中，光不仅是为满足人们视觉功能的需要，还是一个重要的美学因素。光可以形成空间、改变空间或者破坏空间，直接影响人对物体大小、形状、质地和色彩的感知。

1 照明的控制

- **眩光的控制**：包括遮阳、降低光源的亮度、移动光源位置和隐蔽光源。
- **亮度比的控制**：包括灯具布置方式（整体、局部、整体与局部结合、成角）和照明地带分区（天棚地带、周围地带、使用地带）两种方式。

2 照明方式的选择

- **直接照明**：光线通过灯具射出，其中90%-100%的光通量到达假定的工作面上，这种照明方式为直接照明。直接照明方式具有强烈的明暗对比，并能造成有趣生动的光影效果，可突出工作面在整个环境中的主导地位，但是由于亮度较高，应防止眩光的产生。
- **半直接照明**：半直接照明是使用半透明材料制成的灯罩罩住光源上部，60%-90%以上的光线使之集中射向工作面，10%-40%的被罩光线又经半透明灯罩扩散而向上漫射，其光线比较柔和。这种灯具常用于较低房间的一般照明。
- **间接照明**：间接照明方式是将光源遮蔽而产生间接光的照明方式，其中90%-100%的光通过天棚或墙面反射作用于工作面，10%以下的光线则直接照射工作面。通常有两种处理方法，一是将不透明的灯罩装在灯泡的下部，光线射向平顶或其他物体上反射形成间接光线；另一种是把灯泡设在灯槽内，光线从平顶反射到室内形成间接光线。这种照明方式单独使用时，需注意不透明灯罩下部的浓重阴影。通常和其他照明方式配合使用，常用于商场、服饰店、会议室等场所，一般作为环境照明使用或提高环境亮度。
- **半间接照明**：该方式与直接照明相反，把半透明的灯罩装在光源下部，60%以上的光线射向平顶，形成间接光源，10%-40%部分光线经灯罩向下扩散。这种方式能产生比较特殊的照明效果，使较低矮的房间有增高的感觉。适用于住宅中的小空间部分，如门厅、过道、服饰店等，通常在学习的环境中采用这种照明方式。
- **漫射照明方式**：该方式是利用灯具的折射功能来控制眩光，将光线向四周扩散漫散。这种照明大体上有两种形式，一种是光线从灯罩上口射出经平顶反射，两侧从半透明灯罩扩散，下部从格栅扩散；另一种是用半透明灯罩把光线全部封闭而产生漫射。这类照明光线性能柔和，视觉舒适，适于卧室。

3 室内采光部位与照明方式

- **采光部位**：室内采光效果，主要取决于采光部位和采光口的面积大小和布置形式，一般分为侧光、高侧光和顶光三种形式。
- **光源类型**：白炽灯、荧光灯、氖管灯以及高压放电灯。不同类型的光源，具有不同色光和显色性能，对室内的气氛和物体的色彩会产生不同的效果和影响。
- **照明方式按灯具的散光方式分为**：间接照明、半间接照明、直接间接照明、漫射照明、半直接照明、宽光束的直接照明以及高集光束的下射直接照明。

秒杀工程疑惑

Q 如何显示绘图区中的全部图形?

A 在命令行输入命令ZOOM，按回车键后，然后根据提示输入命令A，即可显示全部图形。用户还可以双击鼠标滚轮，扩展空间大小，也可显示全部图形。

Q 使用的线型为虚线，为什么看上去是实线?

A 这是因为"线型比例"不合适引起的，也就是说"线型比例"太大或太小，虚线效果显示不出来。首先确定线型为虚线，然后选择线段并右击，在弹出的快捷菜单中选择"特性"命令，在"特性"面板中将"线型比例"设置为合适的数值即可。

Q 如何快速移动或复制图形?

A AutoCAD 是以Windows为操作平台运行的，所以在Windows中的某些命令同样适用于该软件，例如，用户可以使用快捷键Ctrl+C复制图形、Ctrl+V粘贴到新图纸文件中，使用快捷键Ctrl+A，可以全部选择图纸中的对象。

Q 在选择多个不相邻图形时，需要依次选择所需图形，有什么方法可以一次全部选中吗?

A 遇到这类问题，用户可使用"对象选择过滤器"命令轻松解决，具体操作如下:

01 在命令行中输入filter命令后，按回车键，即可打开"对象选择过滤器"对话框。

02 单击"选择过滤器"下拉按钮，选择所需图形类型，这里选择"标注"选项。

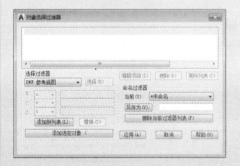

03 在"选择过滤器"选项组中，单击"添加到列表"按钮。

04 单击"应用"按钮，框选绘图区中所有图形，即可将图中标注区域快速选中。

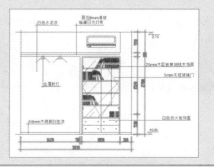

Chapter 01

Chapter 02

Chapter 03

Chapter 04

Chapter 05

Chapter 06

Chapter 07

Chapter 08

Chapter 09

Chapter 10

Chapter 11

Chapter 05

单身公寓
设计方案

都市生活的节奏快速而紧凑，家居空间有限，太多拥挤、繁复的细节更是让人倍感压力。于是摒弃一切无用的细节，保留生活最本真、最纯粹的装修风格逐渐成为人们家装的主基调。本案例中的设计风格以时尚简洁为主，空间设计以功能合理、使用方便为主，同时追求灵活多变，使空间的构造具有韵律。本章将介绍单身公寓的设计理念、绘图方法和绘图技巧。

01 🔺 学完本章内容您可以

1. 了解小户型的设计技巧
2. 掌握平面和立面图纸的绘制方法
3. 掌握剖面及大样图纸的绘制方法
4. 学会制作简单的效果图

02 🎞 内容图例链接

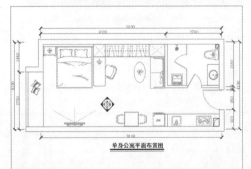

单身公寓平面布置图

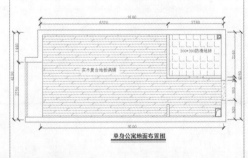

单身公寓地面布置图

5.1 单身公寓设计思路

随着城市建设的发展和城市人口的增长，城市单身公寓越来越受到青年白领们的青睐。单身公寓又称为青年SOHO或酒店式公寓，是一种过渡型住宅产品，其结构上的特点是只有一间房间、一套厨卫，没有客厅，或者有客厅没有厨房，同一室一厅相比要小一些。单身公寓户型丰富多样，功能也在不断完善，在提高使用率、性价比、居住舒适度的同时，其健康住宅的标准在一定程度上也得到提高。

对于单身公寓的设计来讲，我们可以充分利用房子小巧灵活的特色，在功能分区上进行合理划分，并进行巧妙利用，使小户型的室内设计同样可以达到一个很不错的效果。

下面介绍几种小户型的布置技巧，供设计者参考。

1. 分区：合理划分功能区

小户型室内设计很重要的一个方面是合理地进行功能的分区，同时还要注意把握实用灵活的原则，从而把家居功能恰当地区分为休闲、就餐以及休息等各个功能区，如下左图所示。由于小户型面积小这一局限性，导致整个空间容易有视觉障碍，那么我们就要在设计时尽量避免这一点。使各个功能分区分工明确，同时不会有狭窄拥挤的感觉。

2. 色调：浅中色延伸空间

小户型的居室如果设计不合理，会让整个房间显得昏暗狭小，因此应以浅色调、中间色作为家具及布艺的主色调，如下右图所示。这类颜色具有扩散性，可以让空间看起来更大，使居室给人清新开朗、明亮宽敞的感觉。

3. 造型：家具宜简不宜繁

居室本来就小，如果再放上一些体积庞大、结构复杂的家具，即使家具再昂贵、再精美，也只能是弄巧成拙。小户型居室在家具安排上一定不要贪大，要量力而行，力求简约。比如，宜家的家具多以简单为特点，在结构上也多可进行组合和拆装，色彩也以浅色为主，同时，这些家具也具有强大的收纳功能，并不会因为体积小而影响"内存"。

5.2 绘制单身公寓平面图

在室内设计制图中，平面图包括平面布置图、地面布置图、顶面布置图、电路布置图以及插座开关布置图等。下面将着重介绍几种平面图纸的绘制方法。

5.2.1 绘制单身公寓户型图

根据施工人员测量好的实际尺寸，在平面图纸中绘制出户型图，其具体操作步骤如下。

Step 01 启动软件，在"常用"选项卡的"图层"面板中单击"图层特性"按钮，打开相应的面板，单击"新建图层"按钮。

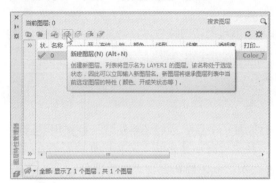

Step 02 创建一个新图层，双击名称选项，使其进入编辑状态，将新图层命名为"轴线"。

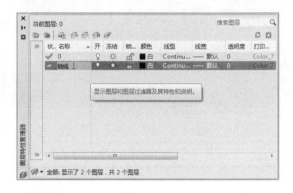

Step 03 单击"颜色"图标选项，打开"选择颜色"对话框，选择红色。

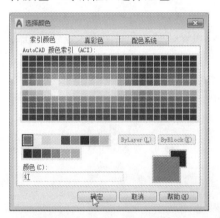

Step 04 单击"线型"图标选项，打开"选择线型"对话框，单击"加载"按钮。

Step 05 打开"加载或重载线型"对话框，选择相关线型，单击"确定"按钮。

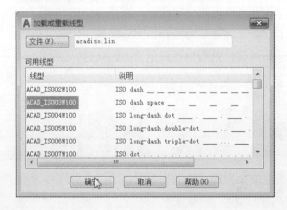

Step 06 返回上一层对话框，选择加载后的线型，单击"确定"按钮，即可完成线型选择。

Step 07 单击"新建图层"按钮，新建其他所需图层，依次重命名并设置相关属性。

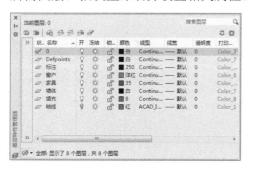

Step 08 双击"轴线"图层，将该图层设置为当前图层。

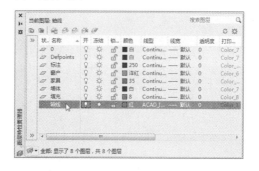

Step 09 执行"绘图>直线"命令，绘制长11000mm、宽5000mm的长方形。

Step 10 执行"修改>偏移"命令，将上方直线向下依次偏移400mm、1260mm、60mm、840mm、160mm、950mm、920mm。

Step 11 继续执行"修改>偏移"命令，将右侧直线向左依次偏移580mm、1020mm、700mm、1060mm、6320mm、750mm。

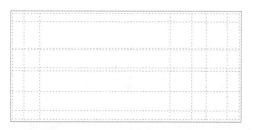

Step 12 在"常用"选项卡"图层"面板的"图层"下拉列表中，选择"墙体"图层，并将其设置为当前层。

Step 13 执行"格式>多线样式"命令，打开"多线样式"对话框，单击"修改"按钮。

Step 14 打开"修改多线样式"对话框，勾选"封口"选项组中"直线"选项对应的"起点"和"端点"复选框，单击"确定"按钮。

Step 15 返回到上一层对话框中，单击"确定"按钮，完成多线样式的设置。

Step 16 执行"绘图>多线"命令，设置对正类型为无、多线比例为240，捕捉绘制多线图形。

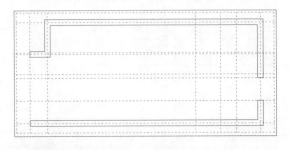

Step 17 继续执行"绘图>多线"命令，设置多线比例为120，捕捉绘制多线图形。

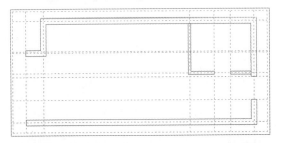

Step 18 执行"绘图>直线"命令，捕捉绘制两条直线，作为飘窗的内外边线。

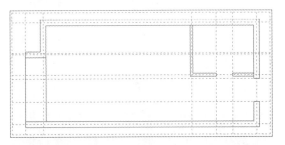

Step 19 执行"修改>偏移"命令，将外侧边线分别向内偏移60mm、60mm，并设置到"窗户"图层。

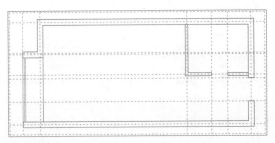

Step 20 在"图层"下拉列表中，选择"轴线"图层的"开/关图层"选项，关闭图层。

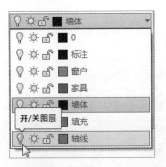

Step 21 关闭"轴线"图层后，查看单身公寓的大致轮廓。

Step 22 执行"绘图>矩形"命令，绘制长400mm、宽300mm的矩形，并移动到合适的位置。

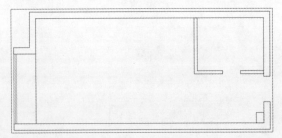

Step 23 设置"窗户"图层为当前图层，执行"绘图>圆"命令，捕捉绘制半径为950mm的圆。

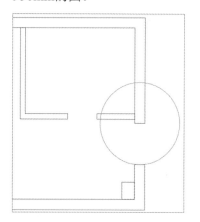

Step 24 执行"绘图>矩形"命令，绘制长950mm、宽40mm的矩形，并移动到合适的位置。

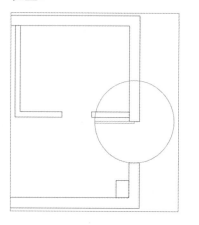

Step 25 执行"修改>修剪"命令，修剪多余的圆形，制作出门图形。

Step 26 执行"绘图>圆"命令，绘制半径为55mm的圆，分布在户型图中，作为下水管道示意。

Step 27 执行"格式>标注样式"命令，打开"标注样式管理器"对话框，单击"修改"按钮。

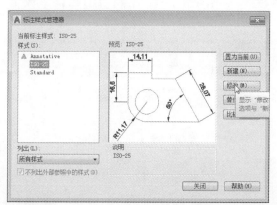

Step 28 打开"修改标注样式"对话框，在"文字"选线卡中设置文字高度为150。

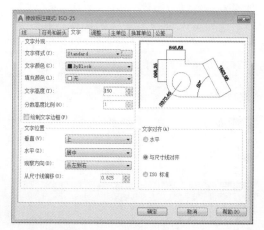

Step 29 单击"文字样式"按钮，打开"文字样式"对话框，设置字体为宋体，单击"应用"按钮并关闭对话框。

Step 30 返回"修改标注样式"对话框中，可看到预览区标注文字发生了改变。

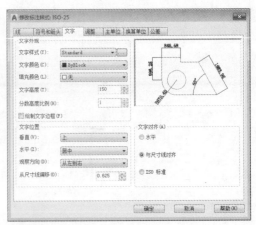

Step 31 切换到"符号和箭头"选项卡，设置箭头符号为"建筑标记"，并设置"箭头大小"值为150。

Step 32 切换到"主单位"选项卡，设置线性标注的"精度"值为0。

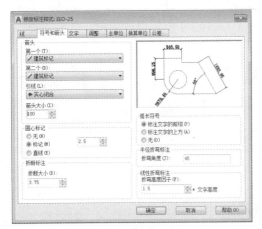

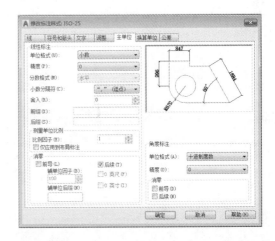

Step 33 切换到"调整"选项卡，在"调整选项"选项组中选择"文字始终保持在尺寸界线之间"单选按钮，并勾选"若箭头不能放在尺寸界线内，则将其消除"复选框。

Step 34 切换到"线"选项卡，设置"超出尺寸线"的值为50、"起点偏移量"的值为80。

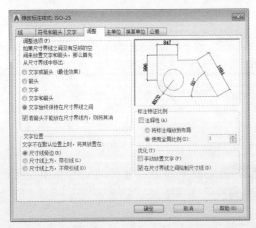

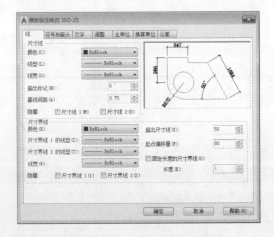

🔧**Step 35** 单击"确定"按钮返回到上一层对话框，单击"关闭"按钮完成尺寸标注设置。

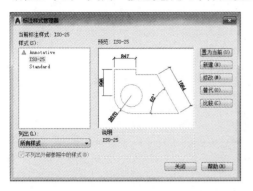

🔧**Step 37** 轴线图层的图形又显示在绘图区中。

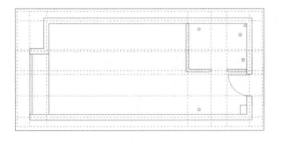

🔧**Step 39** 关闭"轴线"图层，即可完成户型图的尺寸标注。

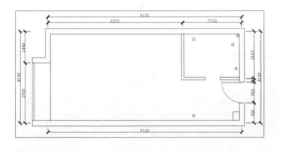

🔧**Step 41** 在文字编辑器中设置文字的字体、大小、加粗样式。

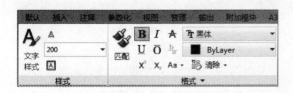

🔧**Step 36** 在"图层"下拉列表中，选择"轴线"图层的"开/关图层"选项，打开图层。

🔧**Step 38** 执行"标注>线性"命令，对图形进行尺寸标注。

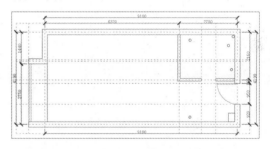

🔧**Step 40** 执行"绘图>文字>多行文字"命令，在户型图下方绘制一个文本框，输入"单身公寓户型图"文字。

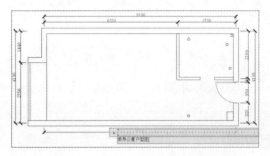

🔧**Step 42** 设置完毕关闭文字编辑器，可以看到户型图下方添加了文字说明。

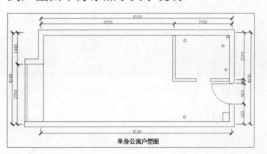

Step 43 执行"绘图>多段线"命令,在文字说明下绘制一条多段线。

Step 44 选择多段线,执行"修改>特性"命令,打开"特性"面板,设置"全局宽度"值为50。

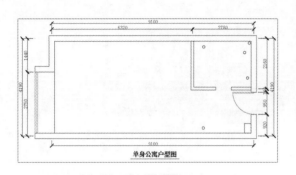

Step 45 在绘图区中可以看到,设置后的多段线变成了一条带有宽度的线段。

Step 46 向下复制多段线,并将多段线分解,完成单身公寓户型图的绘制。

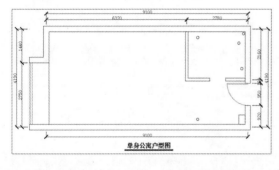

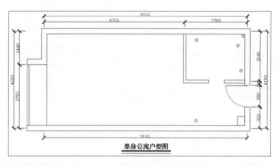

5.2.2 绘制单身公寓平面布置图

单身公寓面积虽小,其功能却要满足在有限的空间内工作、学习、娱乐、储藏、洗浴等日常生活要求。下面介绍单身公寓平面布置图的绘制,具体操作步骤如下。

Step 01 复制户型图,修改文字为"单身公寓平面布置图"。执行"修改>拉伸"命令,将多段线向右拉伸出500mm。

Step 02 将墙体多段线分解,执行"修改>延伸"命令,将卫生间墙体向下延伸。

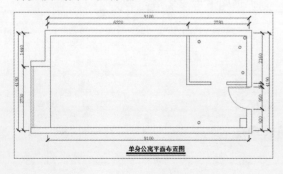

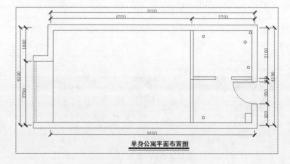

Step 03 执行"修改>偏移"命令，将墙体向上偏移600mm。

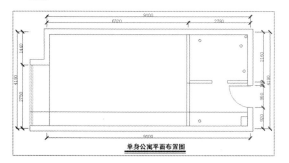

Step 04 执行"修改>修剪"命令，修剪多余的图形。

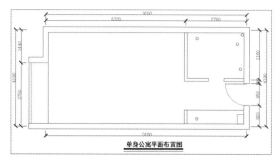

Step 05 然后执行"绘图>矩形"命令，分别绘制200mm*200mm和600mm*1000mm的矩形，作为包水管和洗手台轮廓。

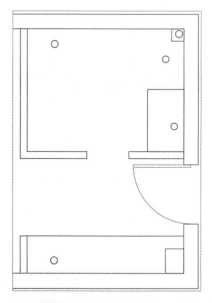

Step 06 执行"修改>偏移"命令，将包水管轮廓和烟道轮廓向内偏移20mm。

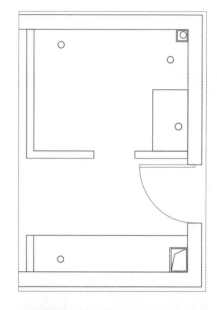

Step 07 执行"修改>圆角"命令，设置圆角半径为50mm，对洗手台轮廓进行圆角操作。

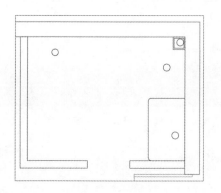

Step 08 执行"修改>偏移"命令，将卫生间左侧墙体线向右依次偏移950mm、20mm，再将下方墙体线向上依次偏移780mm、700mm。

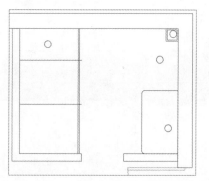

Step 09 执行"修改>修剪"命令，修剪多余的线条。

Step 10 依次执行"矩形"、"旋转"和"圆弧"命令，绘制一个20mm*700mm的矩形并旋转60°，再绘制一条圆弧线，完成淋浴间门图形的绘制。

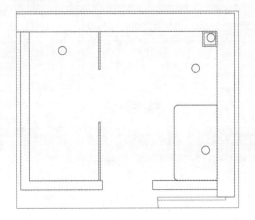

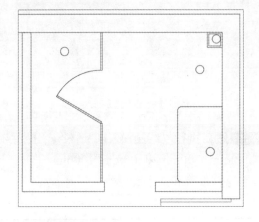

Step 11 复制门图形并旋转90°，移动到卫生间门洞处。

Step 12 执行"修改>特性匹配"命令，将入户门的属性匹配到卫生间门图形上。

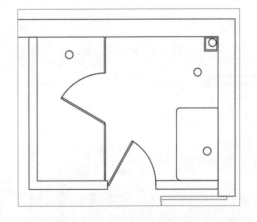

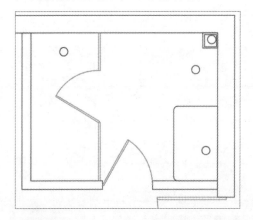

Step 13 执行"插入>块"命令，打开"插入"对话框，单击"浏览"按钮。

Step 14 打开"选择图形文件"对话框，选择需要的图块文件，这里选择马桶图块，单击"打开"按钮。

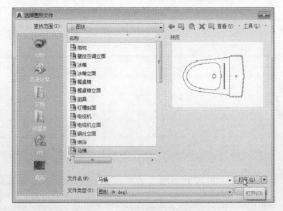

Step 15 将马桶图块插入当前绘图区，并移动到合适的位置。

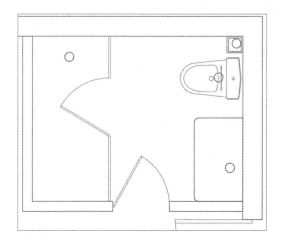

Step 17 执行"绘图>矩形"命令，绘制600mm*600mm、2200mm*600mm、800mm*600mm、600mm*1400mm的四个矩形，放置到合适位置。

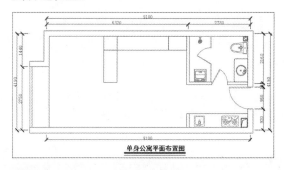

单身公寓平面布置图

Step 19 执行"绘图>直线"命令，绘制四条装饰线。

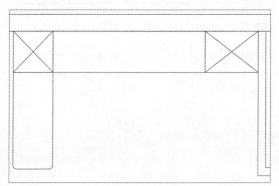

Step 21 执行"绘图>矩形"命令，绘制30mm*500mm的矩形。

Step 16 继续插入其他的图形图块，如洗面盆、洗衣机、灶具等，然后删除多余的下水管图形。

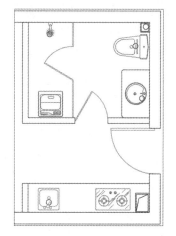

Step 18 执行"修改>圆角"命令，设置圆角尺寸为50mm，对其中一个矩形进行圆角操作。

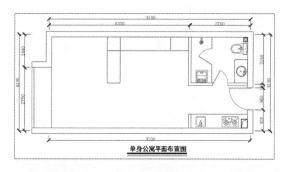

单身公寓平面布置图

Step 20 执行"修改>圆角"命令，设置圆角尺寸为50mm，对其中一个矩形进行圆角操作。

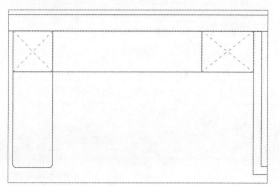

Step 22 执行"复制"和"旋转"命令，复制矩形并适当进行旋转调整。

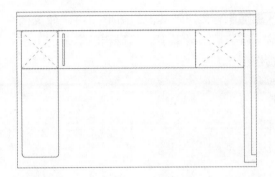

🔧 **Step 23** 执行"绘图>直线"命令，绘制两条间距为20mm的直线。

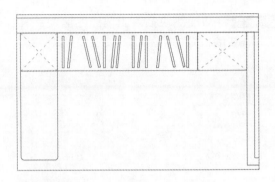

🔧 **Step 24** 执行"修改>特性匹配"命令，为图形进行匹配操作。

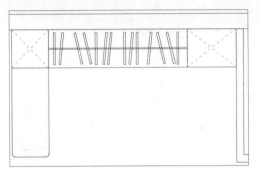

🔧 **Step 25** 执行"插入>块"命令，在图形中插入沙发、座椅、餐桌椅、电视机、冰箱以及抱枕图块。

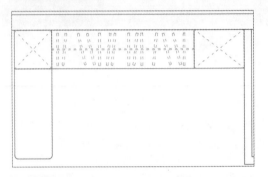

🔧 **Step 26** 执行"修改>修剪"命令，修剪被覆盖的椅子图形。

单身公寓平面布置图

🔧 **Step 27** 插入双人床图块，将其分解。

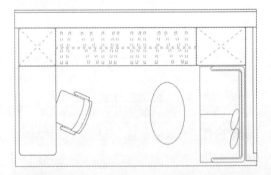

🔧 **Step 28** 删除一侧床头柜图形，再将图形创建成图块。

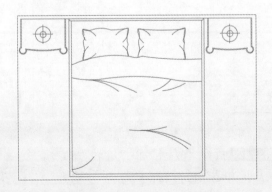

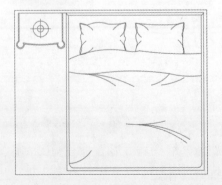

Step 29 执行"绘图>直线"命令，绘制一条距离墙体100mm的直线，再将双人床图块移动到该位置。

Step 30 执行"插入>块"命令，在图形中插入台灯和花盆图块，然后删除多余的图形。

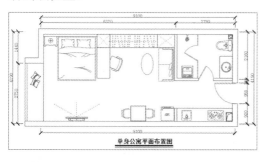

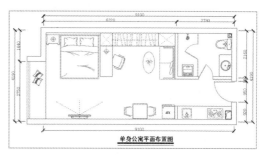

Step 31 最后为平面图添加立面图指示符，完成单身公寓平面布置图的绘制。

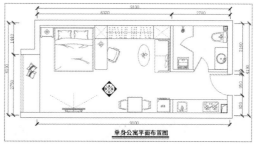

5.2.3 绘制单身公寓地面布置图

因面积较小，单身公寓地面材质的铺设不宜过于复杂。下面将介绍如何绘制单身公寓地面布置图，其具体操作步骤如下。

Step 01 复制单身公寓平面布置图，删除多余图形，修改文字说明为"单身公寓地面布置图"。

Step 02 执行"绘图>直线"命令，绘制直线将地面分区。

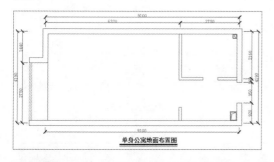

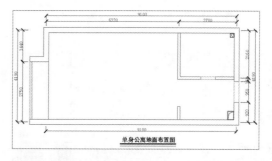

Step 03 将填充图层设置为当前图层，执行"绘图>图案填充"命令，打开"图案填充创建"选项卡，在"图案"面板中选择DOLMIT图案选项。

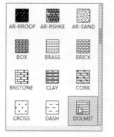

Step 04 设置填充比例为20，在填充区域中拾取内部点，完成图案的填充操作。

Step 05 继续执行"图案填充"命令，选择ANGLE图案选项，设置填充比例为50，设定填充原点为右下角，填充卫生间区域。

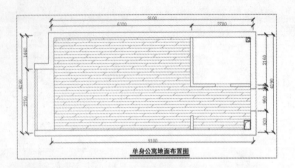

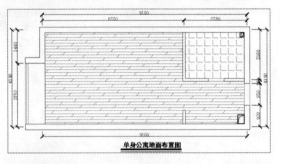

Step 06 继续执行"图案填充"命令，选择AR-CONC图案选项，其他设置保持默认，填充过门石区域。

Step 07 执行"绘图>文字>多行文字"命令，为地面添加注释地面材质的文字。

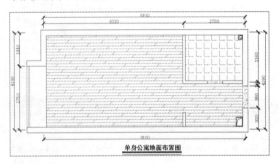

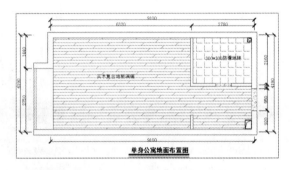

Step 08 双击文字，在文字编辑器中单击"背景"按钮，打开"背景遮罩"对话框，勾选"使用背景遮罩"复选框，并设置填充颜色为白色。

Step 09 设置完成后，查看地面布置图的绘制效果。

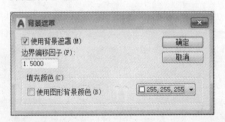

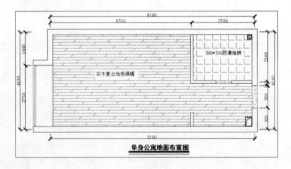

5.2.4 绘制单身公寓顶棚布置图

与地面布置图相同，顶棚布置图宜采用简单的造型。下面介绍绘制单身公寓顶棚布置图的方法，具体操作步骤如下。

Step 01 复制地面布置图，删除多余图形，修改文字说明为"单身公寓顶棚布置图"。

Step 02 执行"绘图>直线"命令，绘制直线，将入户与起居区域分区。

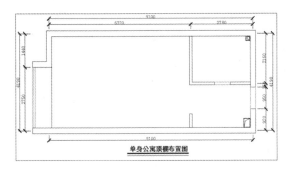

单身公寓顶棚布置图

Step 03 执行"修改>偏移"命令,将上方墙体线向下依次偏移550mm、50mm。

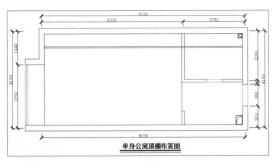

单身公寓顶棚布置图

Step 05 选择直线,打开"特性"面板,设置颜色、线型及线型比例。

Step 07 执行"绘图>图案填充"命令,选择图案为NET,设置比例为95,对洗浴空间进行填充。

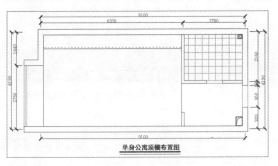

单身公寓顶棚布置图

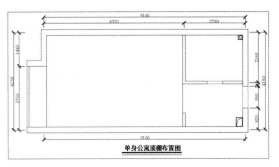

单身公寓顶棚布置图

Step 04 执行"修改>修剪"命令,修剪多余的线条。

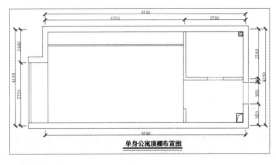

单身公寓顶棚布置图

Step 06 设置完成后关闭"特性"面板,观察图形效果。

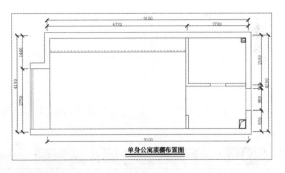

单身公寓顶棚布置图

Step 08 执行"插入>块"命令,在图形中插入筒灯图块,并进行复制。

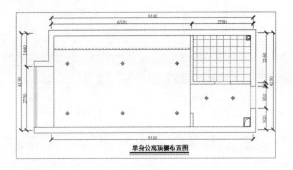

单身公寓顶棚布置图

Chapter 01

Chapter 02

Chapter 03

Chapter 04

Chapter 05

Chapter 06

Chapter 07

Chapter 08

Chapter 09

Chapter 10

Chapter 11

Step 09 继续将格栅灯和浴霸图块插入到洗浴空间。

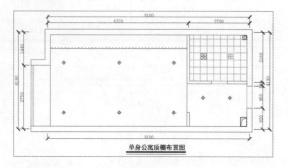

Step 10 执行"绘图>文字>多行文字"命令，为图形添加文字说明。

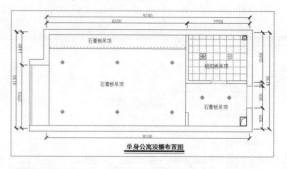

Step 11 执行"多段线"、"填充"和"文字"命令，创建标高符号。

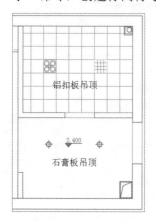

Step 12 复制标高符号并更改标高数字，完成顶棚布置图的绘制。

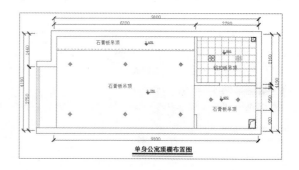

5.3 绘制单身公寓立面图

下面介绍单身公寓立面图的绘制方法，其中主要介绍起居室立面图和洗浴间立面图的绘制。

5.3.1 绘制起居空间A立面图

下面介绍绘制起居空间A立面图的方法，具体操作步骤如下。

Step 01 根据平面图的尺寸，执行"直线"及"偏移"命令，绘制起居空间A立面图墙体轮廓线。

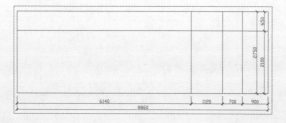

Step 02 执行"修改>修剪"命令，修剪图形。

Step 03 执行"偏移"和"修剪"命令，将上方边线向下依次偏移150mm、200mm，再修剪图形。

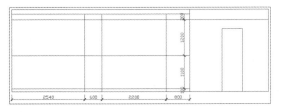

Step 04 继续执行"修改>偏移"命令，对图形进行偏移操作。

Step 05 执行"修改>修剪"命令，修剪图形。

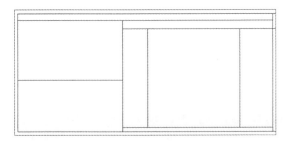

Step 06 执行"矩形"和"偏移"命令，捕捉绘制矩形并向内偏移40mm。

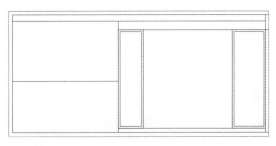

Step 07 执行"矩形"命令，绘制1125mm*2300mm的矩形，再将其向内偏移50mm、10mm。

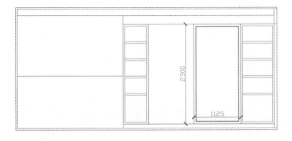

Step 08 执行"镜像"命令，镜像复制推拉门图形。

Step 09 绘制间距为400mm的两条直线并进行复制。

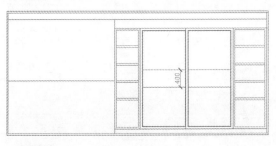

Step 10 继续执行"直线"命令，捕捉终点绘制一条线。

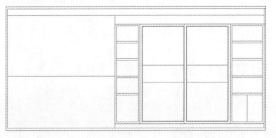

Step 11 执行"插入>块"命令，插入双人床、装饰画和单开门图块。

Step 12 利用"偏移"和"修剪"命令，制作高度为80mm的踢脚线。

Chapter 01
Chapter 02
Chapter 03
Chapter 04
Chapter 05
Chapter 06
Chapter 07
Chapter 08
Chapter 09
Chapter 10
Chapter 11

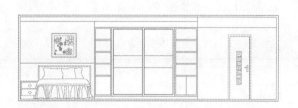
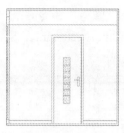

Step 13 执行"绘图>图案填充"命令，选择ANSI31图案选项，设置比例为20，选择顶部区域并进行填充。

Step 14 选择CROSS图案选项，设置比例为15，选择床头墙面区域以及入户区域墙面并进行填充。

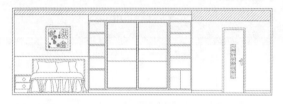
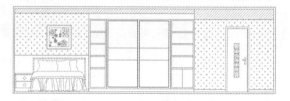

Step 15 选择LINE图案选项，设置比例为10，选择床头靠背区域和衣柜区域并进行填充。

Step 16 选择AR-SAND图案选项，设置比例为3，选择衣柜柜门区域并进行填充。

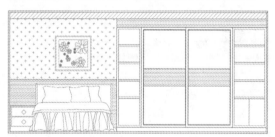
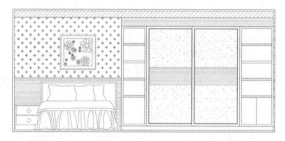

Step 17 选择AR-RROOF图案选项，选择柜门区域并进行填充。

Step 18 然后在图形中插入各种装饰图块。

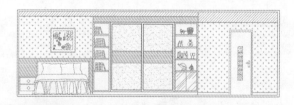

Step 19 将图形上方边线向上偏移300mm后，执行"修改>延伸"命令，延伸图形。

Step 20 绘制边长为80mm的直角多段线，并旋转45°，放置到直线顶端。

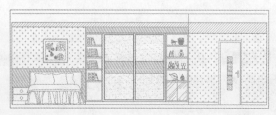

Step 21 执行"标注>线性"命令，对图形进行尺寸标注。

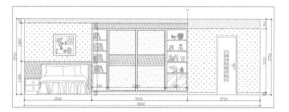

Step 22 在命令行中输入ql命令，对图形进行引线标注。

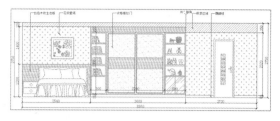

Step 23 最后为图形添加文字描述，完成起居室A立面图的绘制。

起居空间A立面图

5.3.2 绘制起居空间C立面图

下面将介绍绘制起居空间C立面图的方法，具体操作步骤如下。

Step 01 根据平面图的尺寸，执行"直线"及"偏移"命令，绘制起居空间C立面图墙体轮廓线。

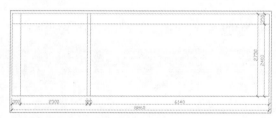

Step 02 执行"修改>修剪"命令，修剪图形。

Step 03 执行"偏移"和"修剪"命令，将上方边线向下依次偏移150mm、200mm后，修剪图形。

Step 04 执行"修改>修剪"命令，对图形执行修剪操作。

Step 05 执行"修改>偏移"命令，按照标注尺寸进行偏移。

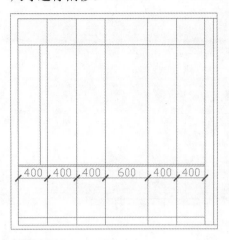

Step 06 执行"修剪"命令，修剪多余的图形。

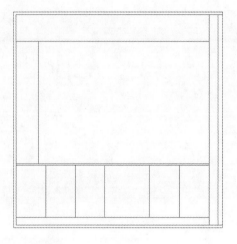

Step 07 执行"定数等分"命令，将一条直线平均分为四份。

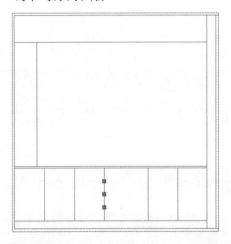

Step 08 执行"直线"命令，绘制三条直线，然后删除定数等分操作创建出来的点。

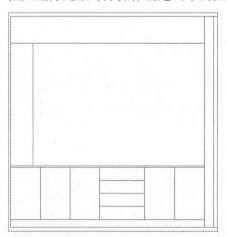

Step 09 执行"矩形"命令，绘制200mm*40mm的矩形，并进行复制，作为橱柜拉手。

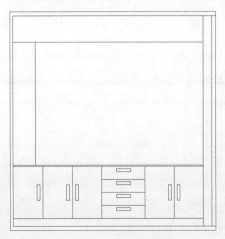

Step 10 执行"偏移"命令，偏移图形。

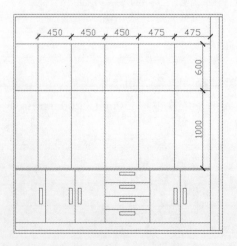

Step 11 执行"修剪"命令，修剪图形。

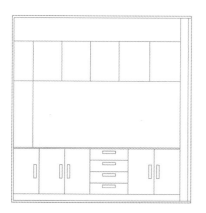

Step 13 复制橱柜拉手图形到吊柜位置。

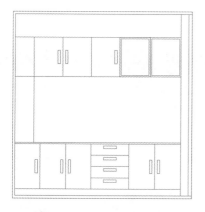

Step 15 执行"偏移"和"修剪"命令，绘制高度为80mm的踢脚线。

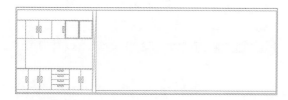

Step 17 执行"修改>修剪"命令，修剪被图块覆盖的图形。

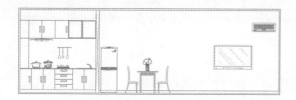

Step 12 执行"矩形"命令，捕捉绘制矩形后，将矩形向内偏移20mm。

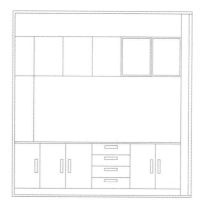

Step 14 执行"直线"命令，绘制交叉的装饰线。

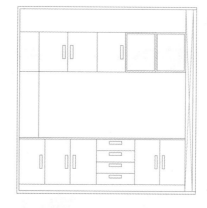

Step 16 执行"插入>块"命令，在图形中插入厨具、餐桌椅、电视机、冰箱等图块，然后调整到合适的位置。

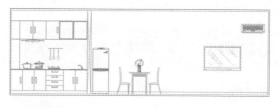

Step 18 执行"绘图>图案填充"命令，选择图案为ANSI31，设置比例为20，选择顶部区域并进行填充。

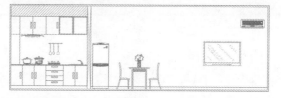

Step 19 执行"绘图>图案填充"命令，选择图案为NET，设置比例为32，选择厨房墙面区域并进行填充。

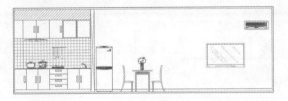

Step 20 执行"绘图>图案填充"命令，选择图案为CROSS，设置比例为15，选择电视背景墙区域并进行填充。

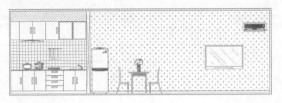

Step 21 执行"绘图>图案填充"命令，选择图案为AR-RROOF，设置比例为10，选择吊柜区域并进行填充。

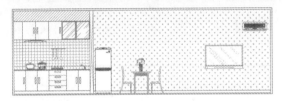

Step 22 执行"标注>线性"命令，为图形执行尺寸标注操作。

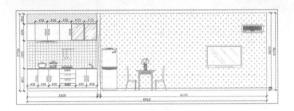

Step 23 在命令行中输入ql命令，对图形进行引线标注。

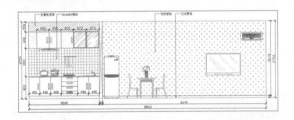

Step 24 最后为图形添加文字描述，完成起居室C立面图的绘制。

5.3.3 绘制洗浴间B立面图

下面将介绍绘制洗浴间B立面图的方法，具体操作步骤如下。

Step 01 根据平面图的尺寸，执行"直线"及"偏移"命令，绘制洗浴间B立面图墙体轮廓线。

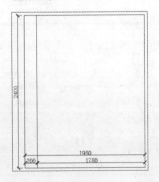

Step 02 继续执行"偏移"命令，偏移图形。

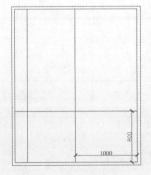

Step 03 执行"修剪"命令，修剪图形。

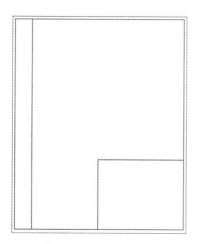

Step 05 执行"修剪"命令，修剪出洗手台的大致轮廓。

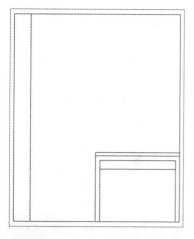

Step 07 执行"矩形"命令，绘制1000mm*1000mm的正方形，然后放置到合适的位置。

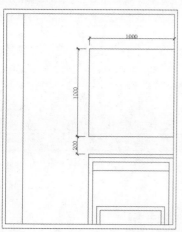

Step 04 执行"偏移"命令，按照下图尺寸偏移图形。

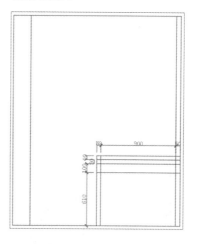

Step 06 执行"多段线"和"偏移"命令，绘制下图尺寸的多段线，并将其向内偏移。

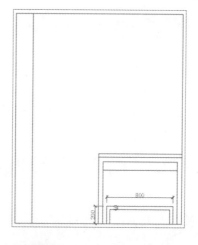

Step 08 执行"圆角"命令，设置圆角尺寸为100mm，对图形进行圆角操作。

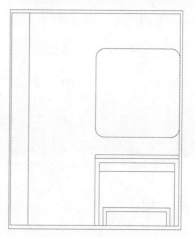

Step 09 执行"插入>块"命令，在图形中插入洗脸盆、马桶、毛巾架等图块。

Step 10 执行"图案填充"命令，选择NET图案选项，设置比例为32，选择墙面区域并进行填充。

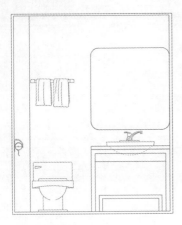

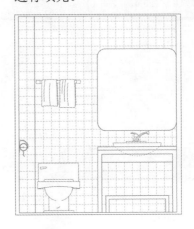

Step 11 继续执行"图案填充"命令，选择AR-RROOF图案选项，设置比例为15，选择镜子区域并进行填充。

Step 12 执行"标注>线性"命令，为图形执行尺寸标注操作。

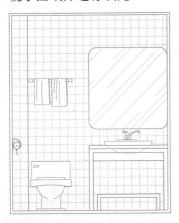

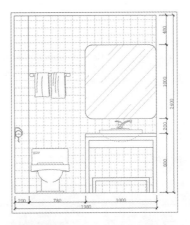

Step 13 在命令行中输入ql，对图形进行引线标注。

Step 14 最后为图形添加文字描述，完成洗浴间B立面图的绘制。

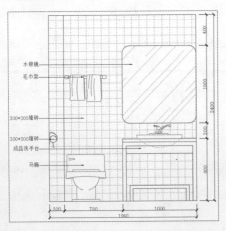

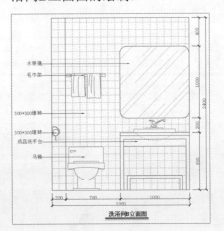

5.4 绘制顶部剖面图

剖面图主要用于表现一些设计细节，有了剖面图，施工人员可按照图纸尺寸进行相应的操作。下面将介绍双人床位置顶部区域灯槽剖面图的绘制方法。

Step 01 执行"直线"和"偏移"命令，绘制直线并进行偏移。

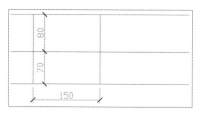

Step 02 执行"直线"和"修剪"命令，绘制线段并修剪多余部分，将剖面图绘制完整。

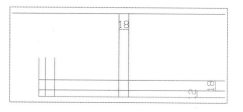

Step 03 执行"修剪"命令，修剪图形并绘制直线段。

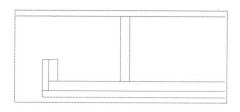

Step 04 执行"圆"命令，绘制一个圆，然后执行"修剪"命令，修剪圆外的图形。

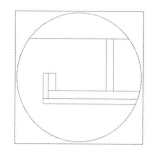

Step 05 执行"插入>块"命令，插入T5灯具图块。

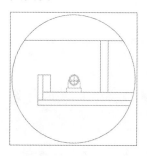

Step 06 依次执行"图案填充"命令，为图形填充相应的图案。

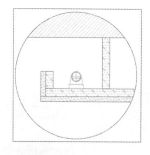

Step 07 执行"标注>线性"命令，为图形进行尺寸标。

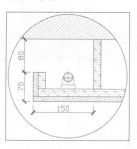

Step 08 在命令行中输入ql命令，对图形进行引线标注。

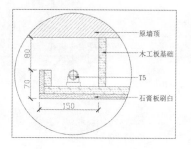

行业应用向导 室内设计色彩搭配技巧

　　室内设计以科学技术为基础，以艺术为表现形式，目的在于塑造一个精神与物质并重，既有生活品位，又有文化内涵的室内生活环境。谈到室内设计的艺术表现性，就涉及到了美，美离不开艺术、美离不开和谐、美离不开色彩，室内色彩设计在室内艺术设计表现中占有非常重要的地位。

　　设计者在开始进行设计时，要有一个整体的配色方案，以此确定装修色调、家居以及家居饰品的选择。下面将介绍几种色彩搭配方案，供读者参考。

1 黑＋白＋灰＝永恒经典

　　黑+白+灰是室内色彩设计中的经典搭配。黑+白可以营造出强烈的视觉效果，而灰色可以缓和黑与白之间的视觉冲击，从而充满冷调的现代感与未来感。这种色彩情景会由简单而产生理性、秩序与专业感。

2 银蓝＋橙＝现代＋传统

　　以蓝色、橙色为主的色彩搭配，可以表现出现代与传统的结合、古与今的交汇。蓝色与橙色属于对比色系，这两种颜色搭配在一起，可以给予空间一种新的生命。

3 蓝＋白＝浪漫温情

　　用蓝色、白色进行配色，会令人感到心胸开阔。若想营造地中海风情，必须把所有的家具都集中在一个色系中，这样才有统一感。

秒杀工程疑惑

Q 如何显示绘图区中的全部图形？

A 在命令行输入命令ZOOM，按回车键后，根据提示输入命令A，即可显示全部图形。用户还可以双击鼠标滚轮，扩展空间大小，也可显示全部图形。

Q 构造线除了可以来定位外，还有其他什么用途吗？

A 构造线主要作用是辅助线，作为创建其他对象的参照。同时，构造线可以用于创建其他对象的参照。例如，用户可以利用构造线来定位一个打孔的中心点，为同一对象准备多重视图，或者创建可用于对象捕捉的临时截面等。

Q 如何在捕捉功能中巧妙利用Tab键？

A 在捕捉一个物体上的点时，可以将光标靠近某个或者某些物体，不断地按Tab键，物体的某些特殊点就会轮流显示出来，然后单击鼠标左键选择所需点，即可捕捉。

Q 为什么坐标系不是统一的状态，有时会发生变化？

A 坐标系会根据工作空间和工作状态的不同发生更改。默认情况下，坐标系是WCS，它包括X轴和Y轴，属于二维空间坐标系。如果进入三维工作空间，则多了一个Z轴，变为世界坐标系，其中X轴为水平、Y轴为垂直、Z轴为正方向垂直于屏幕指向外，属于三维空间坐标系。

Q 如何关闭备份*bak文件？

A 打开"选项"对话框，在"打开和保存"选项卡的"文件安全措施"选项组中取消勾选"每次保存时均创建备份副本"复选框，设置完成后单击"确定"按钮，如下左图所示。

Q 为什么不能删除某些图层？

A 原因有很多种。当未成功删除选定的图层时，系统会弹出提示窗口，并提示无法删除的图层类型，如下右图所示。Defpoimts图层是进行标注时系统自动创建的图层，性质同0图层相同，无法进行删除。当需要删除的图层为当前图层时，用户需要将其他图层设置为当前图层，并且确定删除的图层中不包含任何对象，然后再次单击"删除"按钮，即可删除该图层。

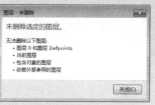

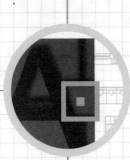

Chapter **06**

大户型家居设计方案

本案例将以一款典型的家装施工图纸的绘制为例，介绍大中型家装设计图纸的绘制技巧。通过本章内容的学习，用户可以掌握设计图纸的绘制过程以及图纸的绘制方法和技巧。

01 学完本章内容您可以

1. 了解大中型家装设计的方法

2. 掌握大中型家装图纸的绘制

3. 掌握剖面及大样图纸的绘制

4. 了解室内装修注意事项

02 内容图例链接

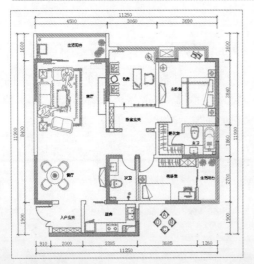

三居室平面布置图

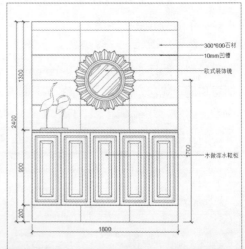

玄关立面图

6.1 大户型设计技巧

大户型设计在强调整体风格的同时，注重每个单一装饰点的细节设计。通常这类户型的视点较杂，每块装饰细节都要适应从不同角度观察的效果，既要远观有型，又要近看有细部。只有做好每一个设计细节，才能使整个作品看上去更为饱满。

6.1.1 空间处理需协调

大户型的空间处理是否协调得当是装修的关键，其重点是对功能与风格的把握。由于这种户型空间大，除了实现居住功能的设计外，更多是对空间的规划与协调，空间设计是骨架，如果没有空间设计，其他设计则是一盘散沙。另外，由于面积较大，建筑设计就会存在一定的局限性，造成空间利用率不均等问题，使用频繁的空间有时候面积上会显得局促，而活动少的空间反而留了很大的面积。所以，大户型室内设计与一般中小户型设计概念是不一样的。因此在设计时，可以适当借助色彩、结构、家具和装饰品等元素来协调空间处理上的问题。

在色彩上，不同的色调可以弥补各空间布局的不足；在结构上，可通过对屋梁、地台、吊顶的改造，对室内空间可进行适当的区分；家具可尽量用大结构家具，避免室内的零碎；增加一些装饰品，如盆栽、书籍、陶瓷制品等的点缀，既弥补了单调又为室内增添一份生气和内涵。

6.1.2 设计风格需统一

大户型由于空间面积大，房间多，在做设计时要区别普通住宅的装修概念。一个统一的设计风格会让大户型看起来更加完美和谐。目前比较流行的大户型设计风格，主要包括简洁感性的现代简约风格、休闲浪漫的美式风格、清爽自然的田园风格、沉稳理性的新中式风格以及雍容华贵的欧式风格。通常一般年轻人比较青睐前3种设计风格，而中老年业主则对后两种设计风格情有独钟，如下图所示。

6.1.3 装修细节需注意

一个优秀的设计要考虑到室内空间的所有细节。由于大户型使用面积较大，会引发一系列的问题，其实许多问题完全可以在设计中进行规避。下面将介绍3处细节处理的注意事项，供读者参考。

1. 客厅挑空过高时，留意视觉感受的舒适度

跃层、别墅等户型的客厅挑空过高，设计师应该留意视觉的舒适感受，具体做法是，采用体积大、样式隆重的灯具来弥补高处空旷的感觉。在合适的位置圈出石膏线，或者用窗帘将客厅垂直分成两层，令空间敞阔、豪华而不空旷。

2. 孕妇和儿童房避免甲醛污染

在有孕妇或儿童的家庭中，一定要防止甲醛污染。因此，在装修前，不要在卧室地面大面积使用同一种材料，也不要在复合地板下面铺装大芯板或者用大芯板做柜子和暖气罩。此外，最好选用漆膜比较厚、封闭性好的油漆，比如水性漆。在装修后，一方面注意通风换气，保持适宜的温度与湿度。另一方面，利用植物的吸尘和杀菌作用来保持环境清洁优美。

3. 客厅灯光要能够满足生活和娱乐的多种需求

许多住户希望客厅灯光能随不同用途、场合而有所变化。智能化系统中含有灯光调节系统，能够按照需要控制照明状态，可以模拟自然界太阳光的变化，住户只要轻触开关或手中的遥控器就可以感受从夏到冬、从春到秋的模拟性季节变化，甚至可以模拟一天中的不同时段。

6.2 绘制三居室平面图

在室内设计制图中，平面图包括平面布置图、地面布置图、顶棚图、电路布置图以及插座开关布置图等。下面将着重介绍三居室平面图纸的绘制方法。

6.2.1 绘制三居室原始户型图

下面介绍三居室原始户型图的绘制方法，具体操作步骤如下。

Step 01 启动AutoCAD软件，新建"轴线"、"墙体"、"标注"、"家具"等图层，并设置其图层特性。

Step 03 执行"格式>多线样式"命令，打开"多线样式"对话框，单击"修改"按钮。

Step 02 将"轴线"图层设为当前层。执行"直线"、"偏移"命令，绘制户型图轴线。

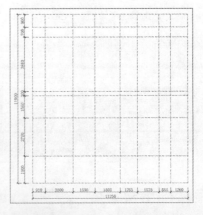

Step 04 打开"修改多线样式"对话框，在"封口"选项组中勾选"直线"对应的"起点"和"端点"复选框。

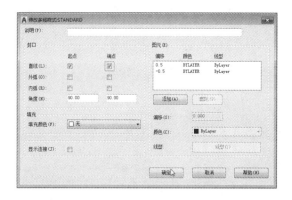

Step 05 单击"确定"按钮关闭对话框，返回到"多线样式"对话框，继续单击"确定"按钮。

Step 06 将"墙体"图层置为当前层，执行"多线"命令，设置对正方式为"无"、比例为200，捕捉轴线绘制主要墙体。

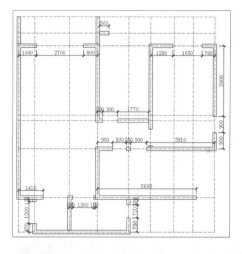

Step 07 继续执行"多线"命令，设置比例为120，绘制剩余的内墙墙体。

Step 08 打开"多线样式"对话框，单击"新建"按钮，新建WINDOWS多线样式。

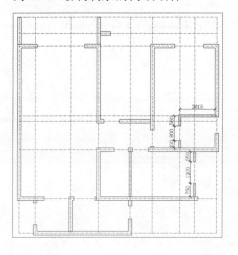

Step 09 单击"继续"按钮，进入"新建多线样式"对话框，设置样式参数。

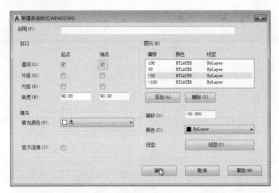

Step 10 将WINDOWS样式置为当前。

Step 11 将"门窗"图层置为当前层，执行"多线"命令，设置比例为1，捕捉绘制窗户图形。

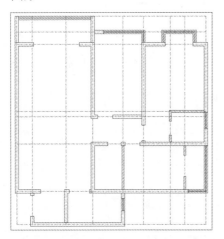

Step 12 关闭"轴线"图层，再设置"墙体"图层为当前层。执行"直线"命令，绘制飘窗轮廓线。

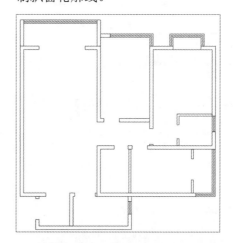

Step 13 执行"直线"与"图案填充"命令，选择图案为STEEL，设置填充比例及颜色，填充承重墙。

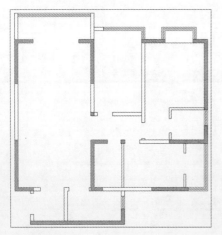

Step 14 双击墙体多线，打开"多线编辑工具"面板，选择"T形合并"工具。

🔧 **Step 15** 编辑墙体图形的结合处。

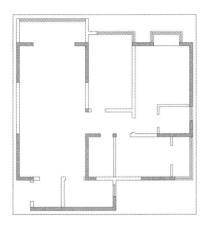

🔧 **Step 16** 设置"墙体"图层为当前层，绘制梁图形，并设置其图形特性。

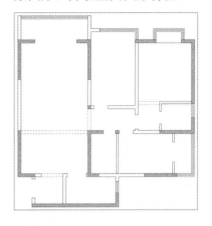

🔧 **Step 17** 执行"直线"、"矩形"命令，绘制空调外机图形。

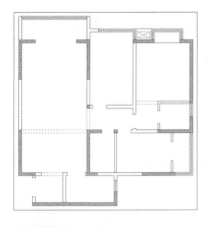

🔧 **Step 18** 依次执行"圆"、"矩形"、"图案填充"等命令，绘制下水管、地漏、烟道等图形。

🔧 **Step 19** 打开"轴线"图层，设置"标注"图层为当前层，为户型图添加尺寸标注。

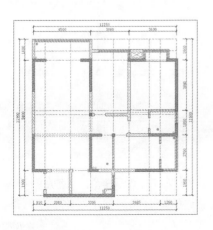

🔧 **Step 20** 关闭"轴线"图层，执行"多段线"、"单行文字"命令，为户型图添加层高注释与入户指示符号，完成原始户型图的绘制。

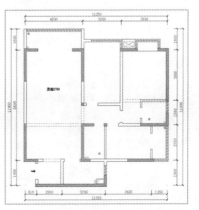

Chapter
01

Chapter
02

Chapter
03

Chapter
04

Chapter
05

Chapter
06

Chapter
07

Chapter
08

Chapter
09

Chapter
10

Chapter
11

6.2.2　绘制三居室平面布置图

下面介绍三居室平面布置图的绘制过程，具体操作步骤如下。

Step 01 复制原始户型图，删除文字、梁等图形。然后执行"矩形"命令，绘制包水管图形。

Step 02 执行"直线"、"偏移"、"图案填充"等命令，绘制出拆墙砌墙图案，其中实体填充图形为砌墙，斜格填充图形为拆墙。

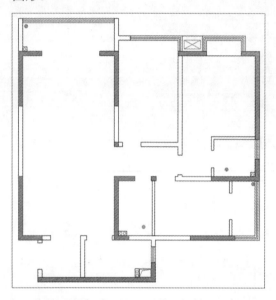

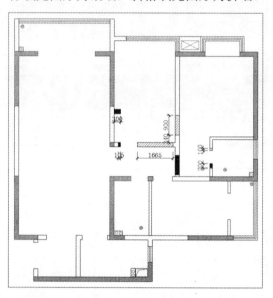

Step 03 修剪并删除多余的线条，调整墙体图形。

Step 04 执行"圆"、"矩形"命令，在主卧室区域分别绘制半径为900mm的圆和尺寸为900mm*40mm的矩形。

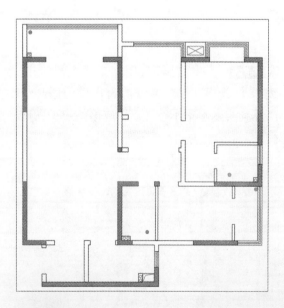

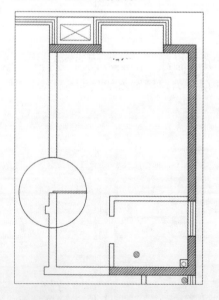

Step 05 执行"修剪"命令，修剪出卧室门图形。

Step 06 执行"复制"、"旋转"、"缩放"等命令，绘制出其他位置的平开门图形。

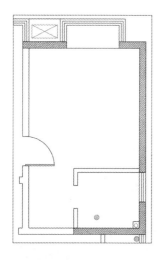

Step 07 执行"矩形"命令，绘制各房间的推拉门图形。

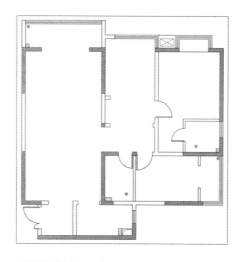

Step 08 依次执行"矩形"及"直线"命令，绘制尺寸为500mm*200mm的造型。

Step 09 执行"矩形"、"偏移"命令，捕捉绘制矩形，并将其向内偏移20mm。

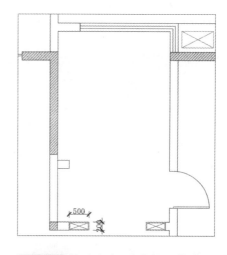

Step 10 将内部矩形分解，执行"定数等分"命令，将内部一条边线等分成三份。然后执行"直线"、"多段线"命令，绘制装饰线条。

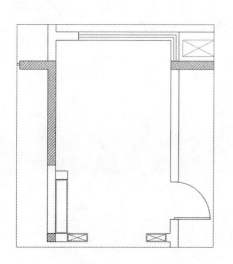

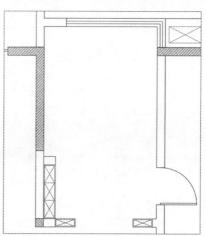

🔧**Step 11** 执行"直线"命令，绘制一道阶梯轮廓，再执行"矩形"、"直线"等命令，绘制并复制200mm*60mm的隔断造型。

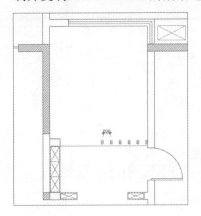

🔧**Step 12** 执行"直线"、"偏移"命令，绘制厚度为20mm的玻璃图形。然后执行"修剪"命令，修剪多余的线条。

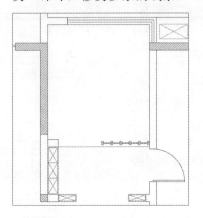

🔧**Step 13** 执行"矩形"、"偏移"命令，绘制尺寸为1200mm*500mm的矩形，然后向内偏移20mm。

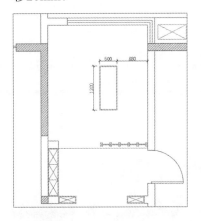

🔧**Step 14** 执行"插入>块"命令，插入休闲沙发、座椅、电脑、台灯等图块，完成书房区域的布置。

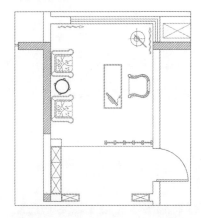

🔧**Step 15** 执行"多段线"、"偏移"命令，绘制衣柜轮廓并将其向内偏移20mm。

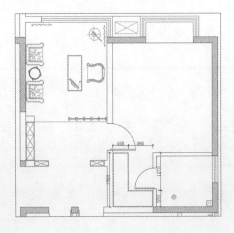

🔧**Step 16** 执行"多段线"命令，绘制衣柜中线。执行"插入>块"命令，插入衣架图块，并进行复制操作。

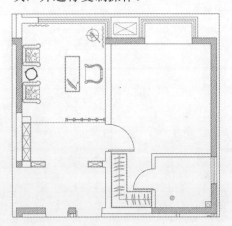

Step 17 分解墙体后，执行"偏移"、"修剪"命令，绘制出洗手台及浴缸轮廓。

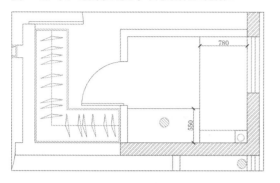

Step 18 执行"插入>块"命令，插入坐便器、浴缸、洗手盆图形，完成主卫的布置。

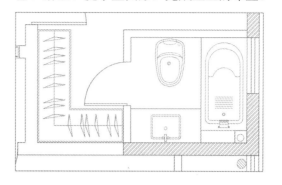

Step 19 继续插入双人床、装饰柜、台灯等图形，完成主卧室空间的布置。

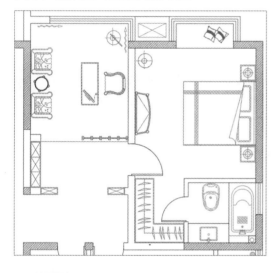

Step 20 执行"矩形"、"偏移"命令，绘制尺寸为2200mm*500mm的矩形并将其向内偏移20mm。

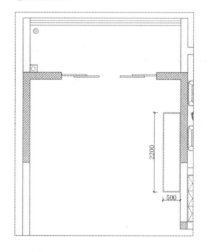

Step 21 执行"插入>块"命令，插入组合沙发、餐桌椅、电视机、洗衣机等图块，完成客厅、餐厅区域的布置。

Step 22 执行"矩形"、"直线"、"多段线"等命令，在入户区、厨房、卫生间以及次卧室区域绘制洗手台、工作台、衣柜、橱柜等各种尺寸的造型。

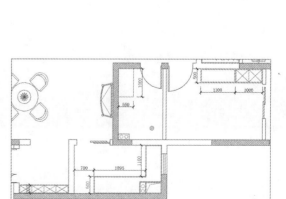

Step 23 依次插入冰箱、燃气灶、洗菜盆、单人床等图块，完成三居室室内布置。

Step 24 最后创建单行文字以及方向指示箭头，再添加平面索引符号，完成平面布置图的绘制。

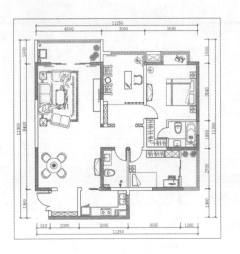

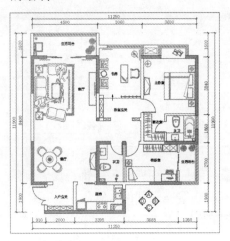

6.2.3 绘制三居室地面铺设图

地面铺设图表现的是地面铺设采用的材质以及布置尺寸，下面介绍具体绘制过程，操作步骤如下。

Step 01 复制平面布置图，删除多余图形后，执行"直线"命令，绘制直线封闭门洞。

Step 03 执行"样条曲线"、"镜像"命令，绘制瓷砖花纹并进行镜像复制操作。

Step 02 执行"矩形"、"偏移"命令，在入户玄关位置捕捉绘制矩形。然后分解矩形，再将其向内偏移150mm。

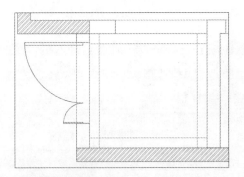

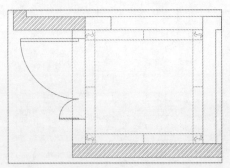

Step 04 执行"插入>块"命令，插入花纹图块，再执行"镜像"命令，对花纹进行镜像复制。

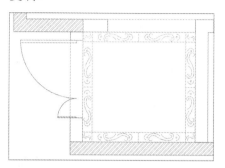

Step 06 选择入户玄关区域并进行填充。

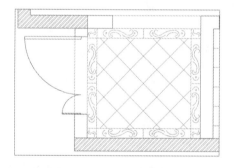

Step 08 执行"矩形"命令，捕捉客厅区域绘制矩形，再执行"偏移"命令，将矩形向内偏移150mm。

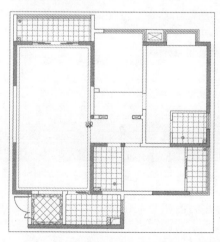

Step 05 执行"图案填充"命令，设置填充图案、角度及比例。然后单击"交叉线"按钮田双。

Step 07 执行"图案填充"命令，设置填充角度为0，其余参数同上，填充厨房、卫生间和阳台区域。

Step 09 执行"图案填充"命令，设置填充比例为800，其余参数同上，填充客厅及卧室玄关区域。

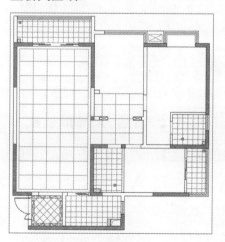

Step 10 执行"图案填充"命令，选择DOLMIT图案，设置角度为90、比例为25，填充卧室及书房区域。

Step 11 执行"图案填充"命令，选择AR-CONC图案，设置比例为1，填充波打线及过门石区域。

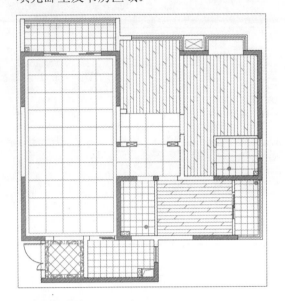

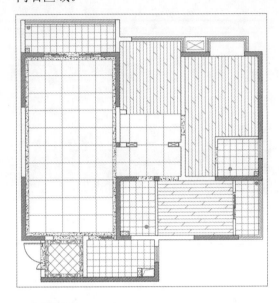

Step 12 执行"图案填充"命令，选择大理石图案，填充飘窗窗台。

Step 13 最后添加文字注释以及标高符号，完成地面铺设图的绘制。

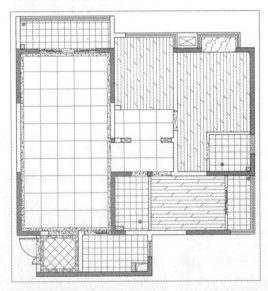

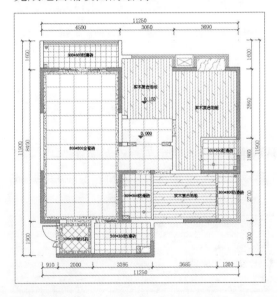

6.2.4 绘制三居室顶棚布置图

顶棚布置图主要绘制的是室内天花板的造型以及灯具摆放的位置，其具体操作方法如下。

Step 01 复制平面布置图，删除多余图形。然后执行"直线"命令，绘制直线来划分顶部区域。

Step 02 执行"矩形"、"偏移"命令，捕捉绘制矩形并向内偏移450mm，再捕捉矩形中心绘制圆。

Step 03 执行"偏移"命令，将矩形和圆向内依次偏移20mm、50mm、20mm。

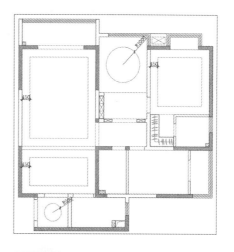

Step 04 执行"偏移"命令，将最外侧的图形继续向外偏移60mm，调整图形特性，再删除多余的图形。

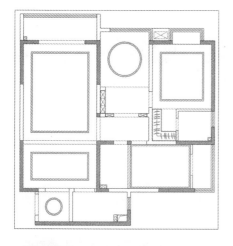

Step 05 执行"图案填充"命令，选择用户定义图形，设置填充比例为300，单击"交叉线"按钮，填充厨房及次卫顶部区域。

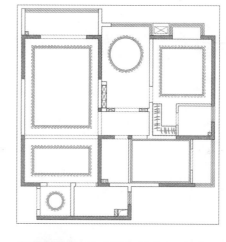

Step 06 执行"图案填充"命令，选择图案为AR-CONC，设置填充比例，填充入户及书房顶部区域。

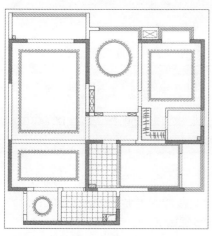

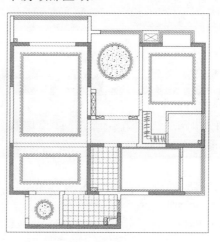

Chapter 01

Chapter 02

Chapter 03

Chapter 04

Chapter 05

Chapter 06

Chapter 07

Chapter 08

Chapter 09

Chapter 10

Chapter 11

Step 07 执行"插入>块"命令，插入吊灯及浴霸图块，并进行复制。

Step 08 继续执行"插入>块"命令，插入筒灯和射灯图块，并进行复制。

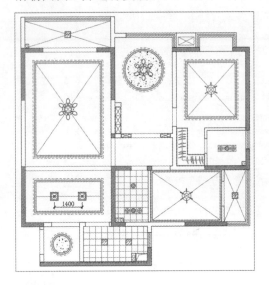

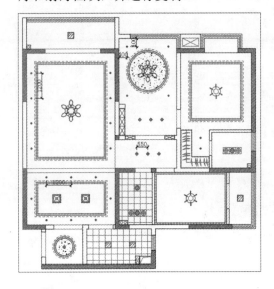

Step 09 为顶棚布置图添加标高，并修改标高尺寸。

Step 10 在命令行中输入QL，为顶棚布置图添加引线标注，完成顶棚布置图的绘制。

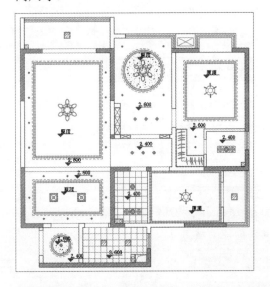

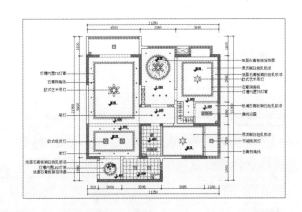

6.3 绘制三居室各立面图

下面根据三居室平面图，来绘制其立面效果。其中包括三居室客厅B立面图、客厅D立面图和过道A立面图等。

6.3.1 绘制入户玄关C立面图

下面将介绍三居室入户玄关立面图的绘制过程，具体操作步骤如下。

⬧Step 01 从平面布置图中复制玄关区域的平面，并进行修剪。

⬧Step 02 执行"直线"、"偏移"、"修剪"命令，捕捉绘制辅助线后，修剪图形，绘制出高度为2400mmm的立面轮廓。

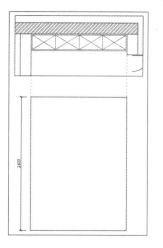

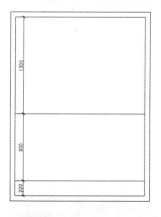

⬧Step 03 执行"偏移"命令，将下边线向上依次偏移200mm、900mm。

⬧Step 04 继续执行"偏移"命令，将一条边线向下偏移10mm、20mm，偏移出桌面厚度。

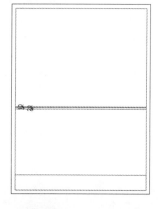

⬧Step 05 执行"定数等分"命令，将一条边线等分为5份。

⬧Step 06 执行"矩形"、"偏移"命令，捕捉绘制矩形，并将矩形依次向内偏移40mm、20mm、40mm、30mm，绘制出柜门造型。

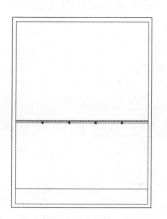

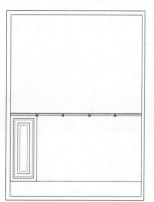

Step 07 执行"直线"命令，绘制柜门角线。

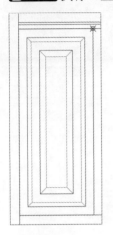

Step 08 向右复制柜门造型，再删除等分点。

Step 09 执行"图案填充"命令，选择用户定义图案，设置填充比例为600，再单击"交叉线"按钮，分别填充鞋柜上下两个部分。

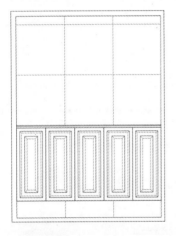

Step 10 分解图案，执行"偏移"命令，偏移横向直线。

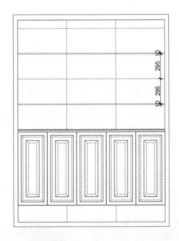

Step 11 执行"插入>块"命令，插入装饰品及镜子图块，放置到合适的位置后，修剪被覆盖的线条。

Step 12 执行"线性"、"连续"标注命令，为立面图添加尺寸标注。

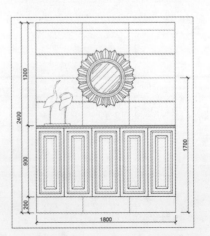

Step 13 在命令行中输入QL命令，为立面图添加引线标注，完成玄关立面图的绘制。

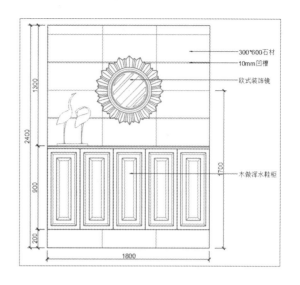

6.3.2 绘制客厅B立面图

下面将绘制客厅B立面图，其具体操作过程如下。

Step 01 从平面布置图中复制客厅电视背景区域的平面，并进行修剪。

Step 02 执行"直线"、"偏移"、"修剪"命令，捕捉绘制辅助线后，修剪图形，绘制出高度为2600mmm的立面轮廓。

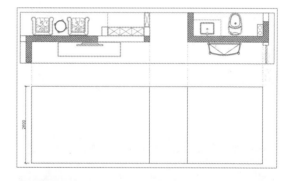

Step 03 执行"偏移"命令，分别偏移两侧的图形。

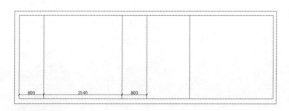

Step 04 执行"矩形"命令，捕捉角点绘制三个矩形。执行"偏移"命令，将矩形依次向内偏移80mm、20mm后，删除多余图形。

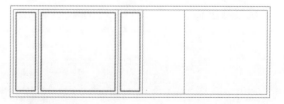

Step 05 执行"偏移"命令，将上边线向下偏移150mm，将下边线向上偏移100mm，再将门洞边线向右偏移200mm。

Step 06 执行"修剪"命令，修剪图形中多余的线条，绘制出门洞、梁以及踢脚线。

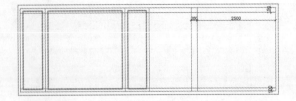

Step 07 执行"直线"、"偏移"命令，绘制门洞及踢脚线的装饰线。

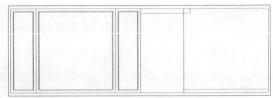

Step 08 执行"插入>块"命令，插入壁灯、电视柜、装饰柜、人物等装饰图块，放置到合适的位置。执行"修剪"命令，修剪被覆盖的图形。

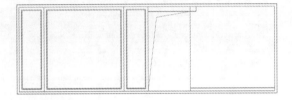

Step 09 执行"图案填充"命令，选择ANSI31图案，设置比例为10，填充梁。

Step 10 执行"图案填充"命令，选择CROSS图案，设置填充比例为5，选择电视背景区域并进行填充。

Step 11 执行"图案填充"命令，选择ANSI35图案，设置填充比例及角度，选择右侧墙面区域并进行填充。

Step 12 执行"线性"、"连续"标注命令，为立面图添加尺寸标注。

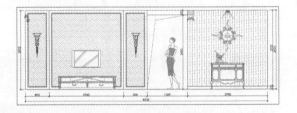

Step 13 在命令行中输入QL，为立面图添加引线标注，完成客厅B立面图的绘制。

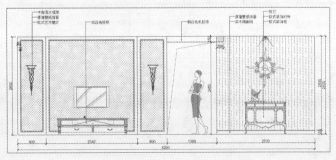

6.3.3 绘制客餐厅D立面图

下面将介绍绘制客餐厅D立面图的过程，具体操作步骤如下。

Step 01 从平面布置图中复制客厅沙发背景区域的平面，并进行修剪。

Step 02 执行"直线"命令，捕捉绘制辅助线；执行"修剪"命令，修剪图形。绘制出高度为2600mmm的立面轮廓。

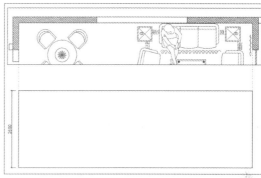

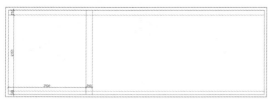

Step 03 执行"偏移"命令，将上方边线向下依次偏移150mm、2350mm，将左侧边线向右依次偏移2500mm、200mm。

Step 04 执行"修剪"命令，修剪图形中多余的线条，绘制出梁、柱、踢脚线。

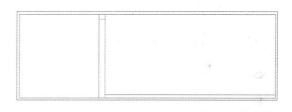

Step 05 执行"矩形"命令，捕捉左侧角点绘制矩形。执行"偏移"命令，将矩形依次向内偏移100mm、30mm、40mm、20mm、10mm，将踢脚线向下偏移10mm，再删除多余图形。

Step 06 执行"插入>块"命令，插入沙发、餐桌椅、射灯等装饰图块，并放置到合适的位置。执行"修剪"命令，修剪被覆盖的图形。

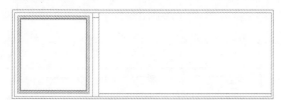

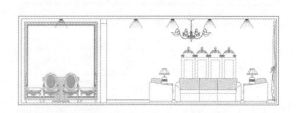

Step 07 执行"图案填充"命令，选择用户定义图案，设置填充角度及比例，再单击"交叉线"按钮，选择餐厅区域并进行填充。

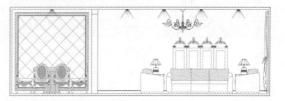

Step 08 执行"图案填充"命令，选择ANSI35图案，设置填充比例及角度，选择沙发背景区域并进行填充。

Step 09 执行"图案填充"命令，选择ANSI31图案，设置填充比例为5，填充梁截面。

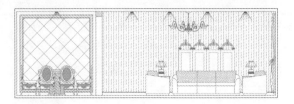

Step 10 执行"线性"、"连续"标注命令，为立面图添加尺寸标注。

Step 11 在命令行中输入QL，为立面图添加引线标注，完成客餐厅D立面图的绘制。

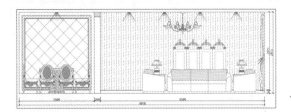

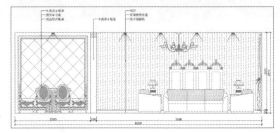

工程师点拨

图案无法填充的情况

通常在插入图块的情况下，若使用"图案填充"命令填充背景图案，经常会提示找不到填充区域或是当前命令无法运行。遇到该情况时，要先运用直线或多段线命令，简单绘制出所需填充的范围，在该范围内即可正常进行填充操作。

6.3.4 绘制书房D立面图

下面介绍绘制书房D立面效果的过程，具体操作步骤如下。

Step 01 从平面布置图中复制书房区域的平面，并进行修剪。

Step 02 执行"直线"、"偏移"、"修剪"命令，捕捉绘制辅助线。然后执行"修剪"命令，修剪图形，绘制出高度为2600mmm的立面轮廓。

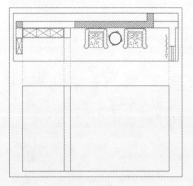

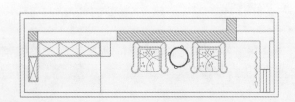

Step 03 执行"偏移"命令，将左侧边线向右依次偏移120mm、1060mm，将上方边线向下依次偏移240mm、2160mm。

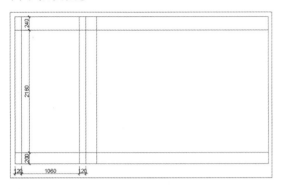

Step 05 分解内部矩形，执行"偏移"命令，将内部矩形的上边线依次向下偏移。

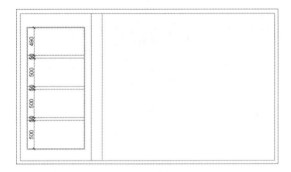

Step 07 执行"偏移"命令，将下方边线向上偏移150mm、100mm，再执行"修剪"命令，修剪出地台以及踢脚线轮廓。

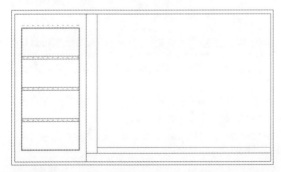

Step 09 执行"修剪"命令，修剪图形中多余的线条。

Step 04 执行"矩形"、"偏移"命令，捕捉绘制矩形并向内偏移10mm，然后删除多余的线条。

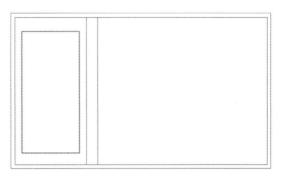

Step 06 执行"偏移"命令，设置偏移尺寸为25mm，偏移出灯带图形，并修改其图形特性。

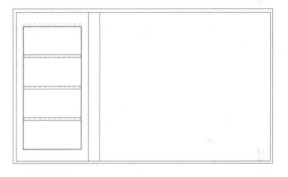

Step 08 执行"偏移"命令，在地台位置执行偏移操作。

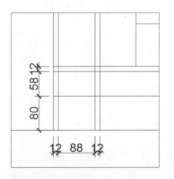

Step 10 执行"偏移"命令，将踢脚线向下偏移10mm。插入书籍、射灯、桌椅、装饰画图块，并移动到合适的位置。执行"修剪"命令，修剪被覆盖的图形。

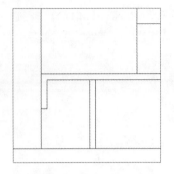

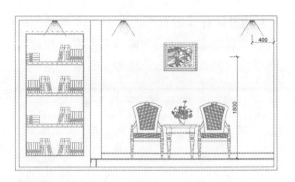

Step 11 执行"图案填充"命令，选择ANSI35图案，设置填充比例和角度，填充墙面壁纸区域。

Step 12 执行"图案填充"命令，选择AR-COMC图案，设置填充比例为1，然后填充地域台区。

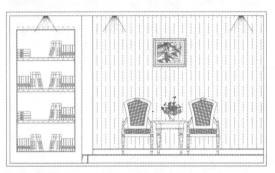

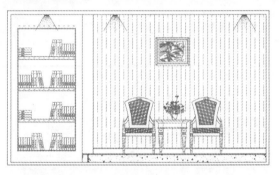

Step 13 执行"线性"、"连续"标注命令，为立面图添加尺寸标注。

Step 14 在命令行中输入QL，为立面图添加引线标注，完成书房D立面图的绘制。

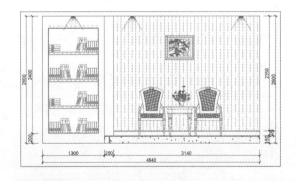

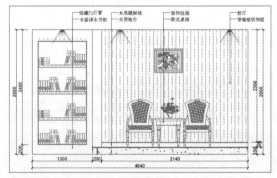

6.3.5 绘制次卫D立面图

下面介绍绘制次卫D立面效果的过程，具体操作步骤如下。

Step 01 从平面布置图中复制次卫区域的平面，并进行修剪。

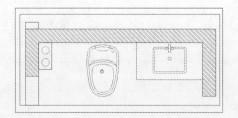

Step 02 执行"直线"、"偏移"、"修剪"命令，捕捉绘制辅助线，再修剪图形，绘制出高度为2400mmm的立面轮廓。

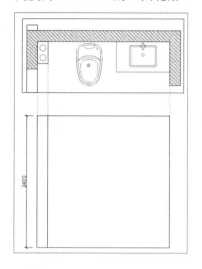

Step 04 执行"修剪"命令，修剪图形中多余的线条。

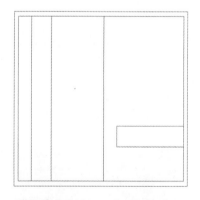

Step 06 执行"图案填充"命令，选择用户定义图案，设置填充比例为600，再单击"交叉线"按钮，填充墙面。

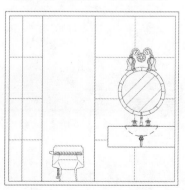

Step 03 执行"偏移"命令，继续偏移图形。

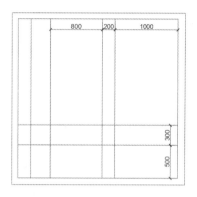

Step 05 执行"插入>块"命令，插入坐便器正立面、化妆镜、洗手盆图块，放置到合适的位置。

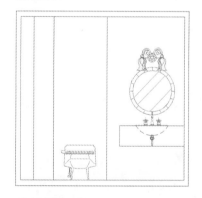

Step 07 执行"偏移"命令，将地平线向上依次进行偏移。

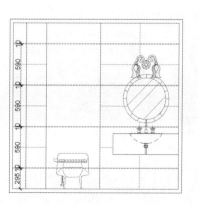

Step 08 执行"修剪"命令，修剪被覆盖的线条。

Step 09 执行"图案填充"命令，选择用户定义图案，设置填充比例为50，再单击"交叉线"按钮，填充坐便器后的墙面。

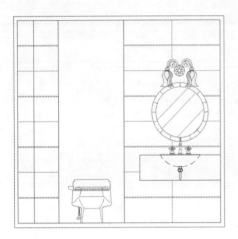

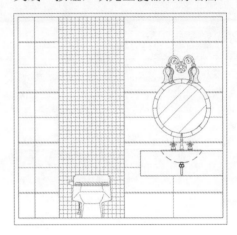

Step 10 分解图案，执行"图案填充"命令，选择实体填充图案，任意填充墙面区域。

Step 11 执行"图案填充"命令，选择大理石图案，填充洗手台部分。

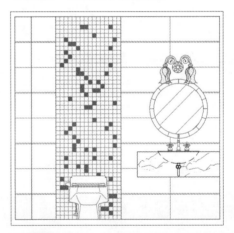

Step 12 执行"线性"、"连续"标注命令，为立面图添加尺寸标注。

Step 13 在命令行中输入QL，为立面图添加引线标注，完成卫生间立面图的绘制。

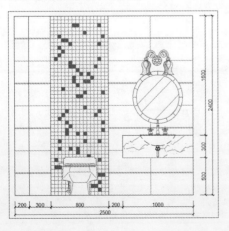

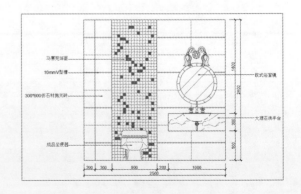

6.4 绘制三居室各主要剖面图

下面将介绍绘制三居室主要剖面图形的操作过程，其中包括客厅吊顶剖面图和地台剖面图等。

6.4.1 绘制客厅吊顶剖面图

下面将介绍绘制客厅区域吊顶剖面图的操作过程，其操作步骤如下。

Step.01 依次执行"直线"和"偏移"命令，绘制直线并进行偏移。

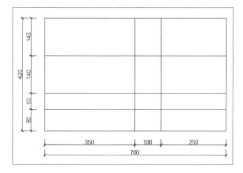

Step 02 执行"修剪"命令，修剪并删除图形中的多余线条。

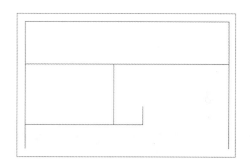

Step 03 执行"偏移"命令，继续偏移12mm的石膏板和18mm的木工板厚度。

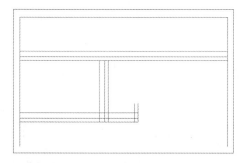

Step 04 执行"修剪"、"延伸"命令，修剪多余的图形并延伸部分图形。

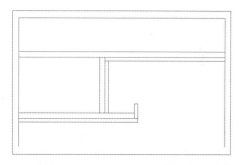

Step 05 执行"矩形"和"修剪"命令，任意绘制一个矩形将图形包裹，再修剪矩形外的图形。

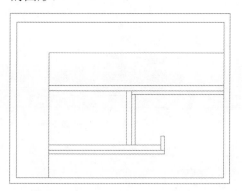

Step 06 执行"矩形"、"直线"命令，绘制40mm*30mm的龙骨图形并进行复制。

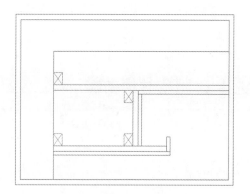

Chapter 01
Chapter 02
Chapter 03
Chapter 04
Chapter 05
Chapter 06
Chapter 07
Chapter 08
Chapter 09
Chapter 10
Chapter 11

Step 07 执行"插入>块"命令,插入石膏线、灯管、吊筋等图块,然后放置到合适的位置。

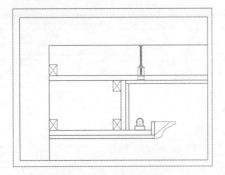

Step 08 执行"图案填充"命令,选择ANSI31图案,设置填充比例为5,填充墙面及顶部区域。

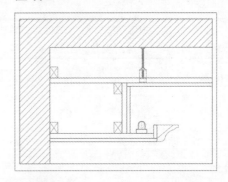

Step 09 执行"图案填充"命令,选择CORK图案,设置填充比例为2,然后填充木工板区域。

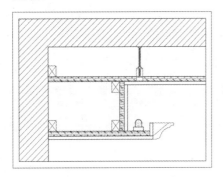

Step 10 执行"图案填充"命令,选择AR-SAND图案,设置填充比例为0.2,填充石膏板区域。

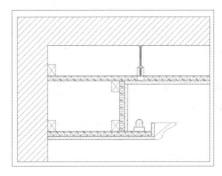

Step 11 执行"线性"标注命令,为剖面图添加尺寸标注。

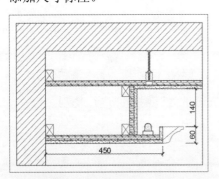

Step 12 在命令行中输入QL,为剖面图添加引线标注,完成剖面图的绘制。

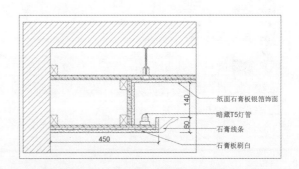

6.4.2 绘制地台剖面图

下面介绍书房区域地台剖面图的绘制过程,具体操作步骤如下。

Step 01 执行"直线"、"偏移"命令,绘制直线并进行偏移。

Step 02 执行"修剪"命令,修剪并删除图形中的多余线条。

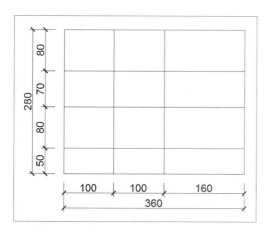

Step 03 执行"偏移"、"直线"命令，绘制出12mm的木地板和18mm的指接板。

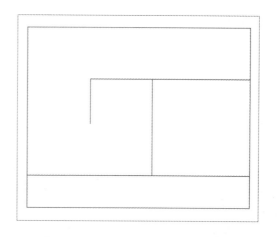

Step 04 执行"修剪"命令，修剪图形中多余的线条。

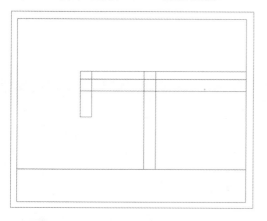

Step 05 执行"多段线"命令，绘制35mm*35mm*3mm的铝条造型和70mm*50mm*5mm的角钢造型。

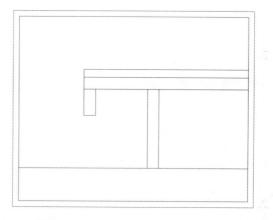

Step 06 执行"圆角"命令，分别设置圆角半径为1mm和4mm，然后对两个造型进行圆角操作。

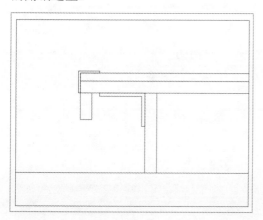

Step 07 执行"图案填充"命令，选择ANSI32图案，设置填充比例为0.2，填充铝条及角钢造型。

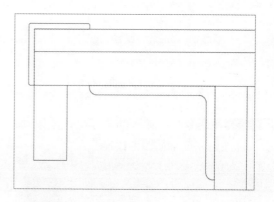

Step 08 执行"图案填充"命令，选择实体填充图案，填充地台地面。

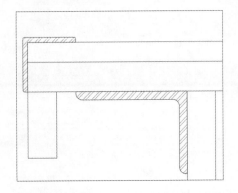

Step 09 执行"图案填充"命令，选择CORK图案，设置填充比例及角度，填充铝条及角钢造型。

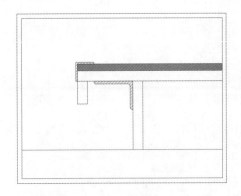

Step 10 执行"图案填充"命令，选择AR-CONC和ANSI31图案，设置填充比例及角度，填充地面及地台。

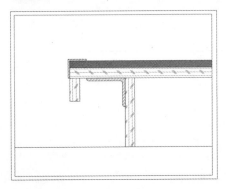

Step 11 执行"插入>块"命令，插入灯管图块。

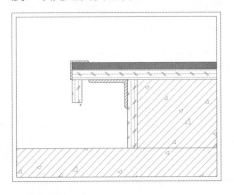

Step 12 执行"线性"标注命令，为剖面图添加尺寸标注。

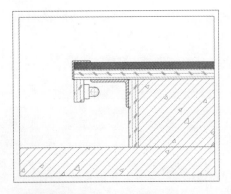

Step 13 在命令行中输入QL，为剖面图添加引线标注，完成剖面图的绘制。

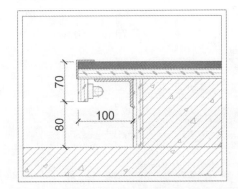

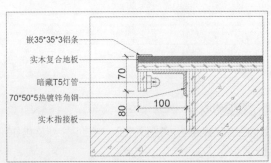

嵌35*35*3铝条
实木复合地板
暗藏T5灯管
70*50*5热镀锌角钢
实木指接板

行业应用向导 室内装修注意事项

在装修过程中，总会遇到各种装修问题，如果这些问题没有得到及时处理，很可能给后续的施工操作带来很大的麻烦。下面将介绍几点装修的注意事项，以便读者参考学习。

1 卫生间插座设计要注意

卫生间电热水器以双级开关带一插为宜，因为如要关闭电热水器，拔插头容易引起危险。

2 关于面砖阳角部分的处理

这归根到底是看工人的施工水平，如果泥水工的水平不错，而且磨瓷砖的工具比较好，就应该毫不犹豫的选择磨45°角。从效果上来看，只要磨得好，磨45°角的阳角最漂亮。

3 排好水管后的水管加压测试非常重要

测试时，测试时间至少在30分钟以上，条件许可的话，最好一个小时。10公斤加压，最后没有任何减少方可测试通过。

4 做塑钢门时要算好门框凸出墙壁的尺寸

要告知安装人员算好门框凸出墙壁的尺寸，使得最后门框和贴完瓷片的墙壁是平的，既美观又容易做卫生。

5 木工的包门套和泥工的贴瓷砖要相互配合

包门套的时候，要考虑下面的地面是否还要进行贴瓷砖或者其他水泥砂浆找平的操作，因为门套如果在贴瓷片前钉好，一直包到地面，将来用水泥的时候，如果水泥和门套沾上了，就会导致门套木材吸水发霉。

6 购买灯具要注意

尽量选用玻璃、不锈钢、铜或者木制的灯具，不要买铁上面镀层、刷漆之类的材质，否则容易掉色，影响美观。

7 脸盆尽量用陶瓷盆

这主要是考虑之后的卫生工作，玻璃盆难做卫生处理。

8 水电改造要计划好

要在改造前计划周到，按直线来开槽。

9 餐厅也可以安排气扇

这样吃火锅或做烧烤时，就不会弄脏餐厅的天花板。

10 门口最好安排一个放杂物的柜子

可把常用的东西，如伞、包、剪刀、零钱、常吃的药等放在柜子中，方便使用。

11 阳台顶端柜子的背面加上一层泡沫塑料板

这样隔热防水效果很好，阳台柜门最好用防火板。

12 卫生间尽量干湿分区

如果面积小，可以选用柱盆，有条件的话可设置一个防水的储物柜，用来收纳杂物。

Chapter 01
Chapter 02
Chapter 03
Chapter 04
Chapter 05
Chapter 06
Chapter 07
Chapter 08
Chapter 09
Chapter 10
Chapter 11

? 秒杀工程疑惑

Q 墙面需要刷几遍涂料？

A 一般为两到三遍。要特别注意涂料中加水的比例，以达到最佳的装饰效果。

Q 窗套和门套是否可以不做？有何利弊？

A 可以不做，主要取决于设计风格。但如果没有做门窗套，手经常接触的地方容易脏。

Q 如何辨认LED灯的好坏？

A 可以从三个方面来辨认：1. 看LED灯带概况的洁净度，采用SMT工艺生产的LED灯带，其概况的洁净度很好；采用手焊工艺生产的盗版LED灯带不管如何清洗，都能见到残留的污渍和清洗痕迹。2. 看包装。正规的LED灯带会采用防静电卷料盘包装，通常5米一卷或10米一卷，然后外面再采用防静电防潮包装袋密封。而盗版的LED灯带会因为节约成本，而采用收受接管卷料盘，没有防静电防潮包装袋，细心看卷料盘能看出外表有断根标签时留下的踪迹和划痕。3. 看标签，正规的LED灯带包装袋和卷料盘上面会有印刷标签，而不是打印的标签，而盗版的标签是打印标签，其规格和参数不统一。

Q 实木复合地板如何选择？

A 选实木复合板时，可以从以下几个方面进行选择。

1. 外观：实木复合地板分为优等、一等、合格品三类。外观质量是分级的重要依据，选购时，首先要看表层木材的色泽、纹理是否清晰，一般表面不应有腐朽、死节、节孔、虫孔、夹皮树脂囊、裂缝或拼缝不严等木材缺陷，木材纹理和色泽的感观应和谐。同时，还应观看地板四周的榫舌和榫槽是否平整。

2. 种类：实木复合地板有两种，一种为三层实木地板，它的产生较早，是由表板、芯板、背板三层木板拼合而成。另一种多层实木地板则由七层或九层组成，稳定性要比三层实木地板好些。尤其是在地热环境中，多层实木地板耐热性强，更不易变形。

3. 结构：在选购时，通过多层实木地板的四边榫口，可以看到单板层层叠加的结构。传统多层实木地板基材都采用奇数层组坯，一般为七层或九层。近几年，一些品牌对传统工艺进行改良，采用偶数层组坯方式，即八层或十层。

4. 油漆：油漆的质量与涂装方式是决定地板环保、耐磨、硬度等参数指标的重要因素。地板油漆应属于环保涂料，不含卤化烃、重金属、甲醛及其它有害放射物。此外，地板油漆的涂装方式也应询问、考查清楚。地板的六面封漆，面、背、四边都要用UV漆和水性漆封，起到严密抗水防潮、防漆脱落的作用。

5. 拼接：拿到地板时，可以在一个包装箱中随手取5块以上地板置于玻璃台面上或平整的地面上，进行拼装。拼装后用手拍紧榫槽，观察榫槽结合是否严密，然后用手摸，感觉是否平整。然后再拿起两块拼装的多层实木复合地板在手中晃，看其是否松动，若有高低较突出的手感和松动现象，说明该产品不合格。

Chapter **07**

私人别墅
设计方案

别墅设计与一般家居住宅设计有着明显的区别，不但要对室内进行设计，同时还需对别墅外观进行设计。本章主要介绍别墅室内设计的一些相关知识，并介绍运用AutoCAD软件绘制工程图纸的操作方法。

01 🔺 学完本章内容您可以

1. 了解别墅的设计技巧及要点

2. 掌握平面、立面图纸的绘制技巧

3. 掌握剖面及大样图纸的绘制技巧

4. 了解别墅装修的注意事项

02 🎬 内容图例链接

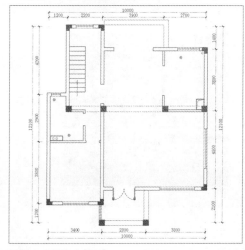

别墅一层原始户型图

别墅二层平面布置图

7.1 别墅设计概述

别墅是居住之外用来享受生活的居所。随着人们生活水平的不断提高，别墅入住率也随之增长，因此别墅设计在装修中，已逐步占据了市场的主流地位。下面将介绍一些别墅空间设计的方法及技巧，供读者学习参考。

7.1.1 别墅主流风格简介

别墅与普通住宅相比不只是居住面积的不同，更体现为生活方式的改变。别墅风格的选择，可以体现出一个人的生活情趣及审美眼光。如今，别墅设计风格种类较多，而其主流风格有以下几种。

（1）地中海风格

地中海风格，形成于文艺复兴前的西欧，以其极具亲和力的田园风情、柔和的色调和大气的组合搭配，很快被地中海以外的广大群众所接受。地中海风格的家居，在选色上，一般选择接近自然的柔和色彩，通常采用白灰泥墙、连续的拱廊与拱门、陶砖、海蓝色的屋瓦和门窗、篱笆隔栅下的爬藤植物等设计元素，表现出蔚蓝色的浪漫情怀；在组合设计上注意空间搭配，充分利用每一寸空间，而且不显局促、不失大气。

追求蔚蓝色浪漫情怀的地中海风格，以返璞归真的姿态，散发出古老尊贵的田园气息和文化品位，适合具有浪漫主义和艺术气质的人群，如下左图所示。

（2）古典欧式风格

欧式古典主义的初步形成，始于对文艺复兴运动推崇的和谐统一风格的反叛和冲击。在法国路易十四时代，表现为巴洛克风格；路易十五时代，表现为洛可可风格。古典欧式家居设计风格继承了巴洛克风格中豪华、动感、多变的视觉效果，也吸取了洛可可风格中唯美、律动的细节处理元素，深沉里显露尊贵、典雅中浸透豪华。古典欧式建筑以罗马柱、拱券、山花、门损、雕塑、壁画、复杂繁琐的线条装饰画框为主要构件。

古典欧式的家居设计风格已成为成功人士享受奢华生活的一种写照，受到社会上层人士的青睐，如下右图所示。

（3）简约欧式风格

简约欧式风格继承了传统欧式风格的装饰特点，吸取了其风格的"形神"特征，在古典欧式的基础上，以简约的线条代替复杂的花纹，并采用更为明快清新的颜色，既保留了古典欧式的典雅与豪华，又更适应现代生活的休闲与舒适。

简欧风格的主要元素包括罗马柱、石膏素角线、素色壁纸、线条简洁的装饰画框等，强调空间的对比美，不仅采用直接照明手段，而且尊重自然光的合理利用，这种表现能够完整地体现出居住人对品质、典雅生活的追求，如下左图所示。

（4）新中式风格

新中式风格是中式风格在现代意义上的演绎，它在设计上汲取了唐、明、清时期家居理念的精华，在空间上富有层次感，同时改变原有布局重等级、尊卑等封建思想，给传统家居文化注入了新的气息；设计中更多地使用现代技术、现代材料，以表现绚丽、舒适的贵族生活；同样讲究材料运用上的反差，摒弃了过于复杂的肌理和装饰，简化了线条，并将怀古的浪漫情怀与现代人对生活的需求加以完美融合。

新中式风格的主要元素为线条简洁的花瓣和复古的条案；造型合理、线条简洁的圈椅，官帽椅；字画等，家具颜色都比较深，并且带有浓浓的书卷气息，如下右图所示。新中式风格，最能彰显主人朴实无华的优雅气度，适合具有同样气质的家庭使用。

7.1.2　别墅空间设计技巧

别墅区别于其他普通住宅及公寓，拥有相对独立的室外环境及较为宽敞的室内空间。外立面和室内外环境都会影响室内空间的设计。在平面功能分区上，别墅室内面积较大、层数较多，功能区域的设置，首先应依照居住者对别墅的使用方式来确定。其次，区别于其他类型的居住形式，别墅更强调室内的空间感、舒适程度。根据目前接触的客户来说，别墅的平面功能设置，在保证卧室等一些私人空间的前提下，公共、娱乐及会客空间较多，分布于建筑各个层面，如首层的客厅、其他会客室、二层的家庭室、视听娱乐或运动休闲的空间、兼顾书房及其他功能的会客和交流空间等。

别墅设计在空间划分上，需注意以下几点原则。

第一、利用材质转换及标识性设计的条件，使其合理融合入口空间与室内外空间。

第二、由于面积较大、房间较多，家庭辅助人员的通道、入口及居住应与整体空间相协调。如果建筑设计上没有相应考虑，则可在装修过程中加以调整。

第三、会客和娱乐空间的数量及分布层面较多，应注意动静区域的相对独立，互不干扰。

第四、别墅层数较多，应考虑空间的垂直交通。如楼梯部分，应考虑本身的形式、材质、所处空间、所负担的功能要求、与周围空间的形式美感及使用功能协调的问题。在加建或改建楼梯时，除考虑与原结构的合理结合外，安全性是首要考虑的问题。

第五、各种设备在别墅空间的应用，如安防、空调、综合布线（小型家庭局域网、背景音乐、智能照明）。同时要考虑各种设备与顶面吊顶和墙体之间的处理关系。

Chapter 01
Chapter 02
Chapter 03
Chapter 04
Chapter 05
Chapter 06
Chapter 07
Chapter 08
Chapter 09
Chapter 10
Chapter 11

7.2 绘制别墅平面图

别墅平面图的绘制与其他一般住宅的绘制方法相似，都需按照现场测量的尺寸，绘制出原始户型图，然后再在户型图上进行加工。

7.2.1 绘制一层原始户型图

本案例所绘制的别墅共有3层，下面介绍一层原始户型图的绘制过程，具体如下。

Step 01 要绘制一层原始户型图，则首先打开"图层特性管理器"面板，新建"轴线"、"墙体"、"门窗"、"固定家具"、"移动家具"等图层，并设置图层特性。

Step 02 将"轴线"图层置为当前层。执行"直线"、"偏移"命令，绘制轴线网。

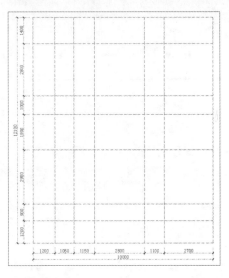

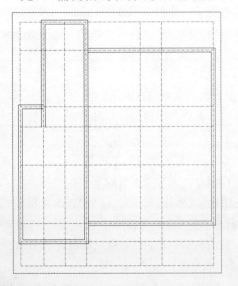

Step 03 将"墙体"图层置为当前层，执行"多线"命令，设置比例为200、对正方式为"无"，捕捉轴线绘制主要墙体轮廓。

Step 04 继续执行"多线"命令，设置比例为120、对正方式为"无"，捕捉轴线绘制其余墙体轮廓。

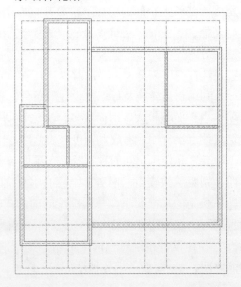

Step 05 执行"矩形"、"图案填充"命令，绘制350mm*350mm的正方形，选择ANSI31图案并进行填充，作为柱子。

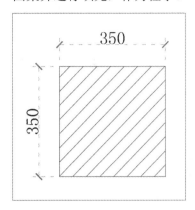

Step 07 执行"直线"和"偏移"命令，绘制出门洞和窗洞的位置。

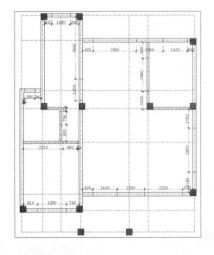

Step 09 执行"直线"、"偏移"命令，在楼梯位置绘制直线并进行偏移。

Step 06 复制柱子图形到墙体合适的位置。

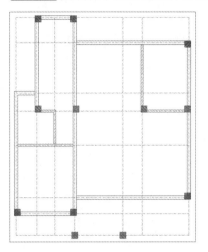

Step 08 执行"修剪"命令，修剪出门洞和窗洞，再修剪部分柱图形。

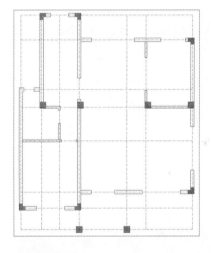

Step 10 执行"修剪"命令，修剪多余的线条。执行"多段线"命令，绘制方向箭头。

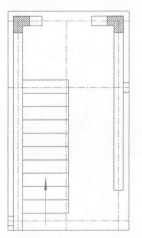

Step 11 双击多线图形,打开"多线编辑工具"面板,选择"T形合并"工具。

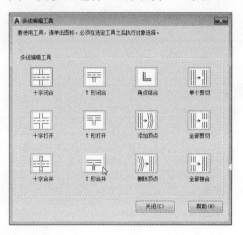

Step 12 编辑墙体轮廓,使其相互连接。

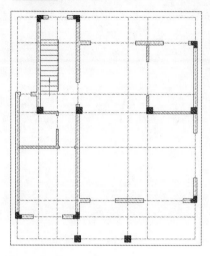

Step 13 设置"门窗"图层为当前层,执行"直线"、"偏移"命令,绘制窗户图形。

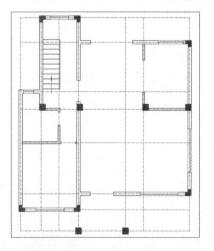

Step 14 执行"矩形"、"直线"命令,绘制通风管道。

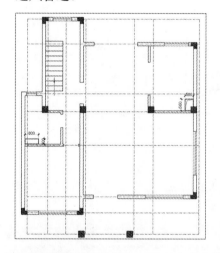

Step 15 关闭"轴线"图层。

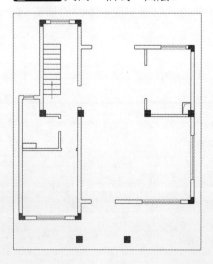

Step 16 绘制台阶及栏杆图形。

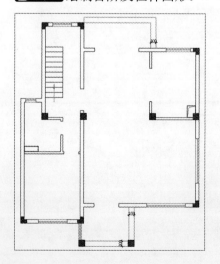

Step 17 执行"矩形"、"多段线"、"圆弧"命令，绘制平开门造型。

Step 18 镜像复制门图形，放置到入户门处。

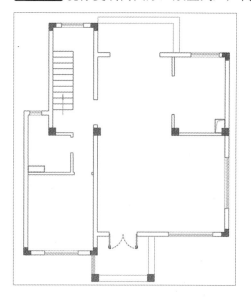

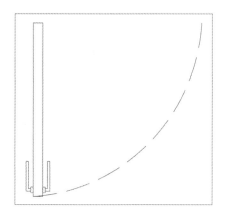

Step 19 执行"直线"、"圆"、"图案填充"命令，绘制梁、地漏及水管图形，放置到合适的位置并进行填充。

Step 20 打开"轴线"图层，执行"线性"、"连续"标注命令，为图纸添加尺寸标注。关闭"轴线"图层，完成一层户型图的绘制。

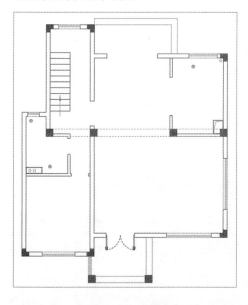

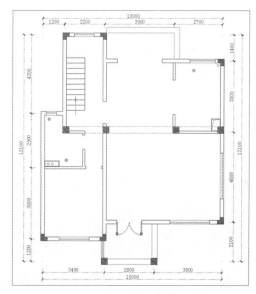

7.2.2 绘制二层原始户型图

二层原始户型图的绘制，主要是在一层户型图的基础上稍作改动，改变门窗的尺寸、楼梯图形，然后增加了阳台、外机平台等图形，其具体绘制步骤介绍如下。

Step 01 要绘制二层原始户型图，则首先复制一层原始户型图，删除多余的图形。

Step 02 拉伸墙体，调整门窗位置及尺寸。

01 Chapter
02 Chapter
03 Chapter
04 Chapter
05 Chapter
06 Chapter
07 Chapter
08 Chapter
09 Chapter
10 Chapter
11 Chapter

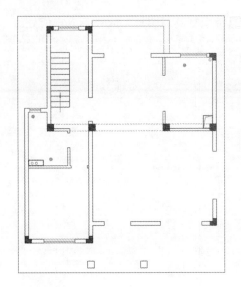

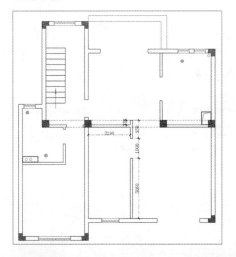

Step 03 绘制窗户图形并删除多余图形。

Step 04 绘制120mm宽的墙体。

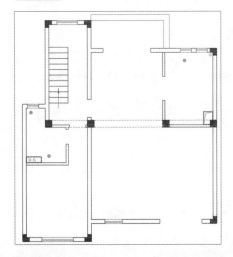

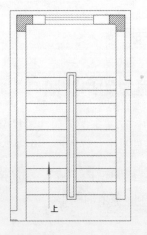

Step 05 执行"矩形"、"偏移"命令，绘制 2720mm*200mm的矩形并将其向内偏移 50mm。

Step 06 执行"修剪"命令，修剪并删除多 余的线条。

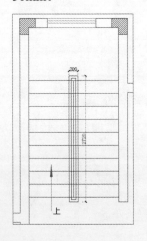

Step 07 执行"多段线"命令，绘制一条拐弯的箭头。然后创建单行文字，标注箭头。

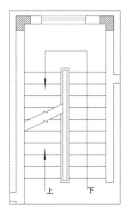

Step 08 执行"多段线"命令，绘制打断线，放置到楼梯处。然后执行"修剪"命令，修剪图形。

Step 09 将柱子矩形向外偏移150mm后，复制图形到另一处阳台。

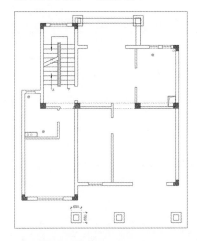

Step 10 修剪图形后，绘制300mm宽的栏杆图形。

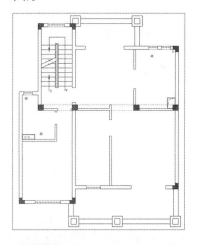

Step 11 执行"多段线"、"偏移"命令，绘制多段线并向内偏移50mm，作为外机平台。

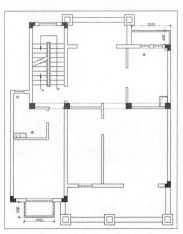

Step 12 执行"矩形"、"直线"命令，绘制850mm*540mm的空调外机图形并复制。

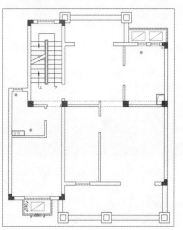

Step 13 移动并复制地漏图形。

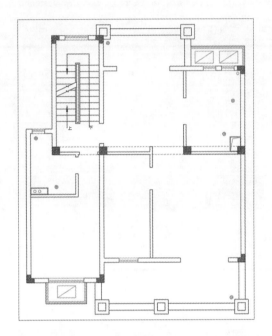

Step 14 添加尺寸标注，完成二层原始户型图的绘制。

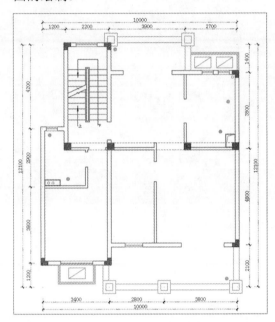

7.2.3 绘制三层原始户型图

三层的户型与二层有部分重合，另有部分改作了露天平台，具体绘制步骤介绍如下。

Step 01 要绘制三层原始户型图，则首先复制二层原始户型图，删除多余的图形。

Step 02 拉伸墙体，调整门窗位置及尺寸，再复制柱子图形，绘制栏杆。

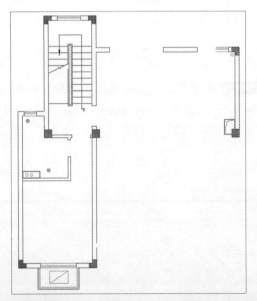

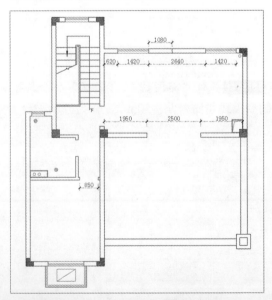

Step 03 复制二层原始户型图，调整图形颜色并创建成块，重叠到三层户型图下。

Step 04 执行"多段线"命令，捕捉柱子绘制两条多段线。

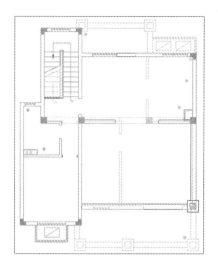

Step 05 执行"偏移"、"延伸"命令，分别对多段线执行偏移操作，再延伸图形至墙体。

Step 06 执行"直线"命令，绘制屋脊线，并调整图形特性。

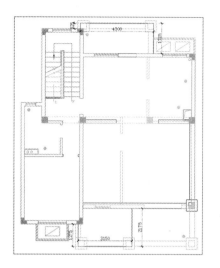

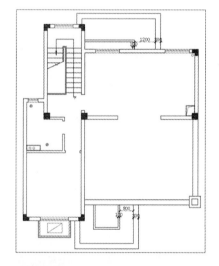

Step 07 执行"多段线"、"偏移"命令，绘制空调外机平台。

Step 08 复制空调外机图形。

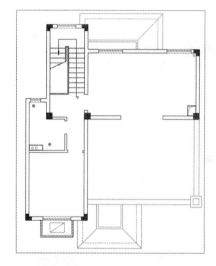

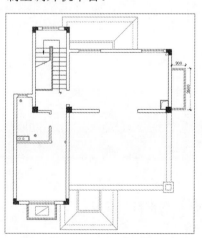

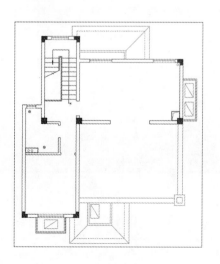

Chapter 01
Chapter 02
Chapter 03
Chapter 04
Chapter 05
Chapter 06
Chapter 07
Chapter 08
Chapter 09
Chapter 10
Chapter 11

Step 09 添加尺寸标注，完成三层原始户型图的绘制。

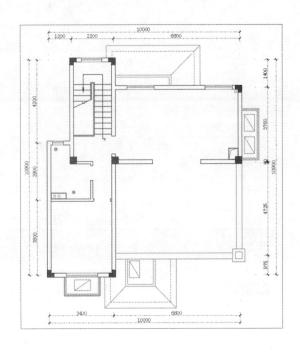

7.2.4 绘制一层平面布置图

本小节主要介绍一层平面图的绘制过程，主要包括客厅、厨房、老人房等区域的绘制。

Step 01 复制一层原始户型图后，删除梁图形，再执行"矩形"命令，绘制200mm*200mm的包水管图形。

Step 02 复制入户门图形，并调整门尺寸，分别放置到卧室及卫生间处。

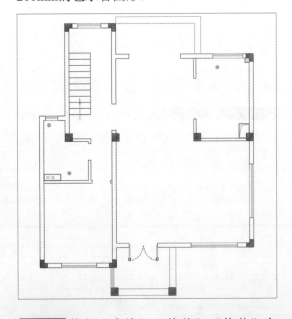

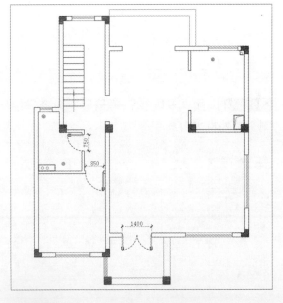

Step 03 执行"直线"、"偏移"、"修剪"命令，绘制楼梯间墙体，再添加门图形并删除多余图形。

Step 04 执行"矩形"、"多段线"命令，绘制餐厅阳台位置的推拉门造型。

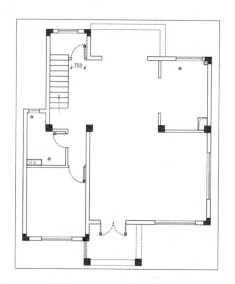

Step 05 分解墙体图形，执行"偏移"、"修剪"命令，绘制橱柜轮廓。

Step 06 执行"偏移"、"直线"、"定数等分"命令，绘制吊柜图形。

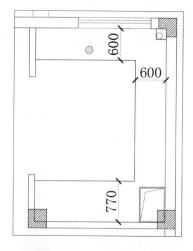

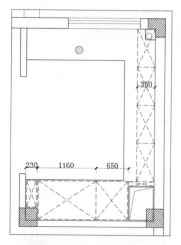

Step 07 执行"插入>块"命令，插入洗菜盆、燃气灶、冰箱等图形。

Step 08 执行"修剪"命令，修剪出门洞和窗洞后，再修剪部分柱图形。

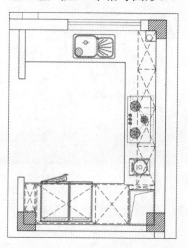

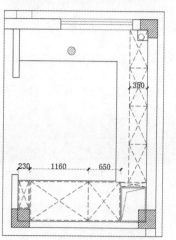

Step 09 执行"直线"命令，捕捉墙体绘制直线。然后插入隔断图块并进行复制。

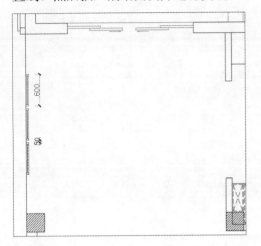

Step 11 执行"插入>块"命令，插入餐桌椅、落地灯图块。执行"圆"命令，绘制半径为1400mm的圆作为地毯图形。

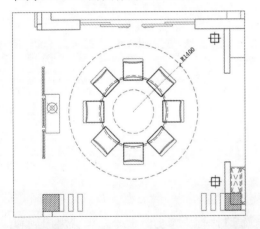

Step 13 执行"修订云线"命令，绘制壁炉火焰造型。

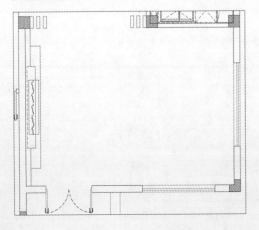

Step 10 执行"矩形"、"复制"命令，绘制350mm*100mm的矩形并进行复制。

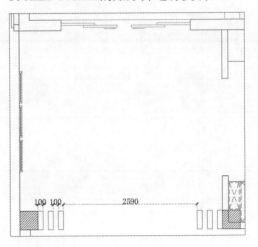

Step 12 执行"偏移"、"修剪"命令，绘制出电视背景墙造型。

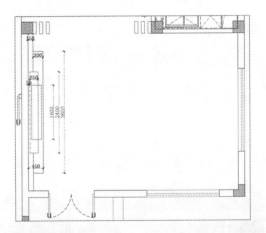

Step 14 执行"插入>块"命令，插入沙发组合图形。

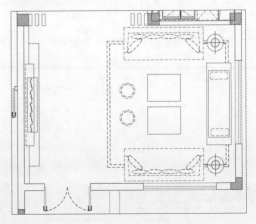

Step 15 执行"直线"、"矩形"、"修剪"命令，绘制厚度为14mm的隔断和1200mm*600mm的洗手台图形。

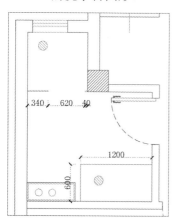

Step 16 执行"插入>块"命令，插入坐便器、洗手盆、玻璃弹簧门等卫浴图块。

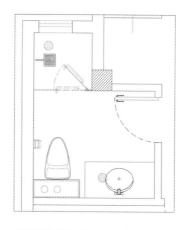

Step 17 执行"偏移"、"修剪"命令，绘制卧室内一段墙体。

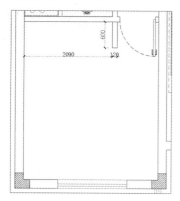

Step 18 执行"直线"、"矩形"、"偏移"等命令，绘制衣柜图形。

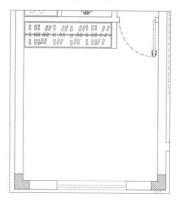

Step 19 执行"插入>块"命令，插入双人床及电视机图块，居中放置在卧室内。

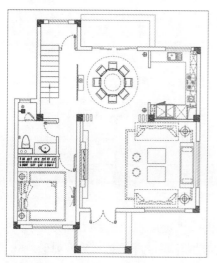

Step 20 最后添加文字注释，完成一层平面布置图的绘制。

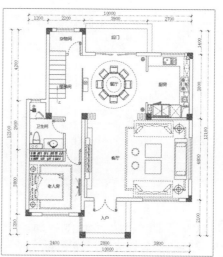

7.2.5 绘制二层平面布置图

下面介绍二层平面布置图的绘制过程，主要包括主卧室、主卫、书房以及女孩房的绘制。

Step 01 首先复制二层原始户型图，删除梁图形，再从一层平面布置图中复制门图形以及卧室中的图形。

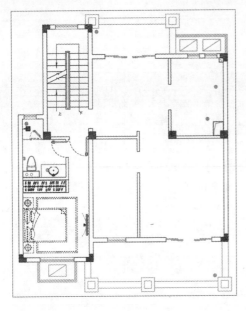

Step 02 执行"矩形"、"圆弧"和"镜像"命令，绘制卫生间的推拉门造型。

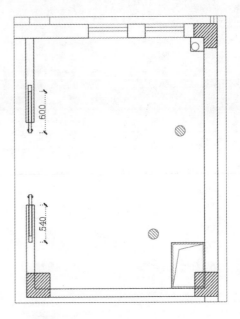

Step 03 执行"偏移"、"修剪"、"矩形"命令，绘制出浴缸、洗手台及淋浴间轮廓。

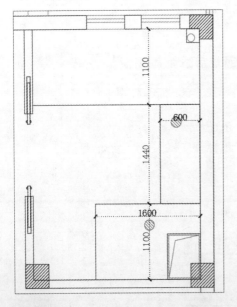

Step 04 执行"偏移"、"修剪"命令，绘制淋浴间隔水。

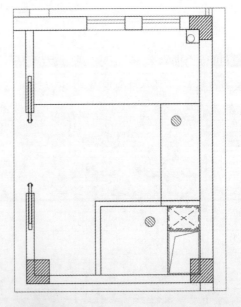

Step 05 执行"插入>块"命令，插入浴缸、坐便器、洗手盆、玻璃门等图形。

Step 06 执行"矩形"、"偏移"命令，绘制主卧室的衣柜轮廓，再复制衣架等图形。

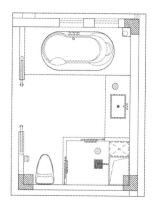

Step 07 执行"插入>块"命令，插入双人床、电视机等图块。

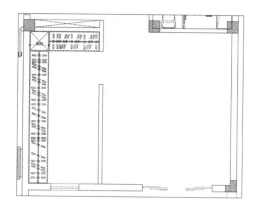

Step 08 执行"矩形"、"偏移"命令，在阳台位置绘制矩形并向内偏移50mm。执行"插入>块"命令，插入休闲桌椅及植物图块，然后调整植物图形大小。

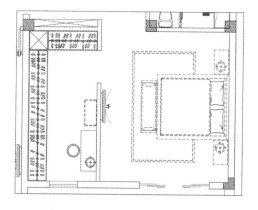

Step 09 继续插入工作台、带脚踏沙发，并复制休闲桌椅及植物图形。

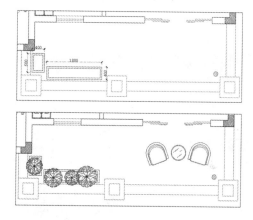

Step 10 最后添加文字注释，完成二层平面布置图的绘制。

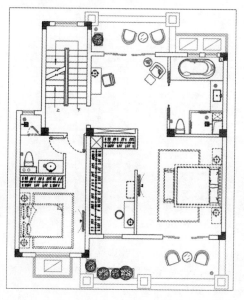

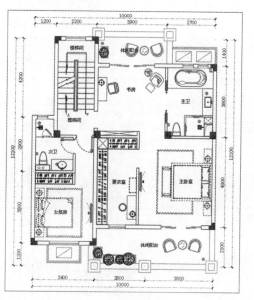

7.2.6 绘制三层平面布置图

下面介绍三层平面布置图的绘制过程，三层主要是男孩房、多功能室以及露台区域，具体操作介绍如下。

Step 01 首先复制三层原始户型图，然后从二层平面布置图中复制卧室布置图形。

Step 02 执行"偏移"和"直线"命令，绘制30mm的书架。

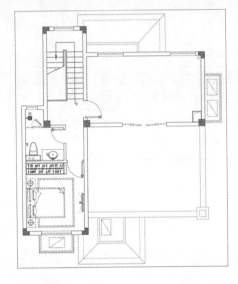

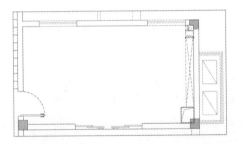

Step 03 执行"插入>块"命令，插入办公桌、沙发图块到图纸中。

Step 04 执行"矩形"、"偏移"命令，绘制树池造型及洗手池轮廓。

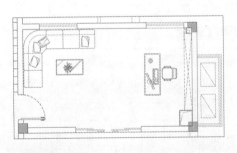

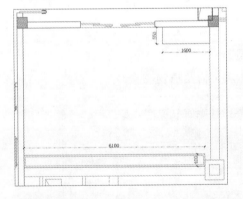

Step 05 执行"图案填充"命令，选择AR-CONC图案，填充树池图形。

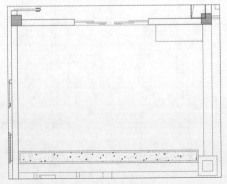

Step 06 执行"插入>块"命令，插入洗手池、粗石踏步、户外桌椅以及烧烤桌图形。

Step 07 最后为图纸添加文字注释，完成三层平面布置图的绘制。

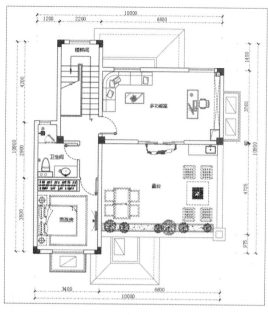

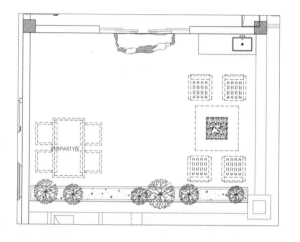

Chapter 01
Chapter 02
Chapter 03
Chapter 04
Chapter 05
Chapter 06
Chapter 07
Chapter 08
Chapter 09
Chapter 10
Chapter 11

7.3　绘制别墅立面图

别墅平面图绘制完成后，接下来将绘制别墅各个立面造型图。下面介绍别墅一层客厅背景墙立面图、餐厅屏风立面图、二层主卧背景墙立面图以及主卫立面图的绘制方法。

7.3.1　绘制一层客厅背景墙立面图

客厅立面图是整个别墅设计中的亮点，也是重中之重，下面介绍具体的绘制操作。

Step 01 从平面布置图中复制客厅区域的平面，并进行修剪。

Step 02 执行"直线"、"偏移"、"修剪"命令，绘制高度为3400mm的立面轮廓。

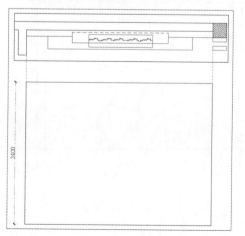

Step 03 执行"偏移"命令，依次偏移横向和竖向的边线。

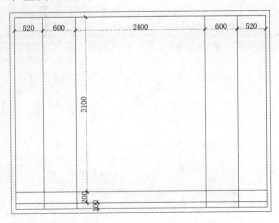

Step 04 执行"修剪"命令，修剪图形中多余的线条。

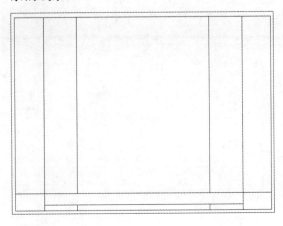

Step 05 依次执行"矩形"、"偏移"命令，捕捉绘制矩形，并将矩形依次向内偏移5mm、45mm、25mm、5mm、10mm、45mm。

Step 06 执行"直线"命令，绘制装饰框的角线。

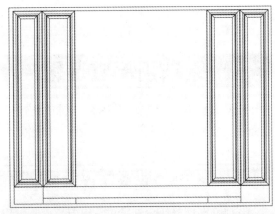

Step 07 依次执行"偏移"和"修剪"命令，绘制墙面造型。

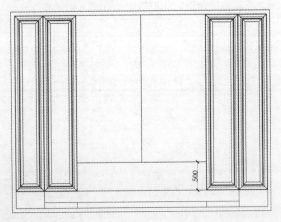

Step 08 依次执行"定数等分"、"直线"命令，绘制出石材拼缝。

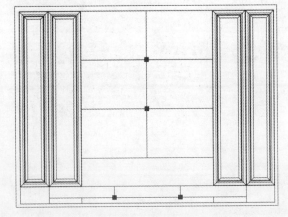

Step 09 执行"矩形"命令，绘制1600mm*400mmm的矩形，居中放置到合适的位置。

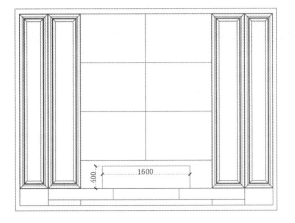

Step 10 执行"圆弧"命令，绘制火焰造型。

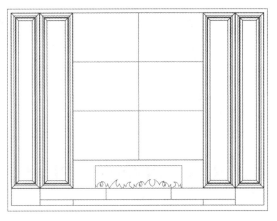

Step 11 依次执行"偏移"、"修剪"命令，绘制出踢脚线造型，再绘制镂空折线。

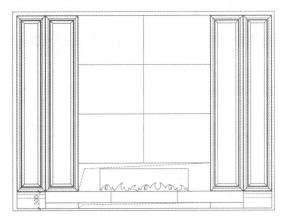

Step 12 执行"图案填充"命令，选择两种大理石图案，分别填充墙面。

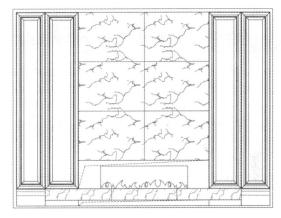

Step 13 执行"图案填充"命令，选择ANSI32图案，填充不锈钢区域。

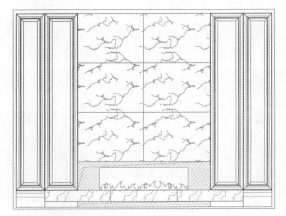

Step 14 执行"插入>块"命令，插入壁灯及射灯图形。

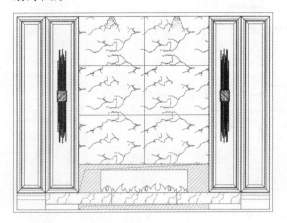

Step 15 执行"线性"、"连续"标注命令，为立面图添加尺寸标注。

Step 16 在命令行中输入QL命令，为立面图添加引线标注，完成背景墙立面图的绘制。

Chapter 01
Chapter 02
Chapter 03
Chapter 04
Chapter 05
Chapter 06
Chapter 07
Chapter 08
Chapter 09
Chapter 10
Chapter 11

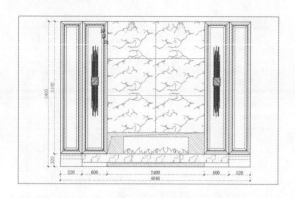

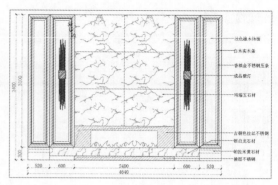

7.3.2 绘制餐厅屏风立面图

餐厅区域的屏风是餐厅通往楼梯间的通道，通透且造型美观，具体绘制过程介绍如下。

🔧Step 01 从平面布置图中复制餐厅区域的平面，然后进行相应的修剪。

🔧Step 02 执行"直线"、"偏移"、"修剪"命令，绘制高度为3400mm的立面轮廓。

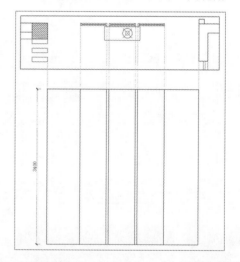

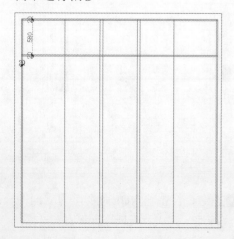

🔧Step 03 执行"偏移"命令，将上边线依次向下进行偏移。

🔧Step 04 执行"修剪"命令，修剪图形中多余的线条。

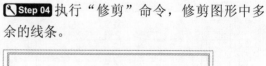

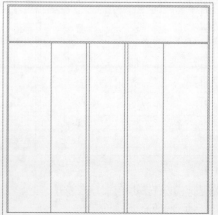

Step 05 执行"插入>块"命令,插入隔断图形并进行复制,然后删除多余的线条。

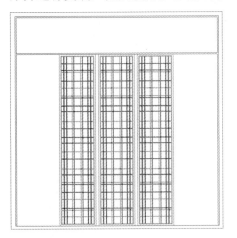

Step 06 执行"矩形"命令,绘制矩形并进行复制操作,间距为15mm。

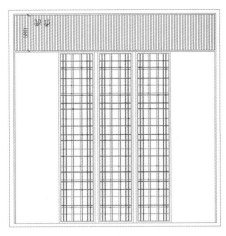

Step 07 依次执行"直线"和"偏移"命令,绘制直线并偏移出250mm的间距。

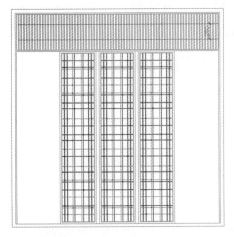

Step 08 执行"修剪"命令,修剪图形中多余的线条。

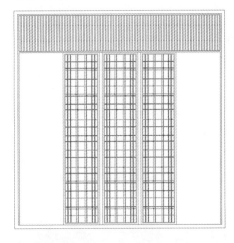

Step 09 执行"多段线"命令,绘制中空的装饰线。

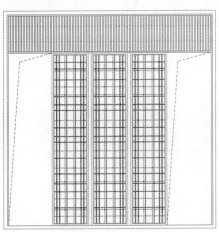

Step 10 执行"插入>块"命令,添加指示符属性块并修改属性文字。

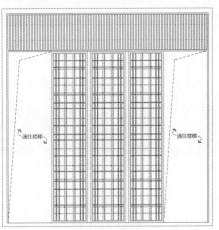

Chapter 01

Chapter 02

Chapter 03

Chapter 04

Chapter 05

Chapter 06

Chapter 07

Chapter 08

Chapter 09

Chapter 10

Chapter 11

Step 11 执行"线性"、"连续"标注命令，为立面图添加尺寸标注。

Step 12 在命令行中输入QL命令，为立面图添加引线标注，完成立面图的绘制。

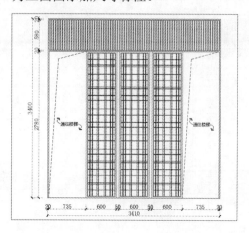

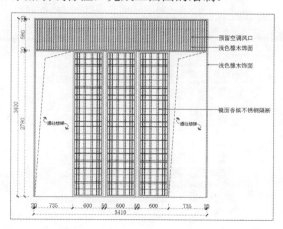

7.3.3 绘制二层主卧背景墙立面图

主卧室背景墙的设计也是本案例的重点，需对其进行详细介绍，具体绘制过程如下。

Step 01 从平面布置图中复制客厅区域的平面，并进行修剪。

Step 02 执行"直线"、"偏移"、"修剪"命令，绘制高度为2800mm的立面轮廓。

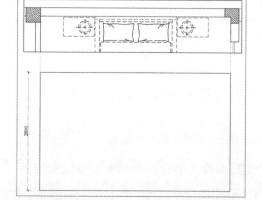

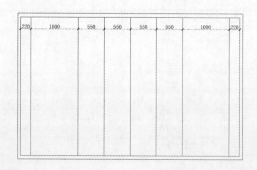

Step 03 执行"偏移"命令，依次偏移竖向的边线。

Step 04 执行"矩形"、"偏移"命令，捕捉绘制矩形，并将其依次向内偏移30mm、20mm、5mm、90mm、5mm。

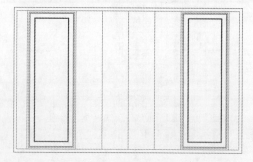

Step 05 分解内部矩形，复制边线后，修剪图形。

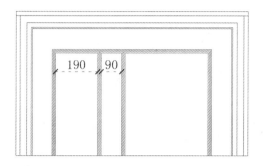

Step 06 执行"直线"命令，绘制装饰框的角线。

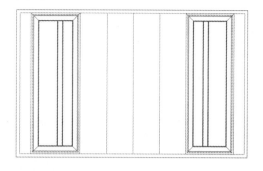

Step 07 执行"矩形"、"偏移"、"直线"命令，捕捉绘制矩形并将其向内偏移。

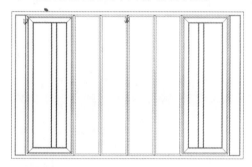

Step 08 执行"图案填充"命令，绘制出石材拼缝。

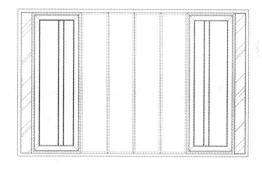

Step 09 捕捉绘制矩形并将其向内偏移30mm，再绘制角线。

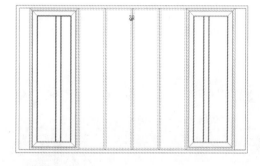

Step 10 执行"矩形"、"偏移"命令，捕捉两端绘制矩形，并向内偏移10mm。

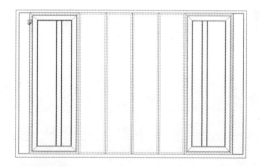

Step 11 执行"图案填充"命令，选择AR-RROOF图案，填充镜面区域。

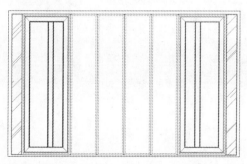

Step 12 执行"图案填充"命令，选择AR-CONC图案，继续填充镜面区域。

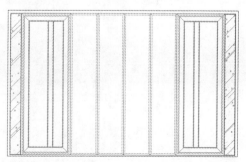

Chapter 01
Chapter 02
Chapter 03
Chapter 04
Chapter 05
Chapter 06
Chapter 07
Chapter 08
Chapter 09
Chapter 10
Chapter 11

Step 13 执行"图案填充"命令，选择ANSI32图案，填充不锈钢区域。

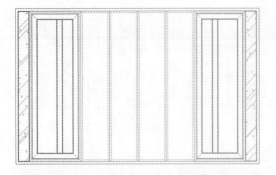

Step 14 执行"插入 > 块"命令，插入壁灯、射灯以及装饰图案图形。

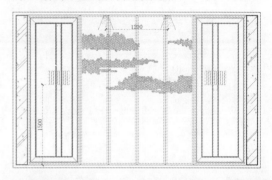

Step 15 执行"线性"、"连续"标注命令，为立面图添加尺寸标注。

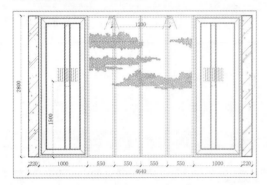

Step 16 在命令行中输入QL命令，为立面图添加引线标注，完成背景墙立面图的绘制。

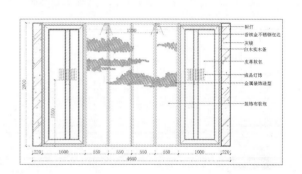

7.3.4 绘制主卫立面图

下面介绍主卫立面图纸的绘制过程，具体包括化妆镜造型、洗手台造型等图形的绘制，具体操作步骤如下。

Step 01 从平面布置图中复制二层主卫的平面，并进行修剪。

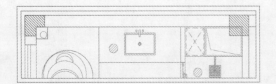

Step 02 执行"直线"、"偏移"、"修剪"命令，绘制高度为2400mm的立面轮廓。

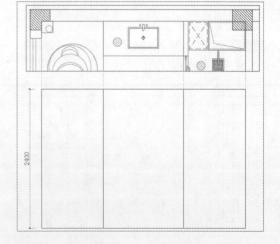

Step 03 执行"偏移"命令，依次偏移横向和竖向的边线。

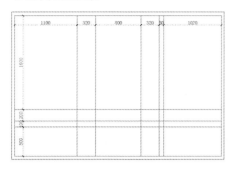

Step 04 执行"修剪"命令，修剪图形中多余的线条。

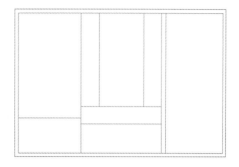

Step 05 执行"偏移"命令，偏移20mm的挡水和14mm的玻璃厚度。

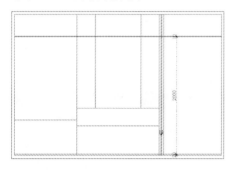

Step 06 执行"修剪"命令，修剪图形中多余的线条。

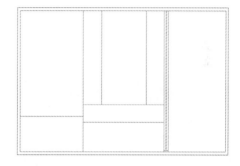

Step 07 执行"矩形"、"偏移"命令，捕捉绘制矩形并将其向内偏移10mm。

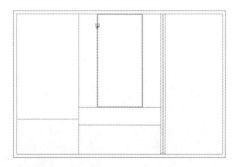

Step 08 分解内部矩形后，执行"偏移"命令，将下方边线向上偏移250mm。

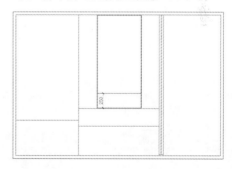

Step 09 执行"插入>块"命令，插入淋浴、浴缸、洗手盆等图块，放置到合适的位置。

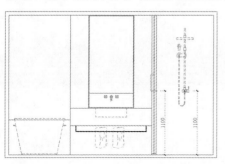

Step 10 执行"图案填充"命令，选择用户定义图案，填充出300mm*600mm的图案。

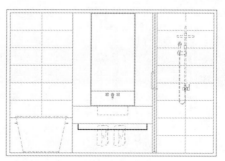

Chapter 01
Chapter 02
Chapter 03
Chapter 04
Chapter 05
Chapter 06
Chapter 07
Chapter 08
Chapter 09
Chapter 10
Chapter 11

🔧**Step 11** 执行"图案填充"命令，选择大理石图案，填充洗手台区域。

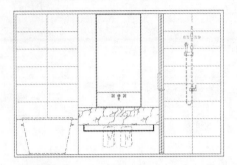

🔧**Step 12** 执行"图案填充"命令，选择AR-RROOF图案，填充镜面区域。

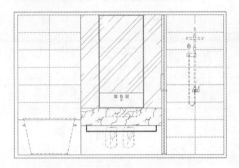

🔧**Step 13** 执行"插入>块"命令，插入镜面装饰图案。

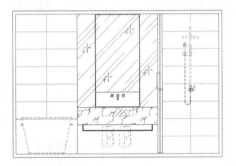

🔧**Step 14** 执行"图案填充"命令，选择用户定义图案，填充30mm*30mm的马赛克图形。

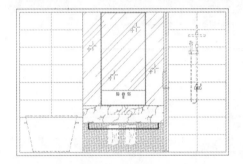

🔧**Step 15** 执行"图案填充"命令，选择AR-CONC图案，填充浴缸区域。

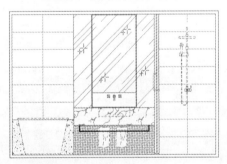

🔧**Step 16** 执行"图案填充"命令，选择ANSI31图案，继续填充浴缸区域。

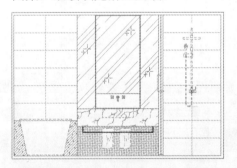

🔧**Step 17** 执行"线性"、"连续"标注命令，为立面图添加尺寸标注。

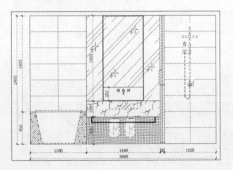

🔧**Step 18** 在命令行中输入QL命令，为立面图添加引线标注，完成背景墙立面图的绘制。

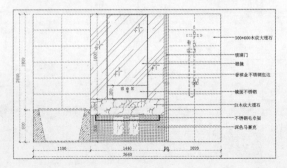

7.4 绘制别墅剖面图

在制图过程中，有时在绘制某立面图时，也可绘制其相应的剖面图。如果立面图较为复杂，则可单独绘制剖面图。

7.4.1 绘制踢脚线剖面图

踢脚线分很多种，以下所绘制的剖面图为石材踢脚线的结合处，具体操作步骤如下。

Step 01 执行"直线"命令，绘制地平线及墙体。然后执行"偏移"命令，依次偏移图形。

Step 02 执行"修剪"命令，修剪图形中多余的线条。

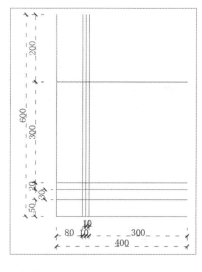

Step 03 执行"矩形"、"直线"命令，绘制30mm*10mm的龙骨图形，并放置到合适的位置。

Step 04 继续执行"矩形"命令，完成其他墙砖轮廓的绘制，并放置图形至适合的位置。

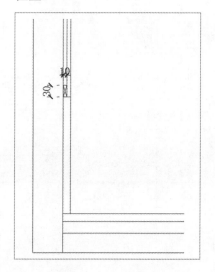

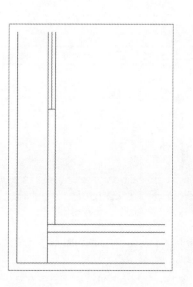

Step 05 执行"多段线"命令，绘制踢脚线条及木线条轮廓。

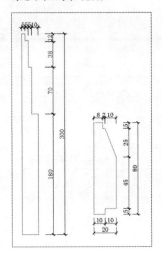

Step 06 将线条移动到合适的位置。

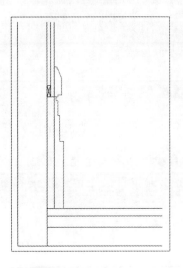

Step 07 执行"矩形"命令，绘制10mm*10mm的正方形，放置到木线条上方。

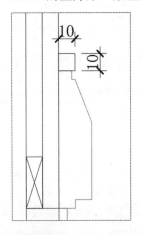

Step 08 执行"偏移"、"直线"命令，将正方形向内偏移1mm，再绘制交叉线。

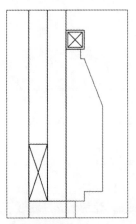

Step 09 执行"直线"、"偏移"命令，绘制并偏移图形。

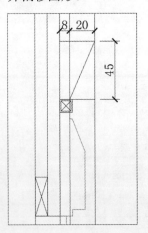

Step 10 执行"修剪"命令，修剪并删除图形中多余的线条。

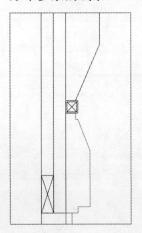

Step 11 执行"偏移"、"修剪"命令，将边线向内偏移3mm并修剪图形，再绘制直线。

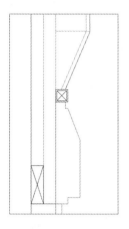

Step 12 执行"直线"命令，绘制直线封闭图形。然后执行"图案填充"命令，选择HEX、AR-CONC、ANSI333图案，填充地面。

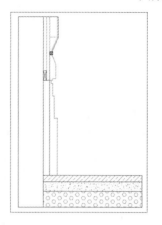

Step 13 执行"图案填充"命令，选择AR-CONC、ANSI31图案，填充墙体。

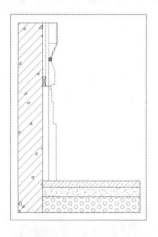

Step 14 执行"图案填充"命令，选择AR-CONC、ANSI333图案，填充踢脚线及水泥砂浆层。

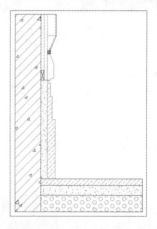

Step 15 执行"图案填充"命令，选择CORK图案，填充木工板区域。

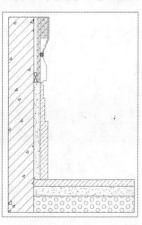

Step 16 执行"图案填充"命令，选择木纹图案，填充实木区域。

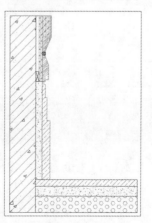

Step 17 删除多余图形，执行"线性"、"连续"标注命令，为剖面图添加尺寸标注。

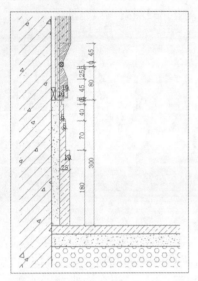

Step 18 在命令行中输入QL命令，为图形添加引线标注，完成剖面图的绘制。

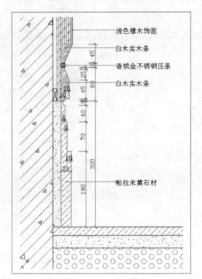

浅色橡木饰面
白木实木条
香槟金不锈钢压条
白木实木条

帕拉米黄石材

7.4.2 绘制壁炉剖面图

下面将介绍别墅客厅区域壁炉剖面图的绘制方法，其具体操作步骤如下。

Step 01 执行"直线"命令，绘制地平线及墙体。然后执行"偏移"命令，依次偏移图形。

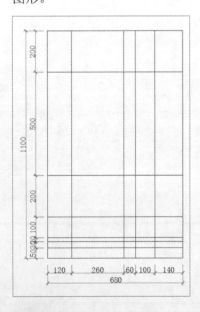

Step 02 执行"修剪"命令，修剪图形中多余的线条。

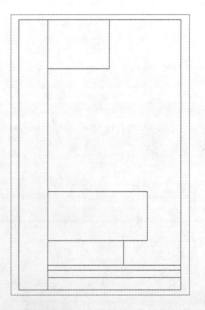

Step 03 执行"偏移"命令，在上方偏移出1mm的不锈钢厚度、9mm的九厘板和木工板以及20mm的石材厚度。

Step 04 执行"修剪"命令，修剪图形中多余的线条。

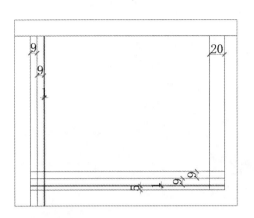

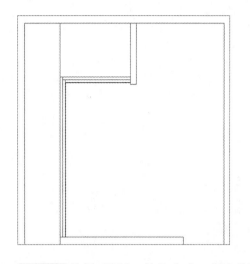

Step 05 执行"矩形"、"直线"命令，绘制 30mm*30mm的木龙骨。

Step 06 执行"插入>块"命令，插入膨胀螺 丝连接件图形。

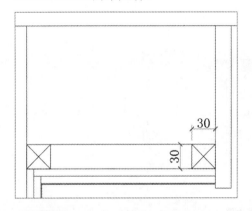

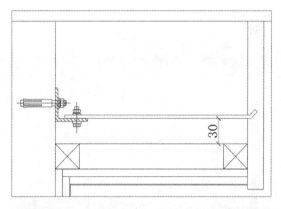

Step 07 执行"偏移"、"修剪"命令，绘制 出间隔1mm的连接孔。

Step 08 执行"偏移"命令，在下方继续偏 移图形。

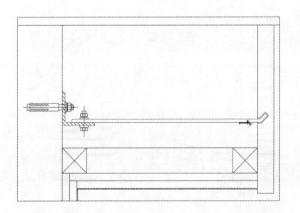

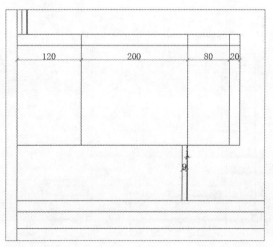

Step 09 执行"修剪"命令，修剪图形中多 余的线条。

Step 10 复制30mm*30mm的木方图形，再 执行"直线"命令，绘制龙骨。

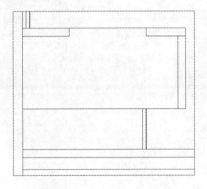

Step 11 复制角钢图形后，执行"镜像"、"复制"命令，复制角钢图形。

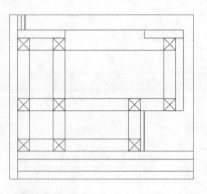

Step 12 执行"矩形"、"多段线"命令，绘制酒精炉及火焰造型。

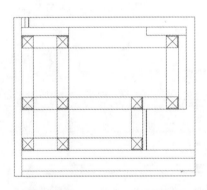

Step 13 执行"图案填充"命令，选择HEX、AR-CONC、ANSI333图案，填充地面。

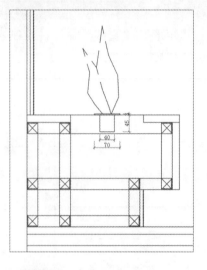

Step 14 执行"图案填充"命令，选择AR-CONC、ANSI31图案，填充墙体。

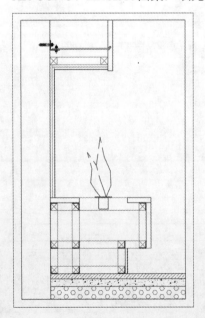

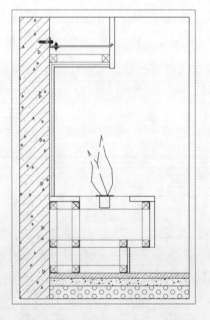

Step 15 执行"图案填充"命令，选择ANSI 333图案，填充石材。

Step 16 删除矩形外框。

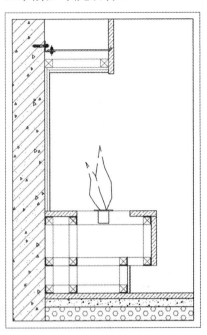

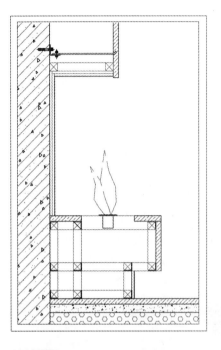

Step 17 执行"线性"、"连续"标注命令，为剖面图添加尺寸标注。

Step 18 在命令行中输入QL命令，为图形添加引线标注，完成剖面图的绘制。

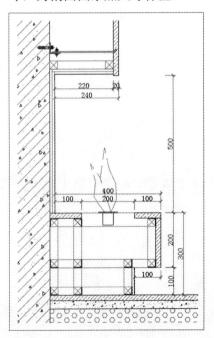

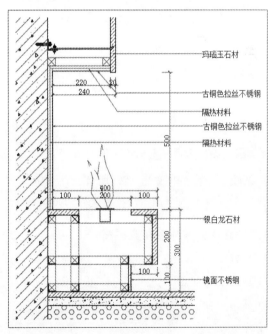

玛瑙玉石材

古铜色拉丝不锈钢

隔热材料

古铜色拉丝不锈钢

隔热材料

银白龙石材

镜面不锈钢

行业应用向导 **别墅装修注意事项**

本意介绍了一些别墅设计风格以及空间设计技巧，下面将介绍一些在装修别墅时，应注意的相关事项。

1 浴室的安全性

如果与父母同住，则在装修浴室时要考虑其安全性。尤其是上了年纪的老人，要特别注意浴室边角的圆滑度、设备的高度和整体的方便性能。地板方面要考虑采用防滑地板，可以安装几个扶手增加安全性，尽量少用金属和玻璃材质的物料。

2 装置智能家居安防系统

别墅通常情况下面积都是比较大的（还有一些复式楼、餐厅），装修时应该考虑到安防方面，智能家居系统的安防可以做到与电视自然切换，控制中心可以自动调节AV转换，比起视频监控有过之而无不及。当某个场景或者设备物品遭到破坏时，智能家居安防系统不仅会及时触动报警开关，还能拍摄当前发生的场景，并在视频设备上播放。如果房主不在家，安防系统会自动向小区拨出电话，随后拨通房主手机，实现24小时的安全监控。

3 谨慎阁楼挑空情况

在层高较高的住宅内隔出一个二层的阁楼时，无论是水平分隔还是垂直砌墙，都必须考虑加建结构的资料和承重、隔墙的厚度和高度的比例等问题。这类改造涉及精确计算、加固、切割等专业施工技术，改造前一定要查看设计公司是否具有"结构施工平安"设计资质。

4 装置大型按摩浴缸的时候应考虑楼板的承受力

小资人士喜欢家中有个专属于自己的超大浴缸，但是装置这类浴缸时，楼板承重是关键。一定要测试楼板是否能承受装满水后浴缸的重量。找到经验丰富和专业能力强的设计师，让他通过浴缸的容积、楼板的承受能力，来判断是否适合安置大型浴缸，以确保安全。

5 厨房挑空高和烟道设计要合理

由于别墅住宅的厅高、烟道长、烟机的排风量、电机的功率应该更大，如果烟道长度大于4米，就应该考虑增加一级排风装置，增进排风效果。此外，地排式烟机也是一种不错的选择。

6 电器多，要合理布置电路

别墅卫浴中的供电装置比较专业，复杂的内在联系对设计师的专业要求更高。应该使用电脑模拟电器与插座位置，合理分布电器的位置，方便实际应用。此外，大户型的卫浴空间干湿分隔明显，尽量把电器插座设置在干区内。

秒杀工程疑惑

Q 打印图纸文件时，若出现打印出来的字体是空心的，该如何解决？

A 在出现该问题时，只需在命令行中输入Textfill命令，然后输入合适的数值，即可解决。当值为0时，字体为空心；当值为1时，字体为实心。

Q 如何在关闭AutoCAD中的.BAK文件时，不创建备份文件？

A 遇到该问题，可使用两种操作方法。

1. 执行"文件>选项"命令，在打开的"选项"对话框中，选择"打开和保存"选项卡，然后取消勾选"每次保存均创建备份副本"复选框即可，如下图所示。

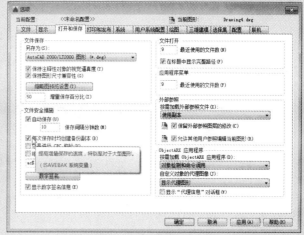

2. 在命令行中输入ISAVEBAK命令后，按回车键，然后将系统变量修改为0即可。当系统变量为1时，每次保存都会创建备份文件。

Q 在AutoCAD中如何计算室内面积和周长？

A 在计算室内面积大小时，可在命令行中输入AA后，按回车键，然后捕捉角点，并将当前室内面积变成闭合的多段线，最后，按回车键。在命令行中即可测算出该区域的面积值和周长值，如下图所示。

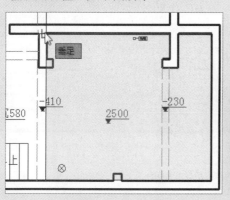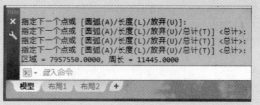

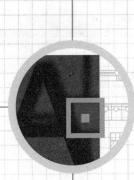

Chapter **08**

酒店客房
设计方案

客房是酒店的主要收入来源，装修的好坏影响着酒店的口碑效果。因此，客房设计是酒店设计的重点和核心。客房设计不仅要为顾客营造出温馨舒适的氛围，还要注意细节的设计，才能给顾客带来好的体验之旅，从而提升酒店的形象。本案例以酒店客房设计图纸为例，介绍施工图纸的绘制流程。通过本案例的学习，使读者掌握酒店客房设计图纸的绘制方法和技巧。本章绘制酒店客房的设计图纸包括平面布置图、顶面布置图、地面布置图、立面图和剖面图。

01 ⚙ 学完本章内容您可以

1. 了解酒店客房的设计方法

2. 掌握一系列平面图纸的绘制方法

3. 掌握剖面及大样图的绘制方法

4. 了解酒店客房设计的注意事项

02 🎞 内容图例链接

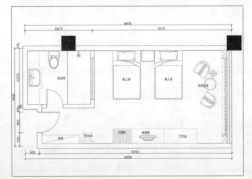

酒店客房平面布置图

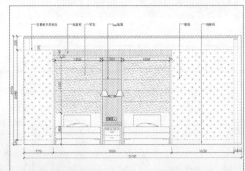

酒店客房C立面图

8.1 酒店客房的设计原则

许多设计师只重视酒店大堂及餐厅区域的设计布局，忽略了酒店客房区域的设计。对于入驻的顾客来说，大部分时间是在客房中度过的，因此客房设计的好坏会直接影响客人对酒店的整体印象。

8.1.1 酒店客房面积划分原则

客房的面积对于整个酒店来讲是一个最重要的指标，甚至可以决定整个酒店的等级。通常，客房面积的大小受到建筑的柱网间距所制约，房间的开间在3.7m左右时，性价比最佳，可在墙的一侧安置两张单人床或者一张双人床，在另一侧可摆放写字台、行李架、小酒吧，还有较为充裕的过道。顾客躺在床上可观看电视，观赏角度和距离正合适。标准间一般是7.2m~7.5m的柱网，层高为3m，面积为26m²，房间内的家具有十一件，卫生间的设施是三大件、六小件。这个标准从国外到国内持续了许多年，堪称经典。

从建筑成本角度来讲，房间宽度扩大0.3m与1m增加的成本是差不多的，真正使房间的空间有较大改善的是4.5m~5m左右的开间。这时客房可以采取新的布局，打破垄断大半个世纪的威尔森标准间的做法，使客房设计具有明显的创意，豪华舒适感大大增加。

8.1.2 酒店客房功能分配原则

通常客房分为三个功能区域：走道、卫生间和卧房，在进行客房设计时，要将这三个功能区域进行合理的布局。

1. 走道

走道是客房外进入客房内的过渡空间，在这个部分，我们通常会集合交通、衣柜、小酒吧等几个功能。从当今的设计趋势来看，似乎偏重强调交通功能，其他两个功能都有所转移。为了突出客房的"大"，在这个过渡空间的"形体塑造"上多采用"压"的方法，这也是所谓"先抑后扬"。让客人先通过一段层高低些的过渡空间，到了卧房区后会有一种豁然开朗的心理感受。所以这个空间的尺寸感上可能会偏低一些。

走道的净宽度也有一个最低要求，即净空要达到1.10m宽，小于1.10m在使用上将会造成不便。现在的许多设计都通过各种方法来拓宽这一宽度，比如"硬性加宽"，有的设计小走道宽度达到了1.3m（多在房间净空大于4.1m以上时），这种手法虽然加宽了小走道，但压缩了卫生间的空间。为了不减小卫生间的面积，可采用"视觉加宽"，即在小走道的立面上使用镜面或玻璃，利用其反射性或通透性来增加空间扩张的心理感受。使客人在经过小走道时的舒适度提高。还可以采用"空间交融"的方法，将小走道与卫生间的墙体处理成移动隔断，当卫生间不使用时，将移门打开，将卫生间的空间溶入到小走道的空间之中，来达到扩大空间的作用。由于移门的使用使得酒吧、衣柜等功能被转移到其他空间之中。

2. 卫生间

客房设计好了，整个酒店的设计将成功百分之八十；客房卫生间设计好了，客房的设计也成功了百分之八十。可见客房卫生间的重要性。我们将卫生间分成两个区：干区和湿区。四个功能：淋浴、浴缸、座便、洗手台。除了要满足上述功能外，最重要的是要方便使用，干湿区的分割要合理，卫生间内的流线设置要顺畅。

3. 卧房

卧房大致分为三个功能：睡眠、起居、工作。写字台作为商务酒店客房的主要设施之一，具有一种象征意义。工作区的写字柜台已不是过去单一的书写功能了，而是把电视机、音响、写字功能，小酒吧、保险箱、行李架组合在一起。把过去的单件构成一个整体，书写台的组合形式因尺度大，其款式、材质、颜色决定了整个房间的装修风格。

睡眠区是室内设计师下功夫最多的区域之一，最要紧的是床背板和床头柜的设计。无论形式上和材料上有什么样的变化创新，特别注意的就是要与写字台的款式和材料相吻合，设计元素要有联系。床垫规格尺寸、软硬度的要求直接体现出客房的舒适度，一般情况下的设置是较为中性，不软不硬。

近年来，客房内的起居功能设计有了较大的改变，上个世纪八、九十年代，这个区域往往是两个沙发加一个茶几，再配上一个落地灯。而今则更多地强调"商务"这个立意，沙发的布艺颜色、材质可以独出心裁地与房间内的其它布艺大不相同，甚至两件沙发的款式、布艺也各不相同，这非但不会破坏房间的整体感，反而更富有生气，更具有家庭感，客房的设计创新往往就是从这些摆件开始的。如果要说空间上有大的创意，那就是在客房的设计中增加了一个阳台，把室外空间拉入到室内来，突破了几十年来一成不变的客房空间感，打破封闭性。客房要将睡眠、工作、起居几个功能综合起来设计，在其中应容纳1~4人，同时可发生几项活动。设计师通过技术处理将一些功能区分隔或合并，来增加客房对不同客人的适用性。

8.2 绘制酒店客房平面图

在绘制建筑平面图时，不仅要能熟练应用AutoCAD软件，还要掌握一些重要的装饰布置概念，便于设计绘制平面图。

8.2.1 绘制酒店客房平面布置图

下面将介绍绘制酒店客房平面布置图的操作过程，其具体步骤如下。

Step 01 执行"格式>图层"命令，打开"图层特性管理器"面板，新建并设置"轴线"图层。

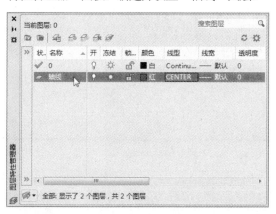

Step 02 继续创建新的图层并设置参数，将"轴线"图层设为当前层。

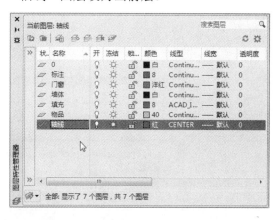

Step 03 依次执行"直线"和"偏移"命令，绘制水平和垂直的轴线，并进行偏移操作。

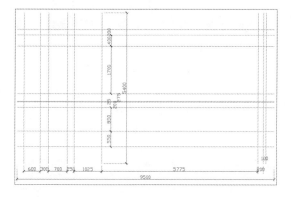

Step 04 选择所有轴线，执行"修改>特性"命令，在打开的面板中设置"线型比例"值为10。

Step 05 此时，轴线样式发生了变化，原本较为密实的虚线此时可以清晰地看到间距。

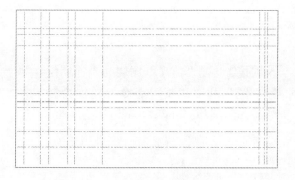

Step 06 设置"墙体"图层为当前图层。执行"格式>多线样式"命令，打开"多线样式"对话框，单击"修改"按钮。

Step 07 打开"修改多线样式"对话框，勾选"起点"和"端点"选项后，单击"确定"按钮。

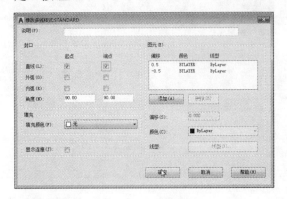

Step 09 执行"绘图>多线"命令，设置对正为无，分别设置比例为200mm和150mm，捕捉绘制主体墙体和卫生间墙体。

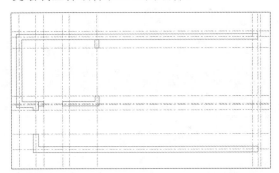

Step 11 执行"直线"命令，绘制直线来封闭窗户位置。

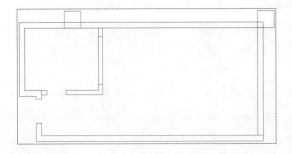

Step 13 设置内部的两条直线到"窗户"图层。

Step 08 返回到上一级对话框，在预览窗口中可以看到多线样式发生了变化，单击"确定"按钮完成多线样式的设置。

Step 10 在"图层特性管理器"面板中隐藏"轴线"图层。

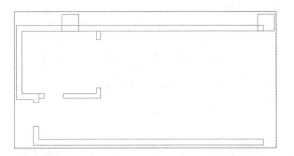

Step 12 执行"偏移"命令，将卫生间位置的直线向内各自偏移55mm，将另一处直线向内偏移80mm。

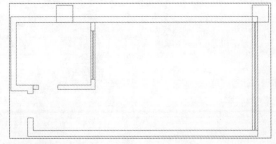

Step 14 设置"窗户"图层为当前图层，执行"圆"和"矩形"命令，捕捉绘制半径850mm的圆和850mm*40mm的矩形。

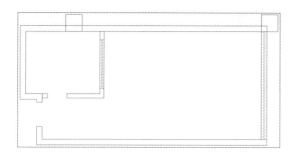

Step 15 执行"修剪"命令，制作出入户门图形。

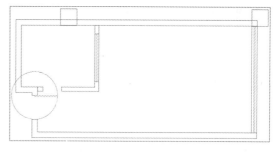

Step 16 按照同样的操作，制作卫生间的门图形。

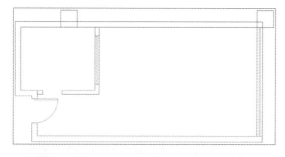

Step 17 执行"偏移"命令，偏移卫生间图形。

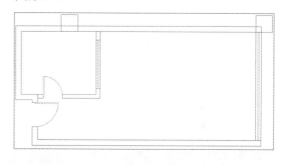

Step 18 执行"修剪"命令，修剪图形轮廓。

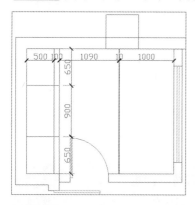

Step 19 执行"圆角"命令，设置圆角尺寸为50mm，对洗手台进行圆角操作，并为图形设置各自的图层。

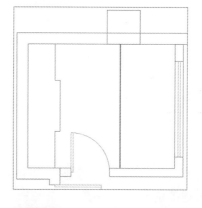

Step 20 执行"矩形"命令，创建300mm*400mm和100mm*50mm两个矩形。

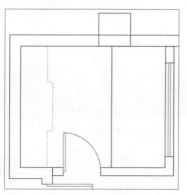

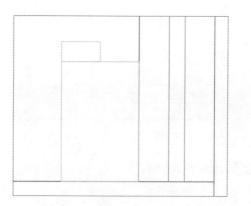

Step 21 执行"直线"命令，绘制交叉直线并设置颜色和线型。

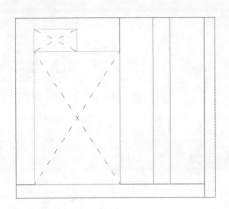

Step 22 执行"镜像"命令，将图形镜像到窗户的另一侧。

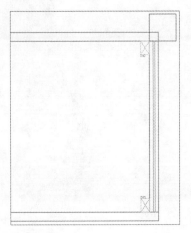

Step 23 执行"直线"命令，绘制直线，将两侧的图形连接起来。

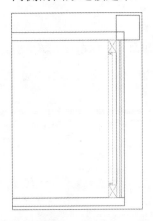

Step 24 执行"偏移"命令，将直线向右偏移20mm，并设置直线的颜色和线型。

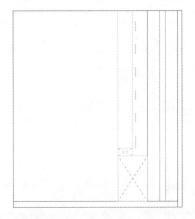

Step 25 执行"矩形"命令，绘制多个矩形，放置到合适的位置。

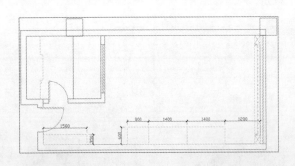

Step 26 将入口位置的矩形分解后，执行"偏移"命令，偏移图形。

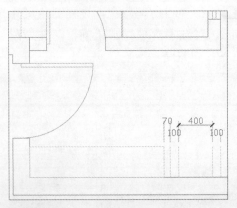

Step 27 继续执行"偏移"命令，将墙体轮廓线向上进行偏移。

Step 28 执行"修剪"命令，修剪出茶水台造型。

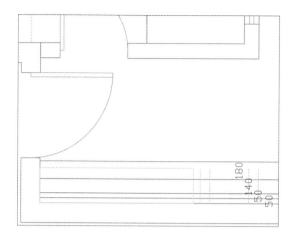

Step 29 执行"直线"命令，绘制辅助线并设置颜色和线型。

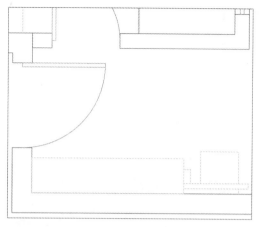

Step 30 执行"偏移"命令，将一个矩形向内偏移40mm。

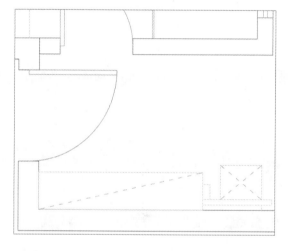

Step 31 执行"图案填充"命令，选择ANSI31图案，设置比例为20，选择内部的矩形并进行填充，然后设置内部矩形的颜色及线型。

Step 32 执行"插入>块"命令，在图形中插入单人床、休闲座椅、窗帘、电视机、马桶、洗手盆、淋浴图块，并放置到合适的位置。

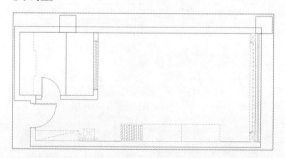

Step 33 执行"图案填充"命令，选择SOLID图案，填充柱子。

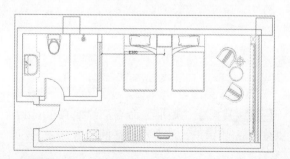

Step 34 打开"轴线"图层，执行"线性"标注命令，为平面图标注尺寸。

Chapter
01

Chapter
02

Chapter
03

Chapter
04

Chapter
05

Chapter
06

Chapter
07

Chapter
08

Chapter
09

Chapter
10

Chapter
11

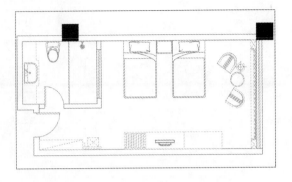

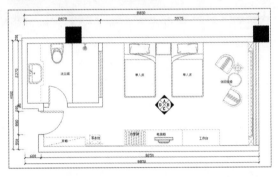

Step 35 关闭"轴线"图层,然后执行"多行文字"命令,为图形标注文字说明。

Step 36 最后为平面图添加立面图标识,完成整个平面布置图的绘制。

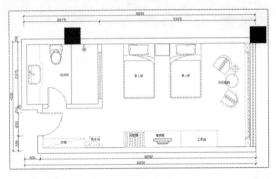

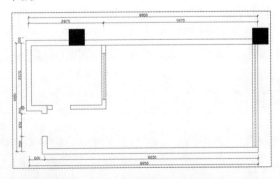

8.2.2 绘制酒店客房地面布置图

下面将介绍绘制酒店客房地面布置图的操作过程,具体步骤如下。

Step 01 复制平面布置图后,删除多余的图形。

Step 02 执行"直线"命令,绘制直线来区分功能区域。

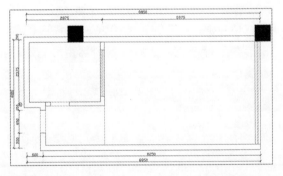

Step 03 执行"矩形"命令,绘制1250mm*800mm的矩形,放置在合适的位置。

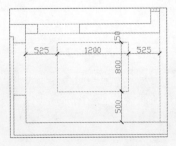

Step 04 执行"偏移"命令，将矩形向内依次偏移20mm、100mm、20mm。

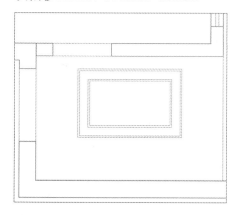

Step 06 执行"直线"命令，捕捉绘制直线。

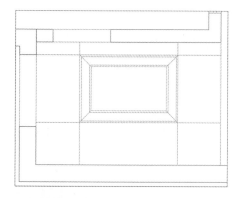

Step 08 继续执行"图案填充"命令，选择NET图案，设置比例为95，选择洗浴区域并进行填充。

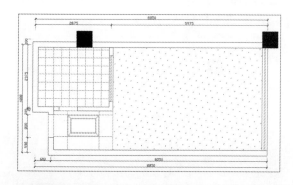

Step 10 继续执行"图案填充"命令，选择AR-CONC图案，设置比例为0.3，选择石材拼花区域并进行填充。

Step 05 执行"直线"命令，捕捉绘制角线。

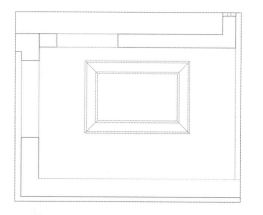

Step 07 执行"图案填充"命令，选择SWAMP图案，设置比例为10、角度为45，选择卧房区域并进行填充。

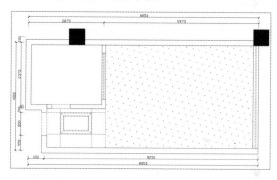

Step 09 继续执行"图案填充"命令，选择GRAVEL图案，设置比例为10，选择过门石区域并进行填充。

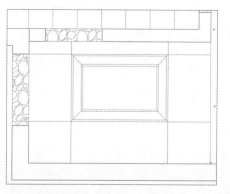

Step 11 最后，执行"多行文字"命令，为地面布置图增加地面材质说明，完成地面布置图的绘制。

Chapter 01
Chapter 02
Chapter 03
Chapter 04
Chapter 05
Chapter 06
Chapter 07
Chapter 08
Chapter 09
Chapter 10
Chapter 11

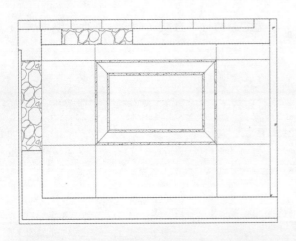
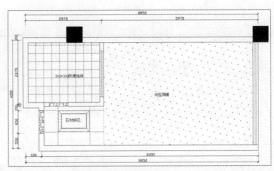

8.2.3 绘制酒店客房顶棚布置图

下面将介绍绘制酒店餐厅顶棚布置图的操作过程，其具体步骤如下。

Step 01 复制客房平面布置图，删除家具图块、文字说明等图形后，执行"直线"命令，绘制直线封闭门洞。

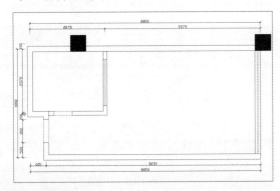

Step 02 执行"偏移"命令，将窗户位置的直线向左依次偏移5400mm、50mm。

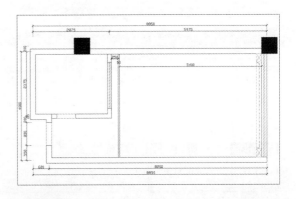

Step 03 执行"特性匹配"命令，将窗户位置的灯带图形特性匹配到新偏移的图形上。

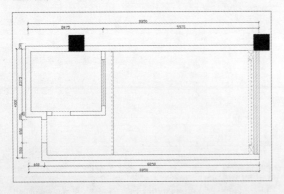

Step 04 执行"插入"命令，插入射灯图块，并放置到合适的位置。

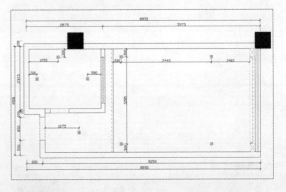

Step 05 为顶棚布置图添加标高，明确顶部各位置的高度。

Step 06 在命令行中输入ql命令，为图形添加引线标注，完成客房顶棚布置图的绘制。

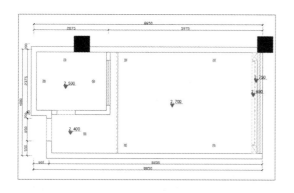 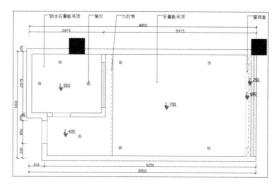

8.3 绘制酒店客房立面图

　　客房立面图的绘制主要包括餐厅小包厢立面图、大包厢立面图、休息区立面图和迎宾墙立面图等，具体操作过程如下。

8.3.1 绘制酒店客房A立面图

　　下面将介绍绘制酒店客房A立面图的操作过程，具体步骤如下。

Step 01 依次执行"直线"和"偏移"命令，绘制直线并进行偏移操作。

Step 02 执行"修剪"命令，修剪多余的图形。

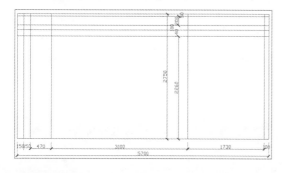 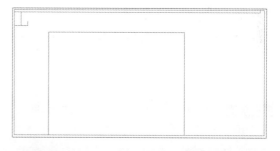

Step 03 执行"矩形"和"直线"命令，绘制100mm*50mm的矩形及直线。

Step 04 执行"直线"命令，捕捉绘制多条直线。

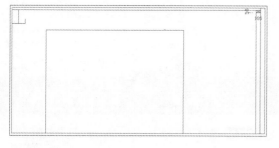 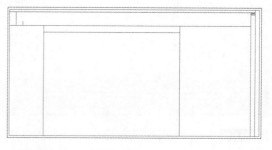

Step 05 执行"偏移"命令，将横向和竖向的直线都进行偏移操作。

Step 06 执行"修剪"命令，对图形执行修剪操作。

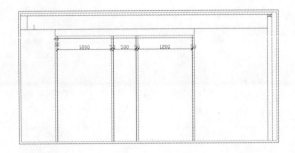

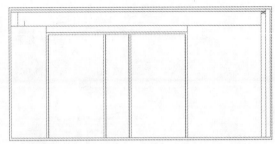

🔧 Step 07 执行"偏移"命令，再次偏移图形。

🔧 Step 08 执行"修剪"命令，修剪图形。

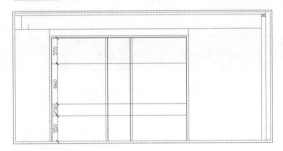

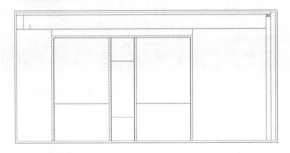

🔧 Step 09 利用"定数等分"和"直线"命令，将两块区域等分成五份。

🔧 Step 10 执行"偏移"和"修剪"命令，绘制120mm高踢脚线后，绘制背景墙两侧的对角线。

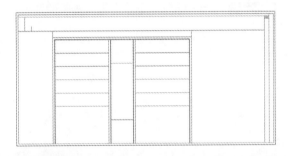

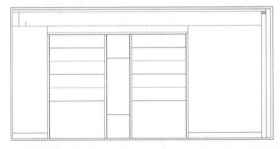

🔧 Step 11 执行"插入"命令，在图形中插入单人床、灯具、茶几、插座等图块，然后调整到合适的位置。

🔧 Step 12 调整图形中各个线条的颜色和线型。

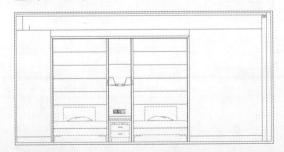

🔧 Step 13 执行"图案填充"命令，选择ANSI31图案，设置比例为15，选择顶部区域并进行填充。

🔧 Step 14 执行"图案填充"命令，选择CROSS图案，设置比例为10，选择墙面壁纸区域并进行填充。

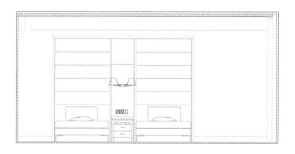

Step 15 执行"图案填充"命令，选择ANSI31图案，设置比例为10、角度为45，选择背景墙木制作区域并进行填充。

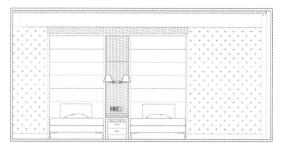

Step 17 执行"线性标注"命令，对图形进行尺寸标注。

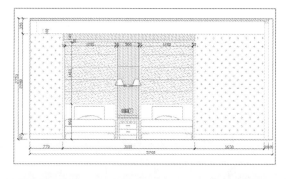

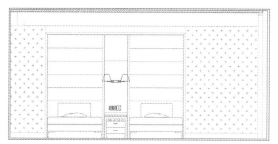

Step 16 执行"图案填充"命令，选择AR-SAND图案，设置比例为1，选择背景墙软包区域并进行填充。

Step 18 在命令行中输入ql命令，进行引线标注，完成立面图的绘制。

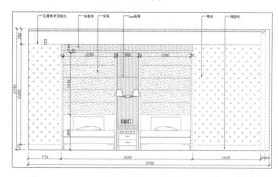

8.3.2 绘制酒店客房C立面图

下面将介绍绘制酒店客房C立面图的操作过程，具体步骤如下。

Step 01 执行"直线"和"偏移"命令，绘制长方形并执行偏移操作。

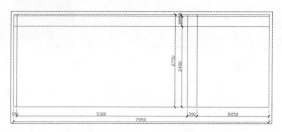

Step 02 执行"修剪"命令，修剪出墙面的大概轮廓。

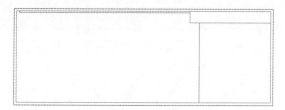

Step 03 执行"偏移"命令，偏移横向和纵向的图形。

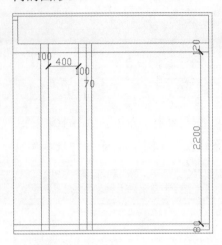

Step 04 执行"修剪"命令，修剪图形。

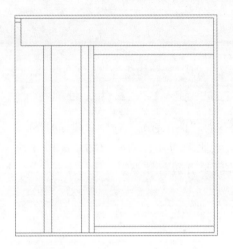

Step 05 执行"矩形"和"偏移"命令，捕捉绘制矩形，并依此向内偏移100mm、5mm。

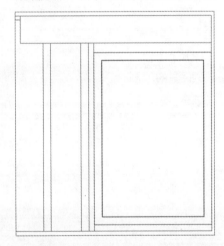

Step 06 执行"直线"命令，捕捉绘制对角线和中线。

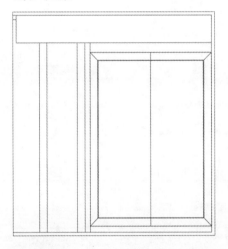

Step 07 执行"偏移"命令，将图形向下偏移。

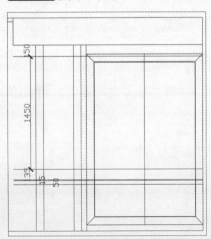

Step 08 执行"修剪"命令，修剪多出的图形。

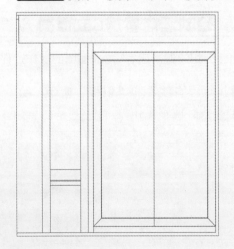

Step 09 执行"矩形"和"偏移"命令，捕捉绘制矩形并向内偏移10mm。

Step 10 执行"多段线"命令，捕捉绘制一条U形多段线，再将其向内偏移40mm。

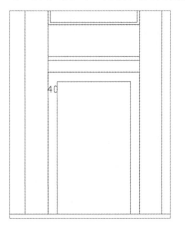

Step 11 删除外侧的多段线，将内部的多段线分解，执行"偏移"命令，偏移图形。

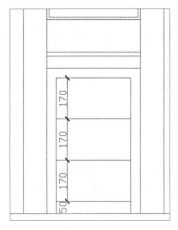

Step 12 执行"矩形"命令，绘制260mm*30mm的矩形，居中放置到合适的位置。

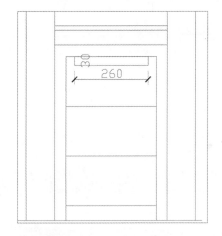

Step 13 执行"圆角"命令，设置圆角尺寸为10mm，对矩形的两个角执行圆角操作，再将图形向下复制。

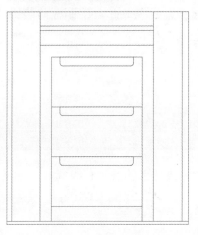

Step 14 执行"偏移"命令，将边线向内偏移50mm，并修改颜色及线型，作为灯带。

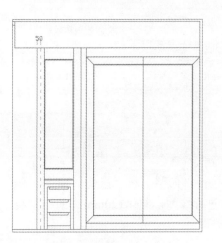

Chapter 01
Chapter 02
Chapter 03
Chapter 04
Chapter 05
Chapter 06
Chapter 07
Chapter 08
Chapter 09
Chapter 10
Chapter 11

Step 15 执行"偏移"命令，偏移图形。

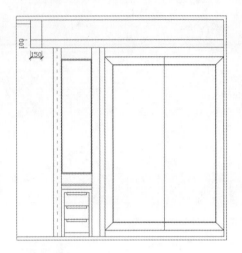

Step 16 执行"修剪"、"延伸"等命令，制作出灯槽造型。

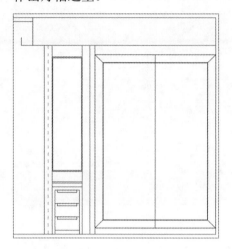

Step 17 执行"矩形"和"直线"命令，绘制100mm*50mm的矩形，再捕捉绘制直线，绘制出窗套轮廓。

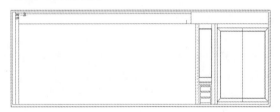

Step 18 执行"偏移"命令，偏移图形。

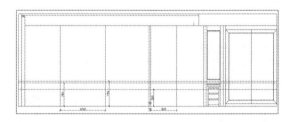

Step 19 执行"修剪"命令，修剪图形轮廓。

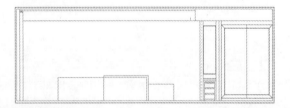

Step 20 执行"偏移"命令，偏移图形。

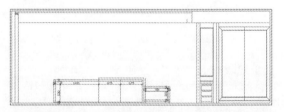

Step 21 执行"修剪"命令，修剪出工作台、电视柜和行李架造型。

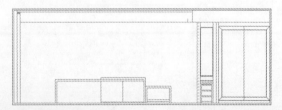

Step 22 执行"直线"命令，绘制柜门装饰线，调整颜色及线型。

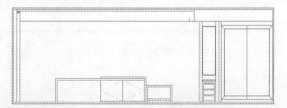

Step 23 执行"偏移"和"修剪"命令，偏移图形并进行修剪，制作120mm高的踢脚线造型。

Step 24 然后修改图形的颜色和线型。

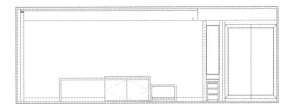

Step 25 执行"矩形"命令，绘制两个叠加的矩形，放置在工作台位置。

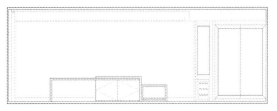

Step 26 执行"修剪"和"圆角"命令，修剪被覆盖的踢脚线，再对矩形进行圆角操作，圆角尺寸为20mm。

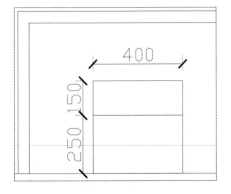

Step 27 执行"插入"命令，为立面图插入电视机、台灯、装饰画图块，然后放置到合适的位置。

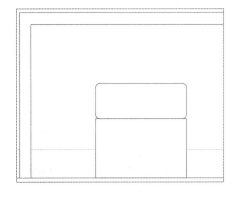

Step 28 执行"图案填充"命令，选择ANSI31图案，设置比例为15，选择顶部区域并进行填充。

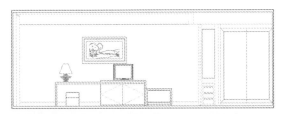

Step 29 执行"图案填充"命令，选择CROSS图案，设置比例为15、角度为45，选择墙面区域并进行填充。

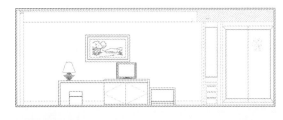

Step 30 执行"矩形"命令，绘制20mm*80mm的矩形，作为衣柜门拉手。

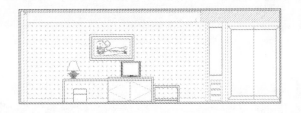

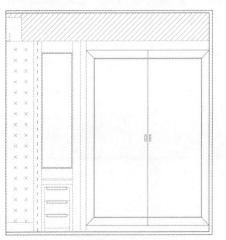

Step 31 执行"图案填充"命令，选择ANSI31图案，设置比例为10，填充墙面木质造型。

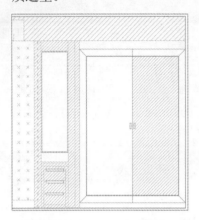

Step 32 继续选择ANSI31图案，设置比例为10、角度为90，填充墙面木质造型。

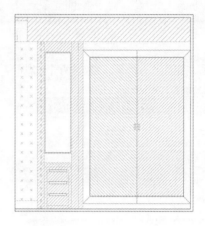

Step 33 执行"图案填充"命令，选择AR-RROOF图案，设置比例为10、角度为45，填充镜子造型。

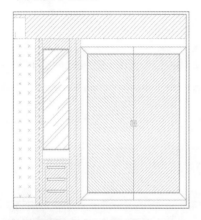

Step 34 在同样的区域，选择AR-CONC图案，设置比例为2并进行填充。

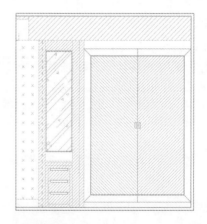

Step 35 执行"图案填充"命令，选择AR-SAND图案，设置比例为1、颜色为黑色，填充镜子下方区域。

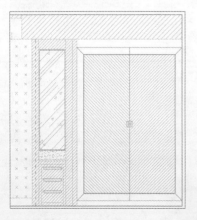

Step 36 执行"线性"命令标注，为图形标注尺寸。

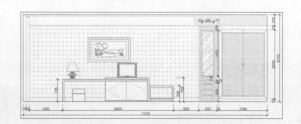

Step 37 在命令行中输入ql命令，添加引线标注，标明图中的材质，完成客房C立面图的绘制。

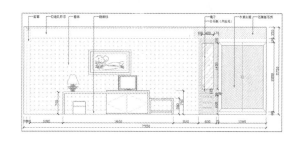

8.3.3 绘制酒店客房D立面图

下面将介绍绘制酒店客房D立面图的操作过程，具体步骤如下。

Step 01 执行"直线"和"偏移"命令，绘制长方形并执行偏移操作。

Step 02 执行"修剪"命令，修剪图形。

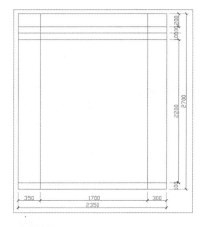

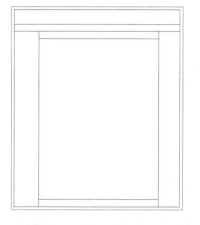

Step 03 然后修改图形的颜色及线型。

Step 04 执行"图案填充"命令，选择ANSI31图案，设置比例为10、角度为45，填充墙面区域。

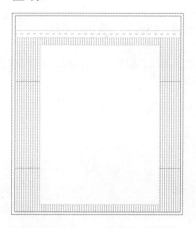

Step 05 执行"图案填充"命令，选择AR-RROOF图案，设置比例为15、角度为45，填充窗户玻璃区域。

Step 06 执行"线性"标注命令，为图形标注尺寸。

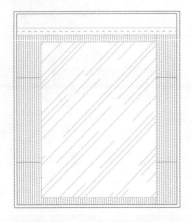

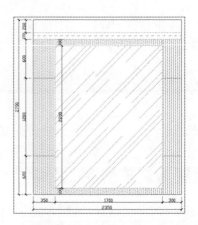

Step 07 在命令行中输入ql命令，添加引线标注，标明图中的材质，完成客房D立面图的绘制。

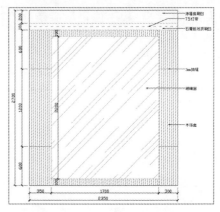

8.4 绘制酒店客房剖面图

　　剖面图主要表现一些设计细节，有了剖面图，施工人员可按照图纸尺寸进行相应的操作。下面将介绍酒店的服务台剖面图、漫反射槽剖面图、大包走廊装饰墙剖面图以及楼梯节点图的绘制方法。

8.4.1 绘制吊顶灯槽剖面图

　　下面将介绍洗浴间墙外顶部灯槽区域剖面图的绘制方法，具体操作步骤如下。

Step 01 执行"直线"和"偏移"命令，绘制并偏移图形。

Step 02 执行"修剪"命令，修剪多余的线段。

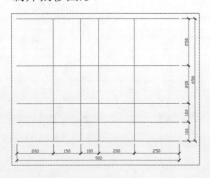

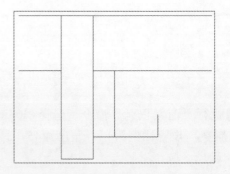

Step 03 执行"直线"命令，居中绘制间隔为10mm的两条直线。

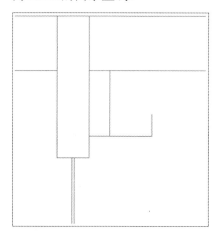

Step 04 执行"偏移"命令，将直线依次向内偏移3mm、15mm。

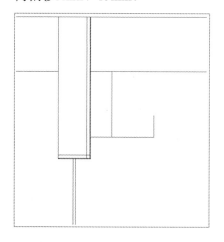

Step 05 执行"圆"命令，捕捉绘制一个正圆图形。

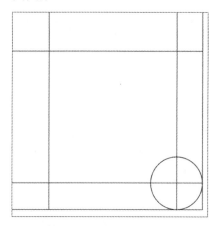

Step 06 执行"修剪"命令，修剪图形。

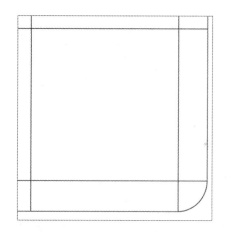

Step 07 执行"偏移"命令，偏移图形，绘制12mm厚的石膏板、15mm厚的木工板和30mm厚的龙骨。

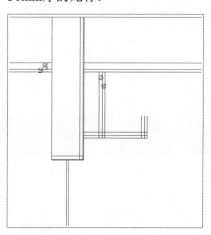

Step 08 执行"延伸"命令，向上延伸图形。

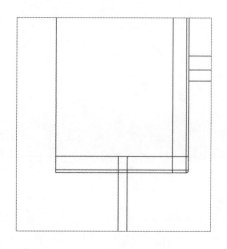

Step 09 依次执行"偏移"、"延伸"、"修剪"等命令，继续绘制图形。

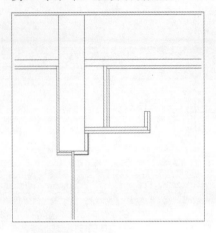

Step 11 执行"插入"命令，插入吊筋、灯具图块。

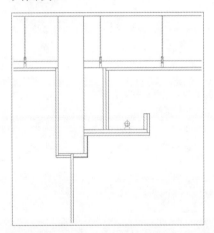

Step 13 执行"图案填充"命令，选择ANSI31图案，设置比例为4，填充墙体位置。

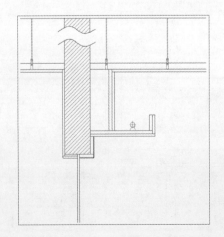

Step 10 执行"圆角"命令，设置圆角尺寸为5mm，对左侧的图形执行圆角操作。

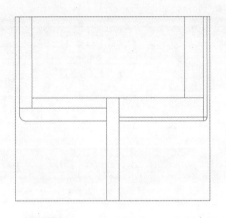

Step 12 绘制样条曲线并进行复制后，执行"修剪"命令，修剪图形。

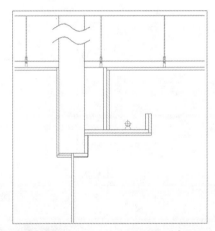

Step 14 执行"图案填充"命令，选择AR-CONC图案，设置比例为0.5，再次填充墙体位置。

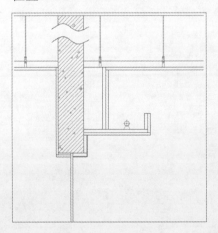

🔧**Step 15** 执行"图案填充"命令，选择CORK图案，设置比例为2，填充木工板位置。

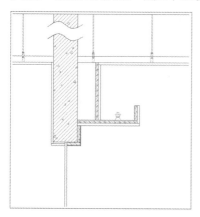

🔧**Step 16** 修改图形颜色后，执行"线性"标注命令，为图形添加尺寸标注。

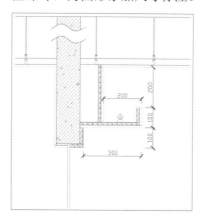

🔧**Step 17** 最后添加引线标注，完成吊顶灯槽剖面图的绘制。

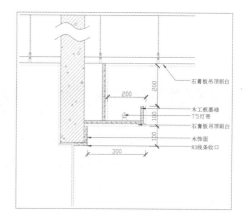

8.4.2 绘制茶水台剖面图

下面将介绍绘制茶水台剖面图的方法，具体操作步骤如下。

🔧**Step 01** 单独复制出茶水台立面图图形。

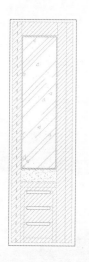

🔧**Step 02** 执行"直线"命令，捕捉连接立面图形绘制直线。

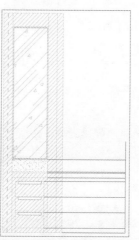

Step 03 执行"偏移"命令，将竖直线向左侧依次偏移50mm、50mm、320mm。

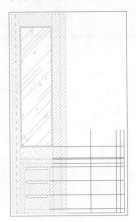

Step 04 执行"修剪"命令，修剪图形后，删除多余的图形。

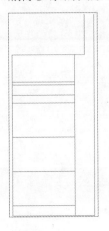

Step 05 再次执行"偏移"命令，偏移图形。

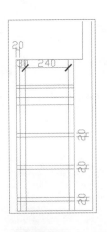

Step 06 执行"偏移"命令，偏移出5mm厚的镜子、3mm厚的木饰面、15mm的木工板以及5mm的抽屉缝隙。

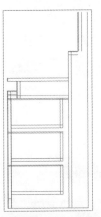

Step 07 执行"修剪"命令，修剪出台面及抽屉造型。

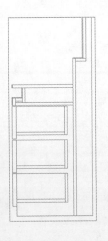

Step 08 执行"矩形"和"直线"命令，绘制20mm*25mm的矩形及交叉直线，作为木龙骨。

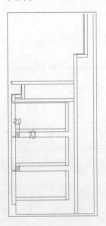

Step 09 执行"偏移"命令，偏移3mm厚的木饰面和15mm厚的木工板。

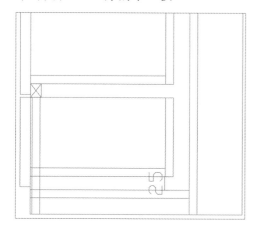

Step 10 执行"修剪"命令，修剪图形，再绘制20mm*30mm的木龙骨。

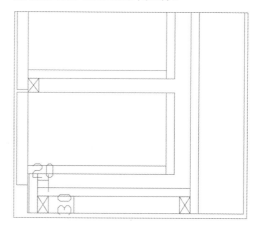

Step 11 分别绘制320mm*5mm和130mm*5mm的两个矩形作为云石板。

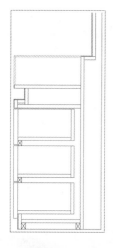

Step 12 执行"偏移"命令，偏移图形。

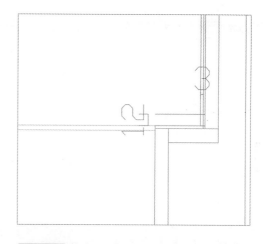

Step 13 执行"直线"和"修剪"命令，制作出镜面的车边效果。

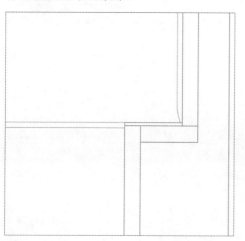

Step 14 执行"矩形"命令，绘制150mm*8mm的矩形作为节能灯。

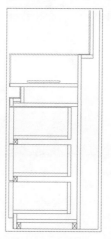

Step 15 执行"图案填充"命令，选择CORK 图案，设置比例为2，填充木工板位置。

Step 16 执行"图案填充"命令，选择 ANSI31图案，设置比例为1，填充抽屉门板 位置。

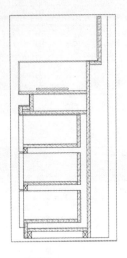

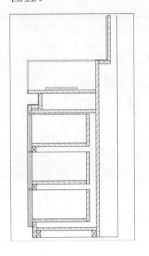

Step 17 利用"直线"和"圆"命令，绘制 抽屉的轨道图形，并进行复制。

Step 18 执行"线性"标注命令，为图形标 注尺寸。

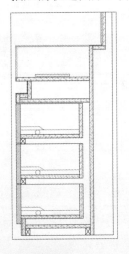

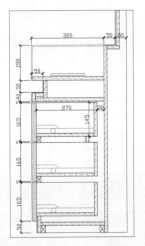

Step 19 在命令行中输入ql命令，为图形标 注引线说明，完成茶水台剖面图的绘制。

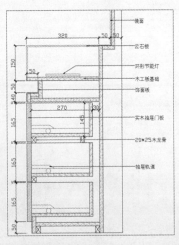

行业应用向导　室内灯具的搭配技巧

灯光布置最忌讳混乱和复杂，如果混用射灯、筒灯、花灯、吊灯、壁灯等，会让人眼花缭乱，影响居住心情。好的室内光环境的营造，需要前期良好的策划。

1 玄关

进入室内后，玄关会给人留下第一印象，此处灯光要明亮，灯具要安置在进门处和深入室内空间的交界处，在柜上或墙上设灯，会使门厅内有宽阔感。吸顶灯搭配壁灯或射灯，优雅和谐。而感应式的灯具系统，可解决回家摸黑入室的不便。

2 走廊

走廊内的照明应安置在房间的出入口、壁橱处，特别是楼梯起步和方向性位置，楼梯照明要明亮，避免踏空危险。走廊要有充足的光线，可使用带有调光装置的灯光，以便随时调整灯光强弱。紧急照明的设备也不可缺少，防止停电，以备不时之需。

3 客厅

客厅灯具风格是主人品位的重要表现，因此客厅照明灯具应与其他家具相协调，营造良好的会客环境和家居气氛。如果客厅较大，层高在3m以上，宜选择大一些的多头吊灯。明亮且引人注目的吊灯，会对客厅的整体风格产生很大影响。对于高度较低、面积较小的客厅，应该选择吸顶灯，光源距地面2.3m左右，照明效果最好，如果房高只有2.5m左右，灯具本身高度应该控制在20cm左右，厚度小的吸顶灯可达到良好的整体照明效果。射灯能营造出独特的环境，可安置在吊灯四周或家具上方，让光线直接照射在需要强调的物品上，达到重点突出，层次丰富的艺术效果。

4 卧室

卧室是人们休息的私人空间，应选择眩光少的深罩型、半透明型灯具，在入口和床旁边共设置三个开关。灯光的颜色最好是橘色、淡黄色等中性色或暖色，有助于营造舒适温馨的氛围。除了选择主灯外，还应有台灯、地灯、壁灯等，以起到局部照明和装饰美化的作用。

5 书房

书房中除了布置台灯外，还要设置一般照明，减少室内亮度对比，避免疲劳。书房照明主要满足阅读、写作之需，需要考虑灯光的功能性，光线要柔和明亮，避免眩光，样式简单大方即可。

6 餐厅

餐厅的局部照明要采用悬挂灯具，方便用餐。同时还要设置一般照明，使整个房间有一定的明亮度。柔和的黄色光，可以使餐桌上的菜肴看起来更加美味，增添家庭团聚的气氛和情调。

7 卫生间

卫生间需要明亮柔和的光线，顶灯应避免接装在浴缸上部。由于卫生间内的湿度较大，灯具应选用防潮型的，以塑料或玻璃材质为佳，灯罩也宜选用密封式，优先考虑一触即亮的光源。可用防水吸顶灯为主灯，射灯为辅等，也可以直接使用多个射灯从不同角度照射，给浴室带来丰富的层次感。

Chapter 01

Chapter 02

Chapter 03

Chapter 04

Chapter 05

Chapter 06

Chapter 07

Chapter 08

Chapter 09

Chapter 10

Chapter 11

秒杀工程疑惑

Q 地板安装完成后有裂缝怎么办？

A 实木地板本身水分就比较大，如果出现裂缝很难修复，建议将原有木地板拆除重装。

Q 雨季装修应该注意什么？

A 注意材料的防潮处理。工艺方面应谨慎处理，如油漆、墙衬，第二道工序必须在上一道工序的施工面完全干透才能进行。雨天避免刷清油，注意防止雨水淋湿室内成品与半成品。

Q 露天阳台如何做防水处理？

A 采用三油两毡的施工方法，即先刷一层聚氨酯，铺一层油毡，再刷一次聚氨酯，再铺一次油毡，最后再刷一次稍厚的聚氨酯。油毡一定要注意搭接，接口朝向流水的一面，油毡的非流水一侧应向上翻15公分到20公分。

Q 为什么洗面盆下水处会返异味？

A 装修完工的卫生间，其面盆位置经常会移到与下水入口相错的地方，买面盆时佩戴的下水管往往难以直接使用。安装工人为图省事，一般不做S弯，造成洗面盆与下水管道的直通，异味就从下水道返上来。

Q 如何区分装修队的好坏？

A 看木工，油漆手感是否光滑平整，木线、框等的粘和是否完整无缝并无胶溢出痕迹，门封上下左右是否均匀；看刷漆，整体是否平整，有无小坑流痕等；看贴砖，是否平整，转四角是否在同一个平面，敲看有无空鼓，看墙缝处是否有小孔小缝。其实小的细节还有很多，建议签正规的装修合同。

Q 如何选择合适自己的家具？

A 家具的选择要搭配装修风格。如果基础装修是家装的骨架，那么家具就是在为家装塑造外形和美容。公共区域选择家具时要以大局为观，细节做点缀。厨卫洁具和厨具的选择要围绕清新实用的原则，卧室重在把握温馨安宁。在色彩搭配上做到和谐。把握好这几点，房间一定呈现出很好的效果。

Q 小餐厅的吧台尺寸多少比较合适？

A 吧台一般高度为1100mm，和吧椅高度正好匹配。宽度在400mm左右。注意台面下要留有一定的空间放腿。

Chapter 09

办公空间
设计方案

办公空间是工作生活的场所，通过合理的设计，可以为人们提供一个良好的工作环境，真正满足办公人员的心理和生理需求。本章将介绍办公空间设计技巧与施工图绘制的方法，将运用AutoCAD软件绘制办公空间设计图纸，其中包括户型图、平面布置图、顶棚布置图、地面布置图、各墙体立面图以及多个剖面详图等。

01 学完本章内容您可以

1. 了解办公空间的设计技巧及要点
2. 掌握平面和各立面图纸的绘制
3. 掌握剖面及详图的绘制方法
4. 了解办公空间的整体布局

02 内容图例链接

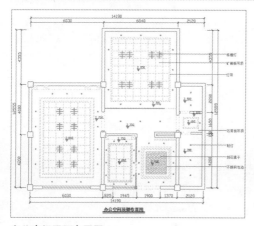

办公空间平面布置图

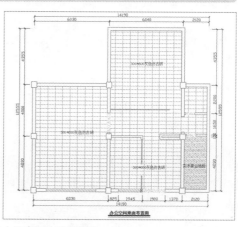

办公空间地面布置图

9.1 办公空间设计布局和原则

办公空间设计不仅仅包括办公室的设计，还包括整个公司所有人和机器等活动范围的设计。办公空间的布局设计不一定要具有非常高的艺术性，但是一定要保证人员的生命安全和精神安全。

9.1.1 办公空间设计分类

办公空间绝不仅是指办公室之类的孤立空间，还包括供机关、商业、企事业单位等办理行政事物和从事业务活动的办公环境系统。因此，办公空间设计包含的内容十分丰富，办公室设计所需要考虑的因素也较为复杂，为了更好地把握办公室设计中的规律，首先需进行简单的分类。

1. 以业务性质分类

从办公空间的业务性质来看，目前有以下三类。

- **行政办公空间**：即党政机关、人民团体、事业单位、工矿企业的办公空间。
- **商业办公空间**：即商业和服务业单位的办公空间，其装饰风格往往带有行业窗口性质，以与企业形象统一的风格设计作为办公空间的形象。
- **综合性办公空间**：即以办公空间为主，同时包含服务业、旅游业、工商业等。

2. 以布局形式分类

办公空间以布局形式分类，可分为以下几种。

- **单间式办公空间**：即以部门或性质为单位，分别安排在不同大小和形状的房间之中。
- **单元型办公空间**：即在办公楼中，除晒图、文印、资料展示等服务用房为大家共同使用之外，其他的空间具有相对独立的办公功能。
- **公寓型办公空间**：即以公寓型办公室设计空间为主体的组合办公楼，也称办公公寓楼或商住楼。
- **开敞式办公空间**：即将若干个部门置于一个大空间中，而每个办公台通常又用矮挡板分隔，便于大家联系却又可以相互监督。
- **景观办公空间**：其特点是在空间布局上创造出一种非理性的、自然而然的，具有宽容、自在心态的空间形式，即"人性化"的空间环境。这种布局形式通常采用不规则的桌子摆放方式，室内色彩以和谐、淡雅为主，并用盆栽植物、高度较矮的屏风、橱柜等进行空间分隔。

工程师点拨

打造绿色办公空间

一些写字楼里的办公空间因为条件的限制，不能充分接触到大自然与阳光，此时创建绿色生态办公环境、引入绿色植物更加重要。利用绿色植物物结合园林设计的手法，组织、完善、美化室内空间，使人与环境变得和谐协调，不失为一种时尚的办公室设计风格。植物拥有自然的曲线、丰富的色彩、柔和的质感以及飘逸的神韵，这些因素柔化了室内造型的生硬感，更赋予了空间蓬勃的生机和活力。

9.1.2 各办公区域设计要素

办公空间设计作为庞大的系统性设计，要考虑的问题是多方面的，除了空间内的各相关区域设计及元素必须高度统一，还要了解空间内人员的关系。通常，办公室装修区域设计的布局序列是公共区、工作区域、服务用房、领导办公室等。

1. 公共区域设计

公共区域包括前厅、走廊、等候室、会议室、接待室、展厅、员工休息室和茶水间等，如右图所示。

（1）前厅

这是给访客第一印象的地方，装修应有所考究，基本组成有背景墙、服务台、等候区或接待区等。在做办公室设计时，应根据机构的运行管理模式和现场空间形态决定是否设置服务台。若不设置，则必须有独立的路线，使访客能够自行找到要去往区域的路线。

（2）会议室

会议室按照可容纳的人数，可分为大型会议室、中型会议室和小型会议室，往往根据对内或对外不同需求进行平面位置分布。会议室兼顾了对外与客户沟通和对内召开机构会议的双重功能，因此在强弱电设计时，地面及墙面应预留足够数量的插座、网线；灯光应分路控制或为可调节光；根据客户的要求考虑应设麦克风、视频会议系统等特殊功能。

（3）接待室

接待室是洽谈和访客等待的地方，往往也是展示产品和宣传公司形象的场所，装修应有特色，面积则不宜过大，通常面积在十几至几十平方米之间，家具可选用沙发茶几组合，也可用桌椅组合，必要时可两者共用。

（4）展厅

展厅是很多机构对外展示机构形象或对内进行文化宣传、增强企业凝聚力的地方。具体位置应设立在便于外部参观的动线上，避免阳光直射而尽量用灯光做照明，也可以充分利用前厅接待、大会议室、公共走廊等公共空间的剩余面积或墙面作为展示。

除了上述介绍的区域外，还有休息室、茶水间等供员工午休或休闲喝茶与沟通的空间，在功能上要具备基本的沙发、茶几、凳子等，在色彩的选择上要温馨，给员工一个充分休息的空间，色彩不宜太冷。

2. 工作区域设计

工作区属办公空间主体结构，以类型分，可为独立单间式、开放式工作区；以性质分，可分为领导、市场、人事、财务、IT等部门。

独立单间式办公室一般按职位等级分为普通单间和套间式。一般而言，单间普通办公室实际面积不宜小于10㎡。开放工作区内根据职位级别和功能需求，又可分为标准办公单元、半封闭式主管级工作单元、配套的文件柜以及供临时交谈用的小型洽谈或接待区等。普通级别的文案处理人员的标准人均使用面积3.5㎡，高级行政主管的标准面积至少6.5㎡，专业设计绘图人员则需5㎡。

员工办公空间设计应根据工作需要、部门人数并参考建筑结构设定面积和位置。首先应平衡各室之间的大关系，然后再作室内安排。此外，要注意人和家具、设备、空间、通道的关系，确保使用方便、合理、安全。办公台多为平行垂直方向摆设。大的办公空间，做整齐的斜向排列也颇有新意，但要注意使用方便和与整体风格协调，如右图所示。

3. 其他服务用房设计

常见的服务用房包括档案室、资料室、图书室、复印/打印室以及机房等，这些服务用房应采取防火、防潮、防尘等处理措施，并保持通风，采用易清洁的墙、地面材料。需要说明的是，档案室、资料室应根据公司所提供的资料数量来进行面积计算，位置尽可能安放在不太重要的角落内。空间尺寸应考虑未来存放资料的数量，以最合理有效的空间放置设施。

9.2 绘制办公空间平面图

在绘制建筑平面图时，不仅要熟练运用AutoCAD软件，还要掌握一些重要的装饰布置概念，便于设计和绘制。

9.2.1 绘制办公空间平面户型图

下面将利用"矩形"、"多线"等命令，绘制办公空间户型图，其具体操作步骤如下。

Step 01 执行"格式>图层>"命令，打开"图层特性管理器"面板，新建并设置"轴线"和"墙体"图层，设置"轴线"图层为当前图层。

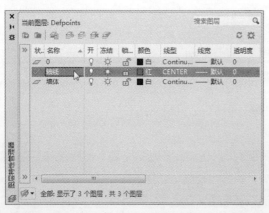

Step 02 执行"直线"命令，绘制垂直交叉的直线。执行"偏移"命令，对直线进行偏移。

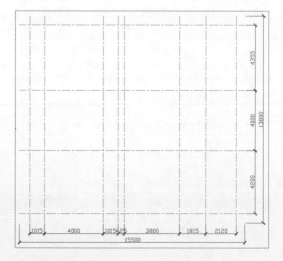

Step 03 将"墙体"图层设置为当前图层，执行"矩形"命令，绘制450mm*450mm的矩形，然后进行复制并放在合适的位置。

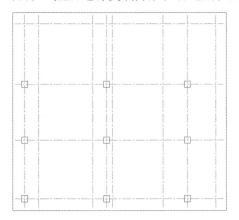

Step 05 打开"修改多线样式"对话框，勾选"直线"的"起点"和"端点"复选框，单击"确定"按钮。

Step 07 执行"多线"命令，设置对正方式为无、比例为240，捕捉绘制多线。

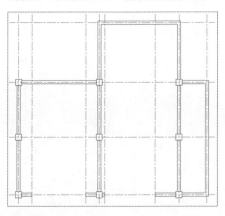

Step 04 执行"格式>多线样式"命令，打开"多线样式"对话框，单击"修改"按钮。

Step 06 返回到上一级对话框，在预览框中可以看到修改后的多线样式，单击"确定"按钮完成多线样式的设置。

Step 08 打开"图层特性管理器"面板，关闭"轴线"图层。

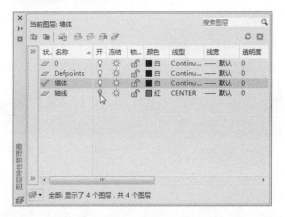

Step 09 关闭"轴线"图层后，可以看到办公空间平面户型图的轮廓。

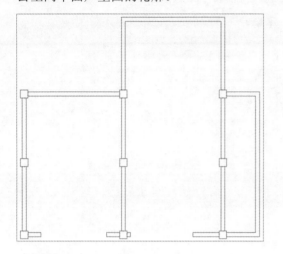

Step 10 执行"直线"和"偏移"命令，捕捉绘制直线并对直线执行偏移操作。

Step 11 执行"直线"和"偏移"命令，绘制直线并偏移出门洞尺寸。

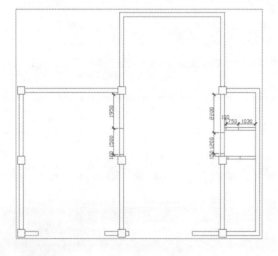

Step 12 执行"修剪"命令，修剪出门洞图形。

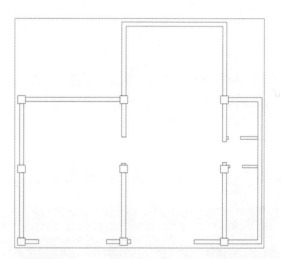

Step 13 打开"多线样式"对话框，新建多线样式。

Step 14 在"新建多线样式"对话框中创建新的图元，并设置颜色为洋红，单击"确定"按钮。

Step 15 返回到上一级对话框，可以看到该样式的预览效果，将该样式设置为当前，单击"确定"按钮。

Step 16 执行"多线"命令，设置多线比例为1，捕捉绘制多线。

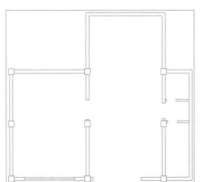

Step 17 执行"线性"标注命令，为图形添加尺寸标注，完成户型图的绘制。

Step 18 最后为图形添加图纸说明。

9.2.2 绘制办公空间平面布置图

下面将利用"多线"、"偏移"、"修剪"等命令，绘制办公空间布置图，其具体操作步骤如下。

Step 01 修改办公空间平面户型图图纸说明文字为"办公空间平面布置图"，打开"轴线"图层。

Step 02 执行"偏移"命令，偏移轴线。

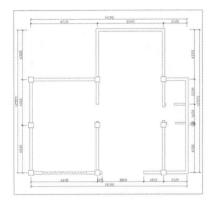

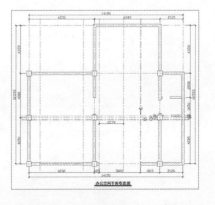

Step 03 打开"多线样式"对话框,设置STAN-DARD为当前样式,单击"确定"按钮。

Step 04 执行"多线"命令,设置比例为150mm,捕捉绘制多线。再执行"拉伸"命令,拉伸入口处的墙体。

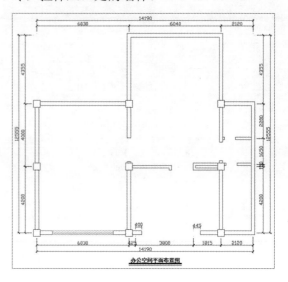

Step 05 切换多线样式,绘制一段多线。然后利用"矩形"和"直线"命令,绘制图形。

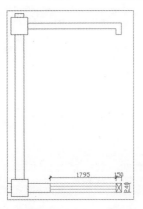

Step 06 执行"直线"命令,绘制直线并进行偏移,间距为20mm。

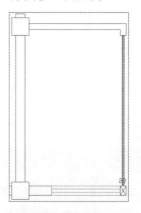

Step 07 执行"直线"和"修剪"命令,绘制出门洞图形。

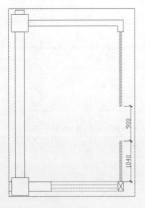

Step 08 利用同样的操作方法,绘制另一处的隔断和门洞图形。

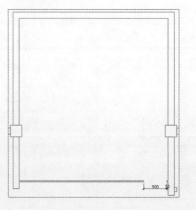

Step 09 利用"矩形"、"圆"和"修剪"命令，绘制多个门图形，并调整尺寸线。

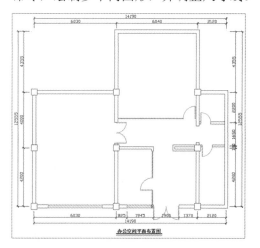

Step 10 执行"直线"命令，绘制门洞辅助线，并设置线型和颜色。

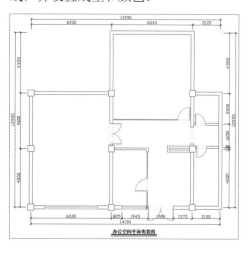

Step 11 执行"矩形"、"偏移"和"直线"命令，绘制矩形并调整到合适的位置，再偏移图形，绘制装饰直线。

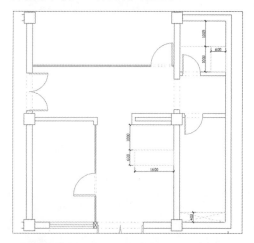

Step 12 执行"插入>块"命令，在平面布置图中插入桌椅、蹲便器、洗手盆、美容床等图块。

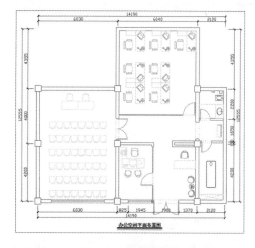

Step 13 最后为平面布置图添加办公分区文字说明，完成平面布置图的绘制。

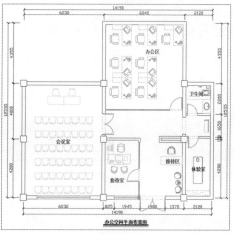

9.2.3 绘制办公空间顶棚布置图

下面将利用矩形、偏移、图案填充等命令绘制办公空间顶棚布置图，其具体操作步骤如下。

Step 01 复制平面布置图，删除家具图块和其他多余图形，并修改图纸说明。

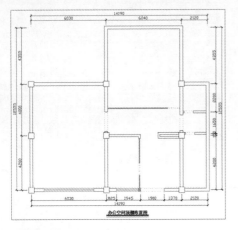

Step 02 执行"矩形"和"直线"命令，绘制墙面造型。

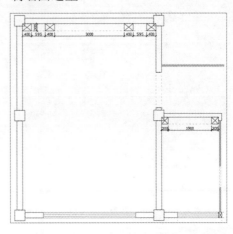

Step 03 执行"矩形"、"偏移"命令，捕捉各区域绘制矩形，并将其向内部进行偏移。

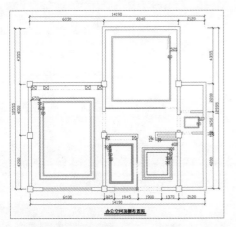

Step 04 设置吊顶图形的颜色和线型。

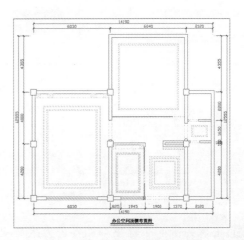

Step 05 执行"直线"、"偏移"命令，绘制直线并偏移600mm，绘制出多个空间的顶部图形。

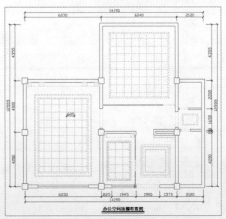

Step 06 执行"图案填充"命令，选择 STARS图案，设置比例为20，填充接待区域顶部。

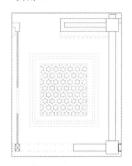

Step 08 执行"插入>块"命令，插入射灯和格栅灯图块并进行复制。

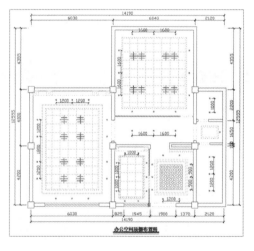

Step 10 最后为图形添加顶部尺寸标高符号，完成顶棚布置图的绘制。

Step 07 执行"图案填充"命令，选择 STEEL图案，设置比例为10，填充顶部。

Step 09 在命令行中输入ql命令，为图形添加引线标注。

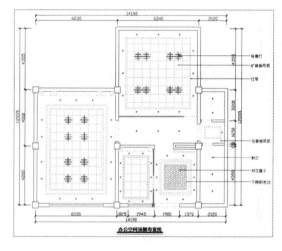

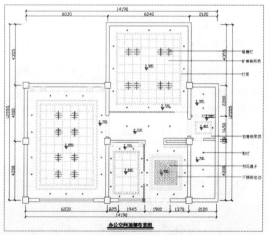

9.2.4 绘制办公空间地面布置图

下面将介绍办公空间地面布置图的绘制过程，具体操作步骤如下。

Step 01 复制平面布置图，删除家具、门窗等多余图形，修改图纸说明为"办公空间地面布置图"。

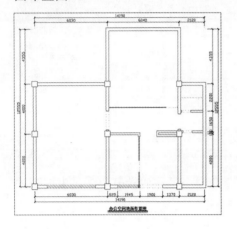

Step 02 执行"图案填充"命令，选择用户定义图案，设置比例为600、角度为90，进行填充操作。

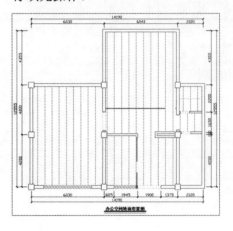

Step 03 然后选择同样的图案，设置比例为300，再进行填充。

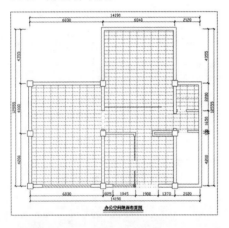

Step 04 继续执行"图案填充"命令，选择DOLMIT图案，设置比例为15并进行填充。

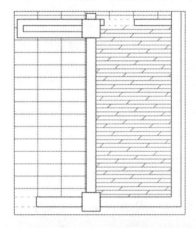

Step 05 将"填充"图层设为当前层，执行"图案填充"命令，选择AR-CONC图案，设置比例为1，填充过门石。

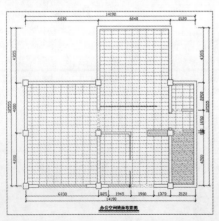

Step 06 最后为地面布置图添加地面材质说明，完成图形的绘制。

9.3 绘制办公空间立面图

下面将对办公空间中各主要立面图的绘制方法进行介绍，例如玄关立面图、会议室背景墙立面图及接待室玻璃墙立面图等。

9.3.1 绘制玄关立面图

下面将介绍办公室玄关立面图的绘制方法，其具体操作步骤如下。

Step 01 根据平面图尺寸，执行"直线"和"偏移"命令，绘制玄关立面图墙体轮廓线。

Step 02 执行"插入>块"命令，插入装饰台和装饰画图块，并居中放置。

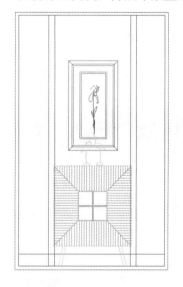

Step 03 执行"修剪"命令，修剪被覆盖的图形。

Step 04 执行"图案填充"命令，选择ANSI31图案，设置填充比例为15、角度为135，填充墙面。

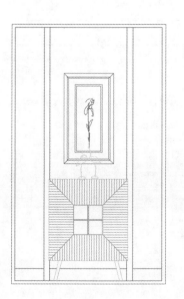

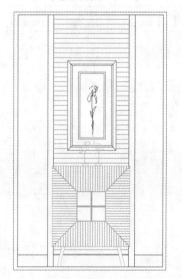

🔧**Step 05** 再次执行"图案填充"命令，选择 AR-CONC图案，设置比例为2，填充墙面。

🔧**Step 06** 继续执行"图案填充"命令，选择 AR-RROOF图案，设置比例为15、角度为 45，填充墙面。

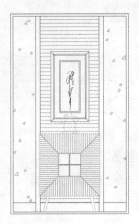

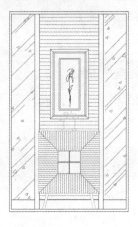

🔧**Step 07** 执行"线性"标注命令，为图形添加尺寸标注后，调整图形颜色。

🔧**Step 08** 在命令行中输入ql命令，为图形添加引线标注，完成立面图的绘制。

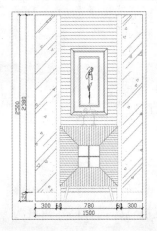

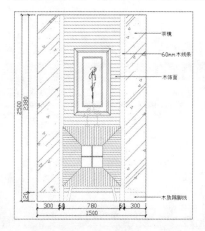

9.3.2 绘制会议室背景墙立面图

下面将介绍会议室立面图的绘制方法，其具体操作步骤如下。

🔧**Step 01** 依次执行"直线"和"偏移"命令，绘制直线并进行偏移操作。

🔧**Step 02** 执行"修剪"命令，修剪图形中多余的线条。

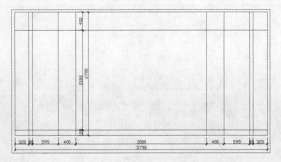

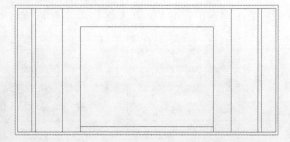

Step 03 继续执行"偏移"命令，依次偏移横向和竖向的线。

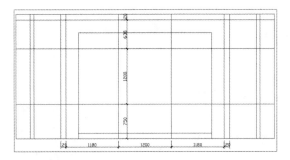

Step 04 执行"修剪"命令，修剪图形中多余的线条。

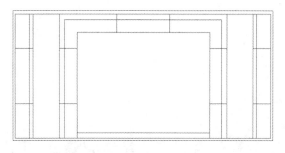

Step 05 然后调整立面图的图形特性。

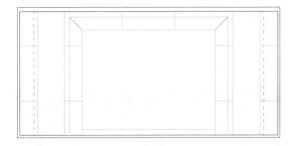

Step 06 执行"偏移"和"修剪"命令，偏移图形并执行修剪操作。

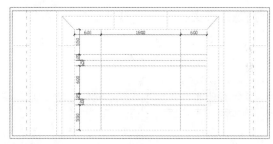

Step 07 执行"图案填充"命令，选择ANSI 31图案，设置图案填充角度为135、填充图案的比例为15，填充部分墙面。

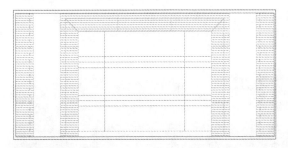

Step 08 执行"图案填充"命令，选择AR-RROOF图案，设置图案填充角度为45、填充比例为15，进行填充操作。

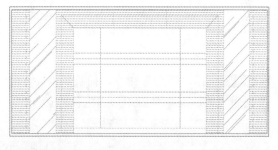

Step 09 继续执行"图案填充"命令，选择AR-SAND和AR-CONC图案，对墙面其他位置进行填充。

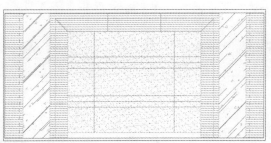

Step 10 执行"线性"标注命令，为图形添加尺寸标注。

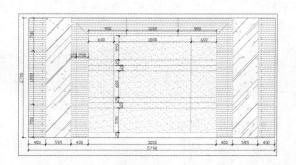

Step 11 最后在命令行中输入ql命令，添加引线标注，完成会议室背景墙立面图的绘制。

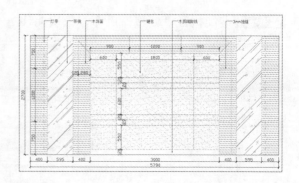

9.3.3 绘制接待室玻璃隔墙立面图

下面将介绍接待室玻璃隔墙立面图的绘制方法，其具体操作步骤如下。

Step 01 依次执行"直线"和"偏移"命令，绘制5800×2000的矩形，并利用"直线"命令，绘制墙面装饰。

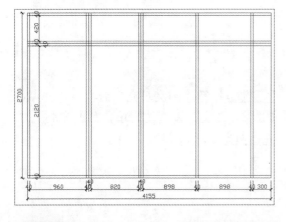

Step 03 执行"矩形"命令，捕捉绘制矩形，再利用"偏移"命令将矩形向内偏移10mm。

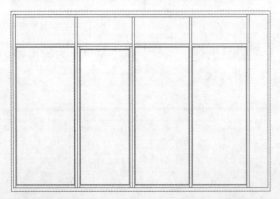

Step 05 执行"修剪"命令，修剪被覆盖的图形。

Step 02 执行"修剪"命令，修剪图形。

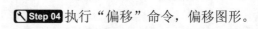

Step 04 执行"偏移"命令，偏移图形。

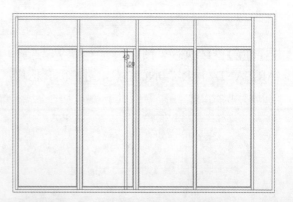

Step 06 执行"偏移"命令，偏移直线。

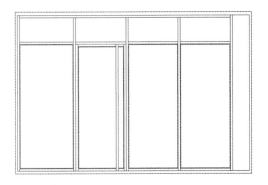

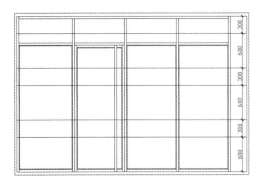

🔧Step 07 执行"修剪"命令，修剪线条后，调整图形的颜色。

🔧Step 08 执行"图案填充"命令，选择AR-SAND图案，设置比例为1，并进行填充。

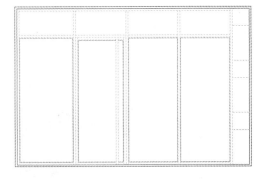

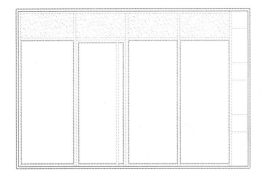

🔧Step 09 执行"图案填充"命令，选择AR-RROOF图案，设置比例为20，并进行填充。

🔧Step 10 执行"线性"标注命令，为立面图添加尺寸标注。

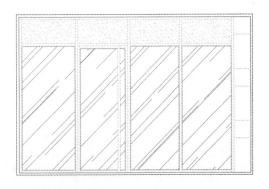

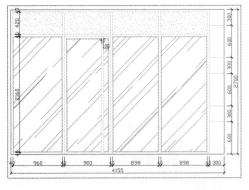

🔧Step 11 最后在命令行中输入ql命令，为该立面图添加文本注释。至此，完成接待室玻璃隔墙立面图的绘制。

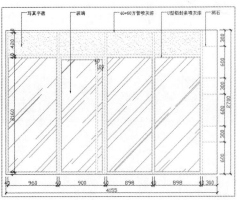

9.4 绘制办公空间详图

剖面图主要表现一些设计细节，有了剖面图，施工人员可按照图纸尺寸进行相应的操作。下面将介绍绘制酒店服务台剖面图、漫反射槽剖面图、大包走廊装饰墙剖面图以及楼梯节点图的操作方法。

9.4.1 绘制服务台详图

下面将介绍服务台剖面图的绘制方法，具体操作步骤如下。

Step 01 执行"矩形"命令，绘制矩形作为服务台平面。

Step 02 在命令行中输入ql命令，添加引线标注后，修改图形颜色，完成服务台平面图的绘制。

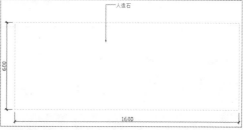

Step 03 执行"直线"和"偏移"命令，绘制长方形并进行偏移操作。

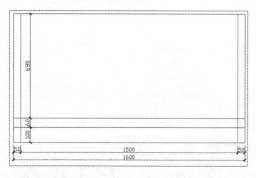

Step 04 执行"修剪"命令，修剪图形。

Step 05 然后修改图形颜色及线型。

Step 06 执行"线性"标注命令，为图形添加尺寸标注。

Step 07 在命令行中输入ql命令，为立面图添加引线标注，完成服务台外立面图的绘制。

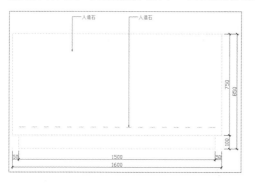

Step 08 复制外立面图，并执行"偏移"命令，偏移相关直线。

Step 09 依次执行"直角"、"修剪"命令，对图形进行操作。

Step 10 执行"矩形"和"偏移"命令，捕捉绘制矩形，并向内偏移10mm。

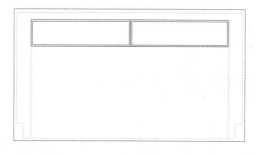

Step 11 删除外侧的矩形，并调整内部矩形的颜色。

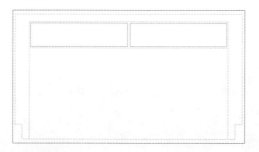

Step 12 执行"矩形"命令，绘制65*15的矩形并居中放置，然后复制一份放在合适的位置。

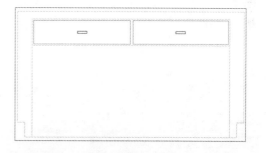

Step 13 执行"线性"标注命令，为内立面图添加尺寸标注。

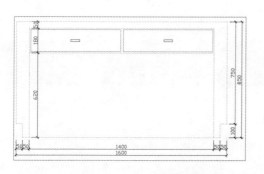

Step 14 在命令行中输入ql命令，添加引线标注，完成内部立面图的绘制。

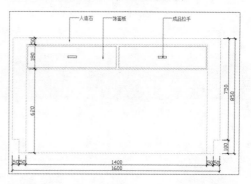

Step 15 执行"直线"、"偏移"命令，绘制长方形并进行偏移。

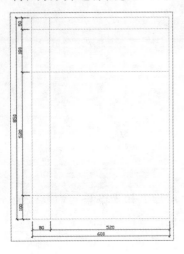

Step 16 继续执行"偏移"命令，偏移图形。

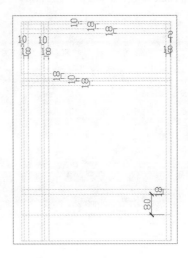

Step 17 执行"修剪"命令，修剪图形。

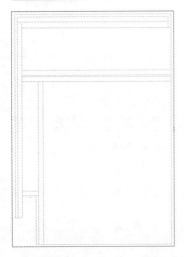

Step 18 再次执行"偏移"命令，偏移图形。

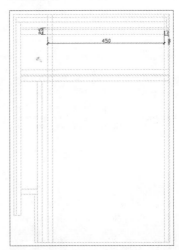

Step 19 接着对图形进行修剪操作。

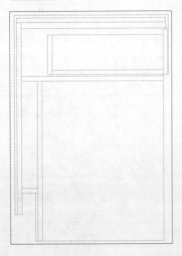

Step 20 执行"直角"命令，设置直角距离为5mm，对台面的两个角执行直角操作。

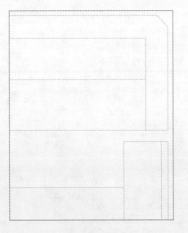

Step 21 执行"矩形"、"直线"命令,绘制35mm*25mm的矩形木方,移动到合适位置。

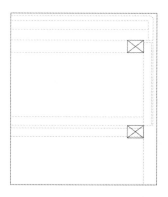

Step 22 执行"修剪"命令,修剪图形,然后调整整个图形的颜色。

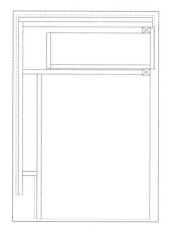

Step 23 执行"图案填充"命令,选择CO-RK图案,设置比例为2,填充木工板图形。

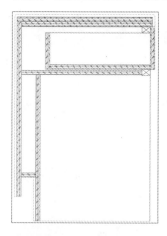

Step 24 执行"插入>块"命令,插入灯带图块并移至合适的位置。

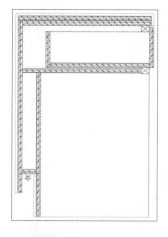

Step 25 执行"线性"标注命令,对剖面图进行尺寸标注。

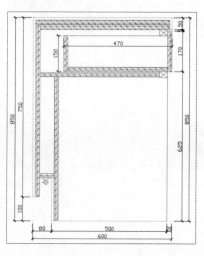

Step 26 最后在命令行中输入ql命令,添加引线标注说明。

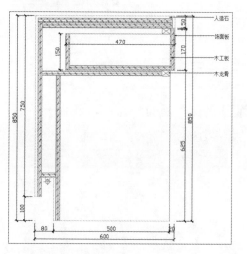

Chapter 01
Chapter 02
Chapter 03
Chapter 04
Chapter 05
Chapter 06
Chapter 07
Chapter 08
Chapter 09
Chapter 10
Chapter 11

299

9.4.2 绘制会议室吊顶剖面图

下面将介绍会议室吊顶剖面图的绘制方法，其具体操作步骤如下。

Step 01 执行"直线"命令，绘制长方形并进行偏移操作。

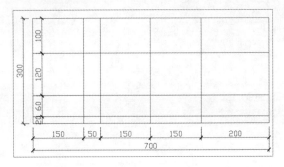

Step 02 执行"修剪"命令，修剪图形中的多余部分。

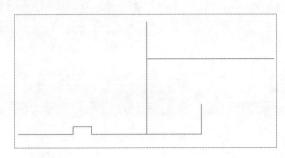

Step 03 执行"偏移"命令，偏移12mm厚的石膏板和18mm厚的木工板。

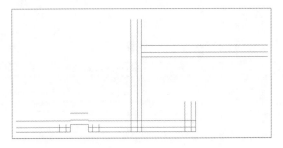

Step 04 执行"延伸"、"修剪"命令，对图形进行调整。

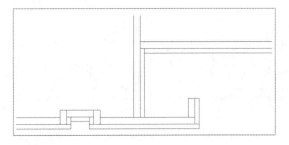

Step 05 依次执行"矩形"、"直线"和"修剪"命令，绘制30mm*12mm的矩形并放置到合适的位置，再绘制直线，并进行修剪操作。

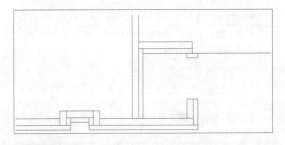

Step 06 依次执行"偏移"、"修剪"命令，将直线向上依次偏移5mm、2mm、2mm。

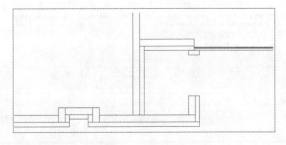

Step 07 执行"椭圆"命令，绘制一个椭圆，并修剪图形。

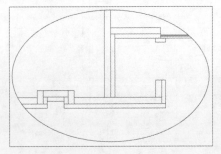

Step 08 执行"图案填充"命令，选择CO-RK 图案，设置比例为2，填充木工板。

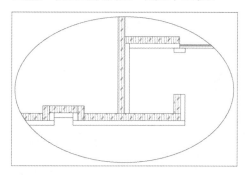

Step 09 执行"插入>块"命令，插入灯带图块并放在合适位置。

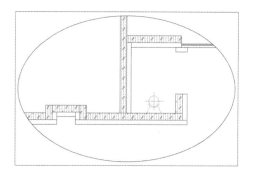

Step 10 执行"线性"标注命令，为剖面图添加线性标注。

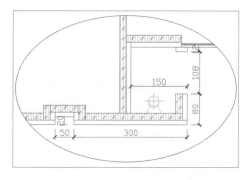

Step 11 在命令行中输入ql命令，为剖面图添加文字说明。至此，该剖面图绘制完毕。

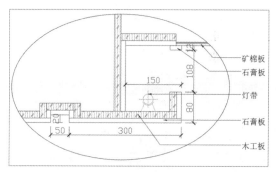

9.4.3 绘制玻璃墙结构剖面图

下面介绍玻璃墙结构剖面图的绘制方法，其具体操作步骤如下。

Step 01 执行"矩形"、"直线"、"偏移"命令，绘制60mm*40mm的矩形后，绘制直线并进行偏移。

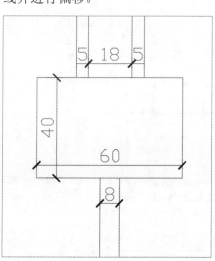

Step 02 执行"矩形"命令，绘制10mm* 10mm的矩形，进行复制并放在合适的位置。

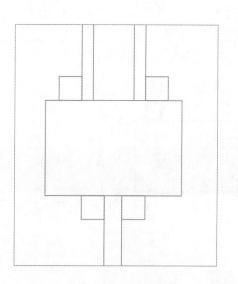

Step 03 执行"偏移"命令,将矩形都向内偏移1mm。

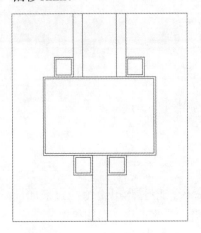

Step 04 执行"图案填充"命令,选择实体颜色并进行填充。

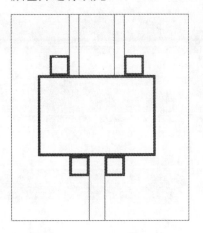

Step 05 执行"矩形"命令,绘制一个矩形,再修剪矩形外的图形。

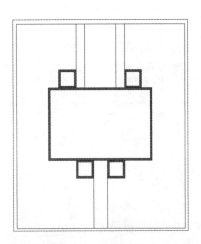

Step 06 执行"图案填充"命令,选择CORK图案,填充木工板区域。然后调整图形颜色。

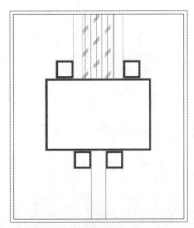

Step 07 执行"线性"标注命令,为剖面图添加线性标注。

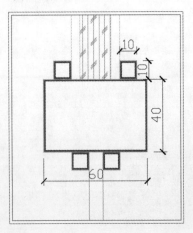

Step 08 在命令行中输入ql命令,添加引线标注。至此,该剖面图绘制完毕。

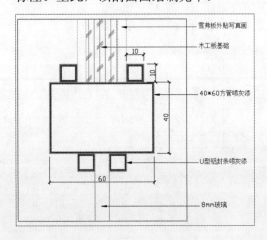

行业应用向导 办公空间设计理念

从办公室的特征与功能要求来看，办公空间设计有如下几个基本要素。

1 秩序感

秩序感是办公室设计的一个基本要素。要达到办公空间设计中秩序的要求，所涉及的面很广，如家具样式与色彩的统一；平面布置的规整性；隔断高低尺寸与色彩材料的统一；天花的平整性与墙面不带花俏的装饰；合理的室内色调及人流的导向等。秩序在办公室设计中起着最为关键性的作用，如下左图所示。

2 明快感

办公环境明快是指办公环境的色调干净明亮，灯光布置合理，有充足的光线等，这也是办公室的功能要求所决定的。在装饰中，明快的色调可给人一种愉快心情，给人一种洁净之感。目前，有许多设计师将明度较高的绿色引入办公室，这类设计往往给人一种良好的视觉效果，创造出一种春意，这也是一种明快感在室内的创意手段，如下右图所示。

3 丰富感

不同的色彩能对人的心情造成不同的影响，在办公空间的设计过程中，应当对这些色彩加以合理利用。因此办公设计可以适当引入色彩的搭配，基本原则是保持整体的和谐一致。但统一中要稍微有所变化，引入纯度不是很高的色彩，让人感觉平衡中稍微有一点点缀，使整体的稳重和局部的丰富统一起来了，如下左图所示。

4 现代感

目前，很多企业办公室，为了便于思想交流，加强民主管理，往往采用共享空间——开敞式设计，这种设计已成为现代新型办公室的特征，形成了现代办公室新空间的概念，如下右图所示。

Chapter 01
Chapter 02
Chapter 03
Chapter 04
Chapter 05
Chapter 06
Chapter 07
Chapter 08
Chapter 09
Chapter 10
Chapter 11

秒杀工程疑惑

Q 如何输入特殊符号？

A 在输入单行或多行文本后，功能区中将激活"文字编辑器"选项卡，单击@符号，在弹出的下拉列表中选择"其他"选项，打开"字符映射表"对话框，选择合适的符号选项，然后将其复制在文本中即可，如下图所示。

Q 如何控制文字显示？

A 通过在命令行输入系统变量QTEXT，可以控制文字的显示。在命令行中输入命令并按回车键，根据提示输入ON后再按回车键，执行"视图>重生成"命令可隐藏文字，如下左图所示。再次输入QTEXT命令，根据提示输入OFF并按回车键，被隐藏的文字将被显示，如下右图所示。

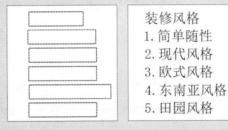

Q 如何修改尺寸标注的关联性？

A 改为关联：选择需要修改的尺寸标注，执行DIMREASSOCIATE命令，即可将尺寸标注改为相关联；选择需要修改的尺寸标注，执行DIMDISASSOCIATE命令，即可将尺寸标注改为不关联。

Q 创建标注样式模板有什么作用？

A 在进行标注时，为了统一标注样式和显示状态，用户需要新建一个图层为标注图层，然后设置该图层的颜色、线型和线宽等参数，图层设置完成后，再继续设置标注样式。为了避免重复进行设置，可以将设置好的图层和标注样式保存为模板文件，在下次新建文件时，可以直接调用该模板文件。

Chapter

10

咖啡厅设计方案

餐饮空间环境是餐厅、宴会厅、咖啡厅、酒吧及厨房的总称，其中餐饮空间包括中式餐饮空间、西式餐饮空间、风味餐饮空间、自助餐饮空间等。现在，餐饮空间正逐渐成为重要的活动场所，完美的餐饮空间的设计，可以创造舒适的就餐环境，使就餐人员心情舒畅。本章将对咖啡厅的设计思路、绘图方法和绘图技巧进行介绍。

01 ⚑ 学完本章内容您可以

1. 了解餐饮空间的设计方法

2. 掌握餐饮空间的设计要点

3. 掌握平面和各立面图纸的绘制方法

4. 掌握剖面及大样图纸的绘制方法

02 ⚙ 内容图例链接

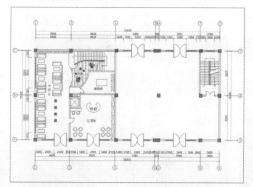

一层平面布置图

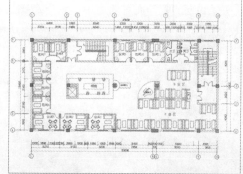

二层平面布置图

10.1 餐饮空间设计布局和原则

在多元化的今天，饮食内容越来越丰富，人们对就餐环境的选择也越来越挑剔，因此合理地布置好餐饮空间，是做好餐饮的第一步。

10.1.1 餐饮空间装修风格

在餐饮空间设计风格中，一般可分为中式餐饮空间、西式餐饮空间、风味餐饮空间和自助餐饮空间，下面将详细介绍这四种风格餐厅的特点。

1. 中式餐饮空间

中式餐饮空间的布局设计一般采用中式风格的家具和屏风，具有古典气息。在中式装饰风格的餐厅中，空间装饰多采用简洁、硬朗的直线条，有些还会将西方工业设计色彩与中式风格搭配使用。直线装饰在空间中的使用，不仅反映出现代人追求简单生活的要求，更迎和了追求内敛、质朴的设计风格，使中式风格的餐厅更加富有现代感，如下左图所示。

2. 西式餐饮空间

对于西餐，走在时尚前沿的人士应该不陌生。西餐是一种于我国饮食文化的舶来品，其餐厅空间设计大致有以下几种：

（1）欧洲古典气氛的风格营造：主要注重古典气氛的营造，通常运用一些欧洲建筑的典型元素，诸如拱券、扶壁、罗马柱、夸张的木质线条等来构成室内的欧洲古典风情。同时，还结合应用了现代的空间构成手段，从灯光、音乐等方面来加以补充和润色。

（2）前卫高科技的风格营造：现代简洁的设计，轻快而富有时尚的气息，偶尔流露一种神秘的气质，这种前卫而充满现代气息的设计最适合青年人的口味。

（3）富有乡村气息的风格营造：田园诗般恬静、温柔、富有乡村气息的装饰风格，在营造手法较多地保留了原始、自然的元素，使室内空间流淌着一种自然、浪漫的气氛，质朴而富有生气。

西式餐饮空间空间环境的营造方法是多样化的，装饰特征总的来说，富有异域情调，设计上结合近现代西方的装饰而灵活运用，如下右图所示。

3. 风味餐饮空间

这种风格的餐厅是十分有特色的，以澳门街风味餐饮空间为例，它是以轻松休闲的装潢基调，加上亮丽柔和的橙色，地面铺设特有的水波纹石子路，配合充满生机的绿色植物，不仅充满浪漫的异国情调，而且非常具有个性。异国风情所带来的冲击是白领之族热衷追捧的品牌，如下左图所示。

4. 自助餐饮空间

自助餐饮空间，顾名思义，是客人自选自取适合自己口味菜点就餐的餐厅。这种风格的餐厅主要设计重点是铺台管理的菜点台。菜点台一般用长台，且设在靠墙或靠边的某一部位，在上面铺设整齐的台布，四周有台裙，美观大方，效果好。台上摆着各种食品饮料，旁边放着各种餐具，菜点由客人自取。每个餐桌都铺上桌布，摆上花坛、五味架、牙签筒、口布等。

整体布局设计优雅，让品味的人在用餐时充分的享受环境的美感，如下右图所示。

10.1.2 餐饮空间设施布局

在餐厅的面积上，一般以1.85每座计算。其中，中低档餐厅约1.5每座，而高档餐厅约2.0每座。面积过小会造成拥挤，面积过大会增加工作人员的劳作时间与精力。饭店中的餐厅应大、中、小型相结合，大中型餐厅餐座总数约占总餐座数的70%~80%，小餐厅约占餐座数的20%~30%。影响面积的因素包括饭店的等级、餐厅等级、餐座形式等。

餐饮区域的规模以面积和用餐座位数来衡量，因餐饮的性质、等级和经营方式而异。等级越高，餐饮面积越大，反之则越小。

在餐饮设施布局设计时，需考虑以下4点要素。

第一、单独设立餐厅和宴会厅，此种布局使就餐环境独立而优雅，功能设施之间没有干扰。

第二、在裙房或主楼低层设餐厅和宴会厅，大多数酒店采用的布局是功能连贯、整体、内聚。

第三、主楼顶层设立观光型餐厅，此种布局特别受旅游者和外地客人欢迎。

第四、休闲餐厅布局（包括咖啡、酒吧、酒廊）比较自由灵活，大堂一隅、中庭一侧、顶层、平台及庭园等处均可设置，增添建筑内休闲、自然、轻松的氛围。

10.1.3 餐饮空间环境的设计原则

在设计餐饮空间环境时，要遵循以下几点原则。

● 总体布局时，把入口、前室作为第一空间序列，把大厅、包房雅间作为第二空间序列，把卫生间、厨房及库房作为最后一组空间序列，使流线清晰，功能上划分明确，减少相互之间的干扰。

● 餐饮空间的通道设计应该具备流畅性、便利性和安全性特征。尽可能方便客人，尽量避免顾客路线与服务路线发生冲突。服务路线不宜过长，尽量避免穿越其他用餐空间。

Chapter 01

Chapter 02

Chapter 03

Chapter 04

Chapter 05

Chapter 06

Chapter 07

Chapter 08

Chapter 09

Chapter 10

Chapter 11

- 餐厅应靠近厨房设置，备餐间的出入口要避开客人的视线，同时还要尽量避免厨房的油烟味及噪音影响餐厅。
- 各种功能的餐饮空间设计要有相应的餐座布置方式和相应的装饰风格，大型餐厅桌与桌、椅与椅的排列应有一定章法，餐厅内如果有不同的餐座形式，应整体分区布置。
- 室内色彩应建立在统一装饰风格的基础之上，如西式餐饮空间的色彩应典雅、明快，以浅色调为主；而中式餐饮空间应相对热烈、华贵，以较重的色调为主。除此之外，还应采用能增进食欲的暖色调，以增加舒适、欢乐的心情。
- 餐饮空间设计应主要选用天然材质，以给人温暖、亲切的感觉。另外，地面应选择耐污、耐磨、易于清洁的材料。

10.2 绘制咖啡厅平面图

在绘制建筑平面图时，不仅要熟练掌握AutoCAD软件的运用，也要掌握一些重要装饰布置的概念，便于设计和绘制平面图。

10.2.1 绘制咖啡厅一层平面布置图

本案例中的咖啡厅分为两层，在一层中仅占图纸的一半面积，其布局以卡座居多。下面介绍咖啡厅一层平面布置图的绘制过程，具体操作步骤如下。

Step 01 首先打开"图层特性管理器"面板，新建"墙体"、"门窗"、"家具"等图层，并设置图层特性。

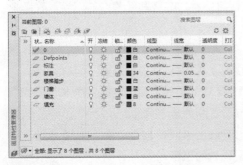

Step 03 执行"复制"命令，按照固定的距离复制柱子图形。

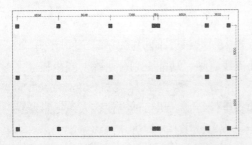

Step 02 将"墙体"图层置为当前层。依次执行"矩形"、"图案填充"命令，绘制600mm*600mm的矩形并进行实体填充，作为柱子图形。

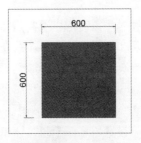

Step 04 执行"直线"、"偏移"命令，绘制240mm的外墙墙体和200mm的内墙墙体。

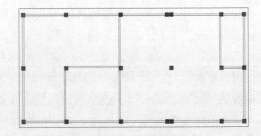

Step 05 执行"直线"、"偏移"命令，绘制墙体以及门洞和窗洞位置。

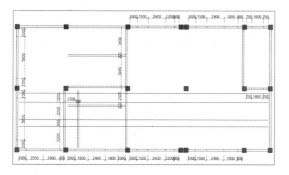

Step 07 执行"直线"、"矩形"命令，绘制电梯间图形。

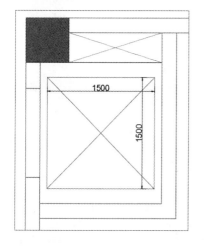

Step 09 执行"修剪"、"圆弧"、"偏移"命令，修剪多余的线条并绘制200mm的弧形作为墙体。

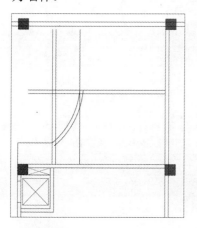

Step 11 执行"直线"、"偏移"、"修剪"命令，绘制800mm的门洞。

Step 06 执行"修剪"、"延伸"等命令，绘制出门洞、窗洞以及电梯间图形。

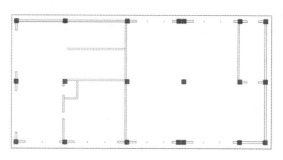

Step 08 执行"偏移"命令，按下图所示尺寸偏移墙体。

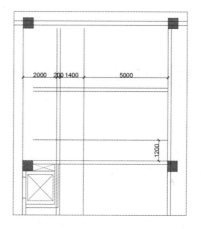

Step 10 继续执行"修剪"命令，修剪并删除图形中多余的线条。

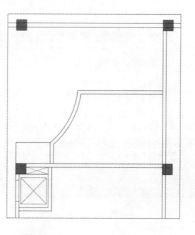

Step 12 执行"偏移"命令，将墙体图形依次进行偏移。

Chapter 01
Chapter 02
Chapter 03
Chapter 04
Chapter 05
Chapter 06
Chapter 07
Chapter 08
Chapter 09
Chapter 10
Chapter 11

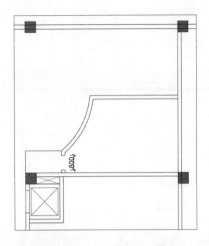

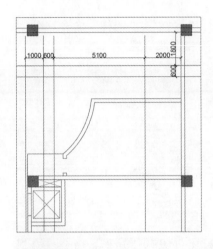

Step 13 执行"修剪"命令，修剪并删除图形中多余的线条。

Step 14 执行"偏移"命令，偏移300mm的阶梯宽度。

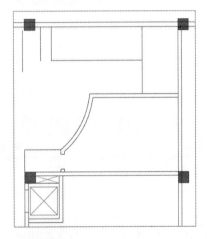

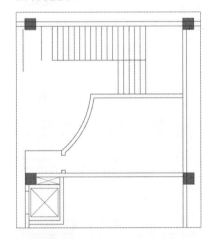

Step 15 执行"偏移"命令，偏移楼梯位置的图形。

Step 16 执行"圆"、"偏移"命令，绘制半径分别为100mm、150mm、800mm的圆。

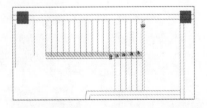

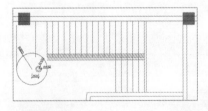

Step 17 执行"圆弧"、"偏移"命令，捕捉绘制圆弧并将其向两侧各偏移50mm。

Step 18 执行"修剪"、"延伸"命令，绘制楼梯图形，并将图形移至"阶梯踏步"图层。

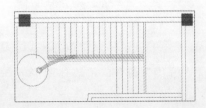

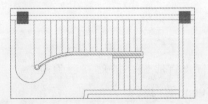

Step 19 执行"多段线"命令，绘制楼梯方向箭头。

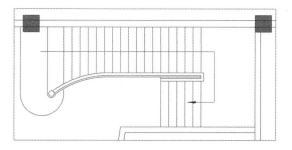

Step 20 执行"单行文字"命令，创建文字，并放置到箭头起点的位置。

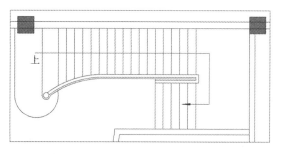

Step 21 执行"多段线"命令，绘制图形打断符号，放置到楼梯位置，并修剪图形。

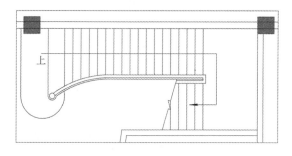

Step 22 执行"偏移"命令，在图形右上角偏移出楼梯的大致轮廓。

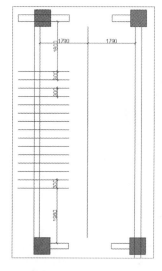

Step 23 执行"修剪"、"延伸"命令，修剪图形中多余的线条，并延伸图形。

Step 24 执行"矩形"、"偏移"命令，绘制4400mm*300mm的矩形并将其向内偏移100mm。

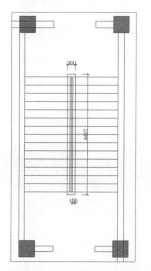

Step 25 执行"多段线"命令，绘制方向箭头及打断线，放置到合适的位置。

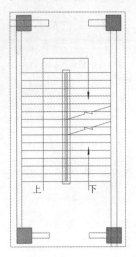

Step 26 执行"修剪"命令，修剪并删除图形中多余的线条。

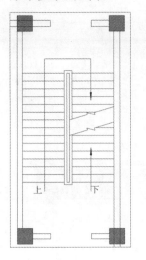

Step 27 将"门窗"图层置为当前，执行"格式>多线样式"命令，设置多线样式。

Step 28 返回到"多线样式"对话框，单击"确定"按钮。

Step 29 执行"多线"命令，设置比例为1、对正方式为"无"，捕捉绘制窗户图形。

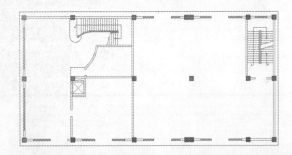

Step 30 执行"矩形"、"圆"、"修剪"命令，绘制门图形。

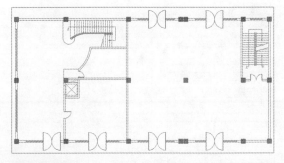

Step 31 执行"偏移"、"定数等分"、"直线"、"多段线"等命令，绘制装饰柜以及桌面图形。

Step 32 执行"椭圆"命令，绘制长轴为1300mm、短轴为1000mm的椭圆。执行"偏移"命令，将椭圆向内偏移500mm，放置到合适的位置。

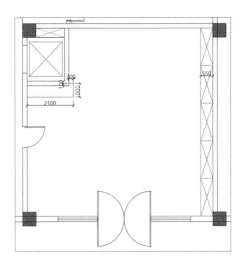

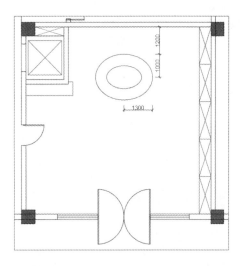

Step 33 执行"直线"命令，绘制夹角为90°的直线。

Step 34 执行"修剪"命令，修剪图形中多余的线条。

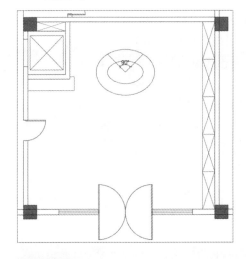

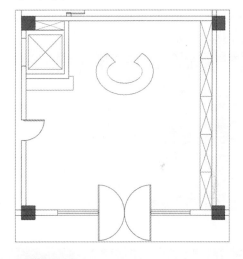

Step 35 执行"插入>块"命令，插入桌椅和人物等图块。

Step 36 执行"定数等分"和"直线"等命令，绘制装饰柜以及隔断图形。

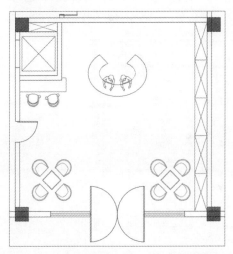

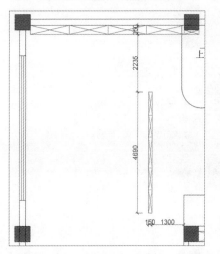

Step 37 执行"插入>块"命令，插入沙发等图块，进行复制并放在合适的位置。

Step 38 执行"矩形"、"偏移"命令，绘制500mmm*500mm的矩形，向内偏移50mm并复制图形。

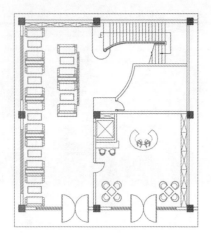

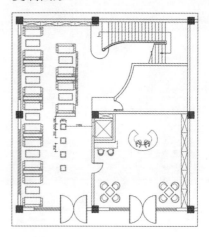

Step 39 执行"矩形"、"直线"命令，绘制装饰柜图形。

Step 40 执行"圆弧"、"图案填充"命令，绘制弧形水景，再填充AR-RROOF图案。

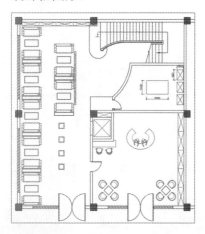

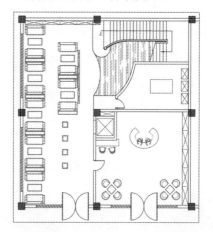

Step 41 执行"插入>块"命令，插如盆栽、植物等图块。

Step 42 将"标注"图层置为当前图层。执行"单行文字"命令，在各个区域创建文字注释。

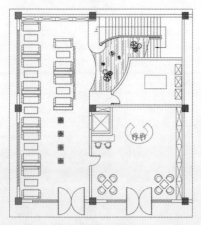

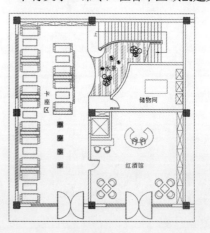

Step 43 执行"线性"、"连续"标注命令，为平面图添加尺寸标注。

Step 44 执行"直线"、"单行文字"命令，为图纸添加轴线编号。至此，完成一层平面图的绘制。

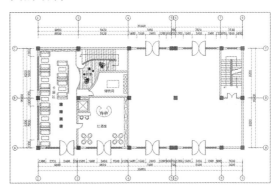

10.2.2 绘制咖啡厅二层平面布置图

咖啡厅的二层主要是包间和卡座区域综合布局，其墙体和隔断造型的绘制较为重要。下面介绍咖啡厅二层平面布置图的绘制过程，具体操作步骤如下。

Step 01 复制咖啡厅一层平面布置图，删除多余的图形。

Step 02 执行"直线"、"延伸"、"复制"命令，调整墙体和窗户。

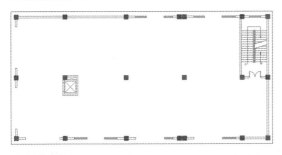

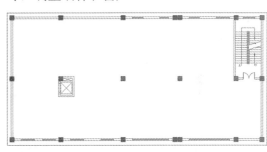

Step 03 执行"偏移"命令，偏移墙体边线。

Step 04 执行"修剪"命令，修剪图形中多余的线条。

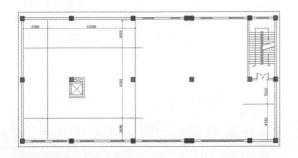

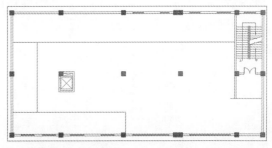

Step 05 执行"偏移"命令，继续偏移图形。

Step 06 执行"修剪"、"延伸"等命令，绘制出包间墙体。

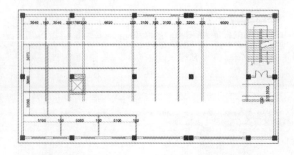

Step 07 执行"偏移"命令，偏移图形。

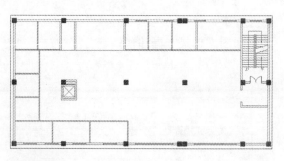

Step 08 执行"修剪"、"延伸"等命令，绘制出墙体轮廓。

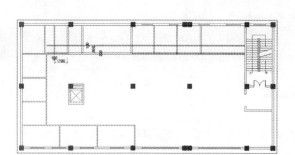

Step 09 执行"偏移"、"修剪"等命令，绘制出门洞造型。

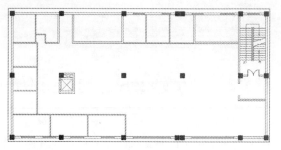

Step 10 执行"偏移"命令，偏移楼梯踏步。

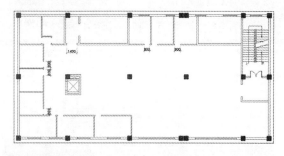

Step 11 执行"矩形"、"偏移"命令，绘制尺寸为3800mm*300mm的矩形并将其向内偏移100mm。

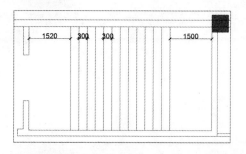

Step 12 执行"修剪"命令，修剪图形中多余的线条。

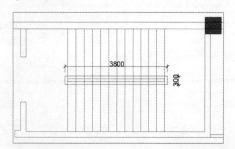

Step 13 复制另一楼梯处的箭头图形、文字及打断线，修剪并删除多余图形。

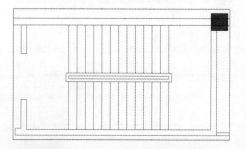

Step 14 执行"偏移"命令，偏移卫生间区域的墙体。

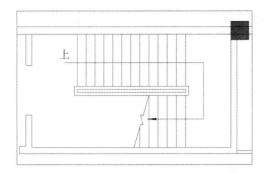

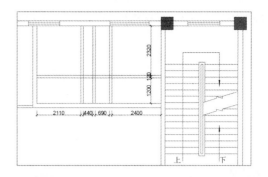

Step 15 执行"修剪"命令，修剪出卫生间的墙体轮廓。

Step 16 执行"偏移"、"修剪"命令，绘制800mm的门洞。

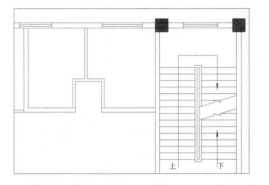

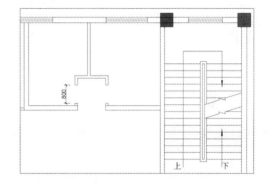

Step 17 从一层平面布置图中复制门图形到卫生间的门洞位置。

Step 18 再复制其他位置的门图形。

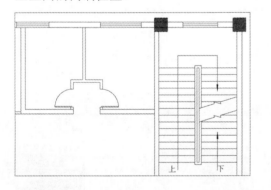

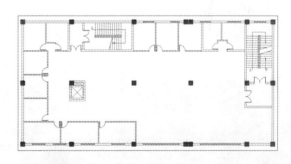

Step 19 执行"偏移"命令，依次偏移卫生间图形。

Step 20 执行"修剪"命令，修剪图形中多余的线条。

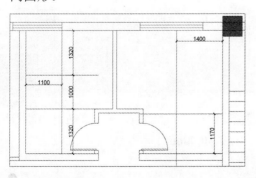

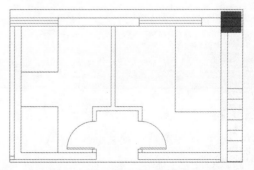

Chapter 01
Chapter 02
Chapter 03
Chapter 04
Chapter 05
Chapter 06
Chapter 07
Chapter 08
Chapter 09
Chapter 10
Chapter 11

Step 21 再次执行"偏移"命令，偏移出隔板的厚度。

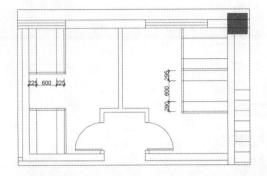

Step 22 执行"修剪"命令，修剪出卫生间隔间造型。

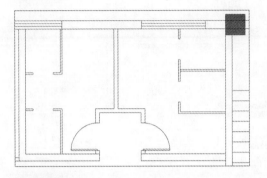

Step 23 执行"矩形"命令，分别绘制两个矩形到两个卫生间。

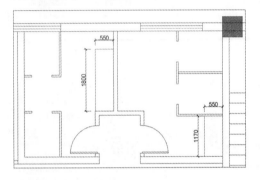

Step 24 执行"插入>块"命令，插入坐便器、洗手盆等图块并进行复制。

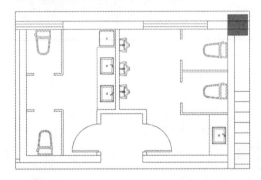

Step 25 执行"圆弧"、"矩形"等命令，绘制隔间的门图形。

Step 26 执行"矩形"命令，绘制尺寸为4280mm*1800mm的矩形并放置到合适的位置。

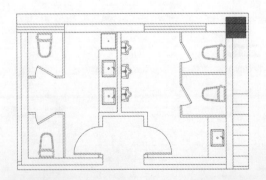

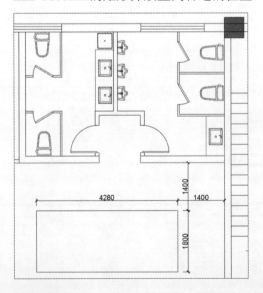

Step 27 执行"修剪"命令，修剪掉矩形的一条边。执行"偏移"命令，将图形向内偏移100mm。

Step 28 执行"直线"命令，绘制出隔断造型，宽度为600mm。

Step 29 执行"插入>块"命令，插入沙发组合图块并放在合适的位置。

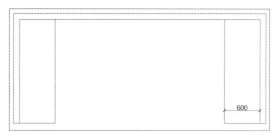

Step 30 执行"偏移"命令，在左上角的包间处将墙体向下偏移300mm。

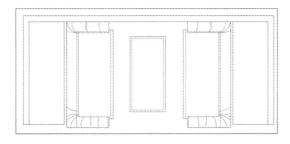

Step 31 执行"修剪"、"直线"等命令，绘制装饰柜造型。

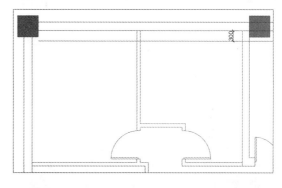

Step 32 执行"插入>块"命令，插入沙发组合和备餐台图块。

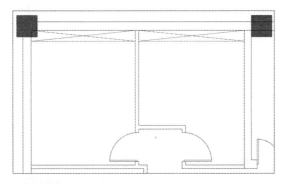

Step 33 按照此方法布置其他包间。

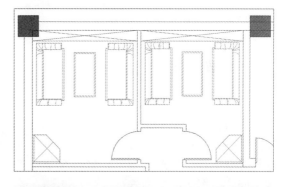

Step 34 执行"拉伸"命令，移动卫生间及包间窗户位置。

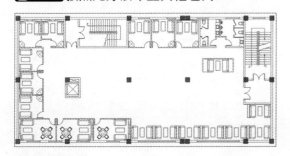

Step 35 执行"直线"、"偏移"、"矩形"命令，绘制大厅位置的明档造型。

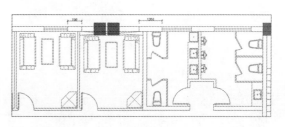

Step 36 执行"插入>块"命令，插入人物图块并进行复制。

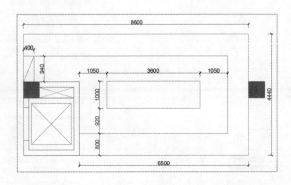

Step 37 执行"圆"、"矩形"命令，捕捉柱子中心绘制同心圆和矩形。

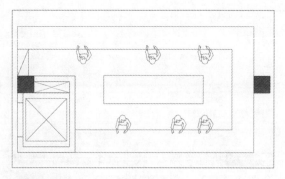

Step 38 执行"修剪"命令，修剪图形中多余的线条。

Step 39 执行"矩形"命令，绘制尺寸为9900mm*3550mm的矩形，放至合适的位置。

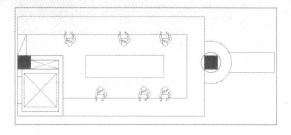

Step 40 分解矩形，再执行"偏移"命令，偏移图形。

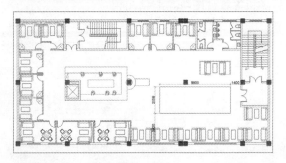

Step 41 执行"修剪"命令，修剪图形中多余的线条，绘制出隔断造型。

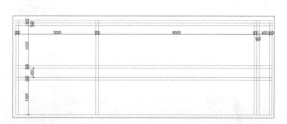

Step 42 执行"拉伸"命令，拉伸一条1800mm的隔断。

Step 43 执行"圆"、"直线"命令，捕捉绘制半径为3100mm的圆，再绘制装饰柜。

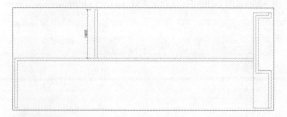

Step 44 执行"修剪"命令，修剪图形中多余的线条。

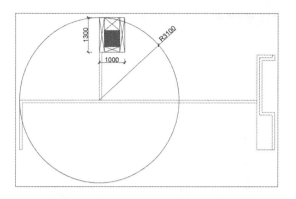

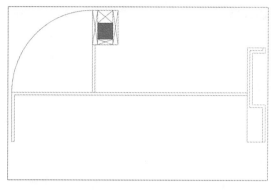

Step 45 执行"插入>块"命令，插入钢琴、边柜图形后，复沙发组合图形。

Step 46 为平面图添加文字说明。

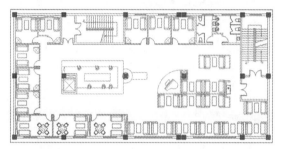

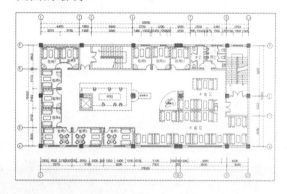

Step 47 执行"线性"、"连续"标注命令，为平面图添加尺寸标注。

Step 48 为图纸添加轴线编号，完成二层平面图的绘制。

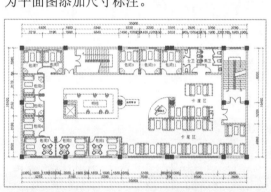

10.3 绘制咖啡厅立面图

餐厅立面图主要包括餐厅小包厢立面图、大包厢立面图、休息区立面图和迎宾墙立面图。下面介绍绘制咖啡厅立面图的操作方法。

10.3.1 绘制卡座区隔断立面图

下面将介绍一层卡座区隔断立面图的绘制过程，具体操作步骤如下。

Step 01 执行"矩形"、"偏移"命令,绘制尺寸为4690mm*3000mm的矩形并将其向内偏移150mm。

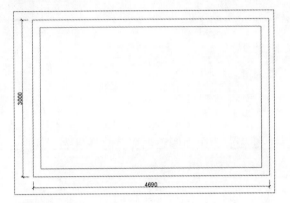

Step 02 分解内部矩形,执行"偏移"命令,依次偏移横向和竖向的边线。

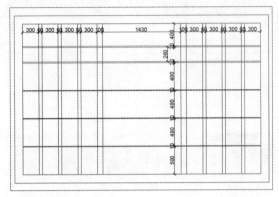

Step 03 执行"修剪"命令,修剪图形中多余的线条。

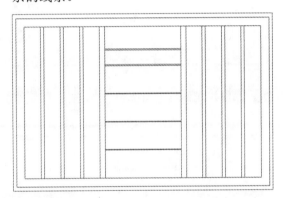

Step 04 执行"圆"命令,绘制半径为10mm的圆并进行复制,设置间距为70mm。

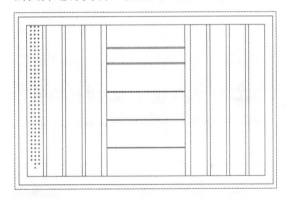

Step 05 复制图形并放置在其他位置。

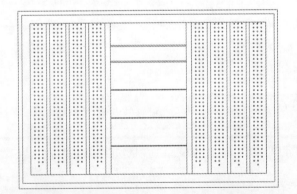

Step 06 执行"图案填充"命令,选择ANSI 32图案,填充立柱区域。

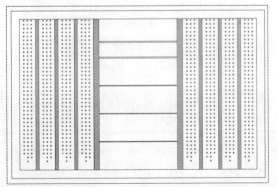

Step 07 执行"图案填充"命令,选择用户定义图案,设置比例为30,填充马赛克图形。

Step 08 执行"插入>块"命令,插入射灯、装饰品等图形并进行复制。

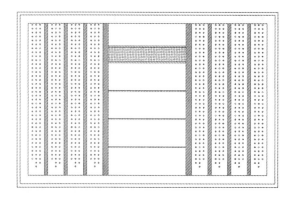

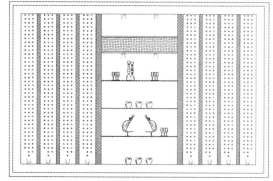

🔧 **Step 09** 执行"线性"、"连续"标注命令，为立面图添加尺寸标注。

🔧 **Step 10** 在命令行中输入QL命令，为立面图添加引线标注，完成隔断立面图的绘制。

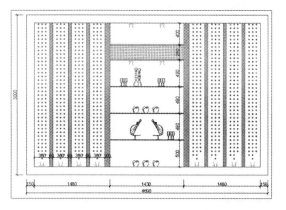

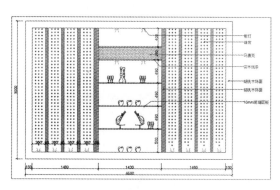

10.3.2 绘制红酒馆背景墙立面图

下面将介绍红酒馆背景墙立面图的绘制过程，具体操作步骤如下。

🔧 **Step 01** 从一层平面布置图中复制相关图形并进行修剪。

🔧 **Step 02** 执行"直线"、"偏移"、"修剪"命令，绘制高度为3400mm的立面轮廓。

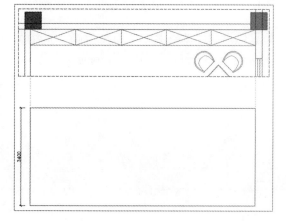

Step 03 执行"偏移"命令，将上边线向下偏移520mm。

Step 04 执行"多段线"命令，捕捉绘制一条多段线，再执行"偏移"命令，将多段线向内依次偏移10mm、5mm、50mm、5mm、10mm。

Step 05 分解内部多段线后，执行"偏移"命令，将边线依次向右进行偏移。

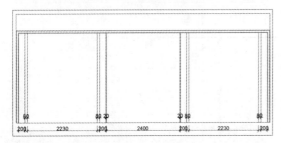

Step 06 执行"偏移"命令，将80mm宽的线条都分别向内偏移10mm、5mm。

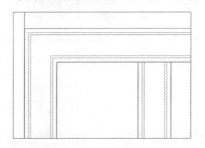

Step 07 继续执行"偏移"命令，将上方边线向下依次执行偏移操作。

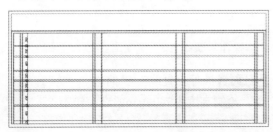

Step 08 执行"修剪"命令，修剪图形中多余的线条。

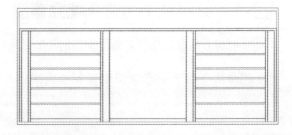

Step 09 执行"矩形"、"直线"命令，绘制430mm*430mm的矩形后，绘制交叉直线。

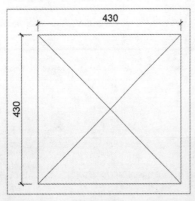

Step 10 执行"偏移"命令，将交叉线依次向两侧进行偏移。

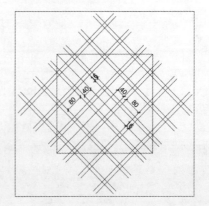

Step 11 执行"修剪"命令，修剪并删除多余的线条，再将图形移动到立面图中。

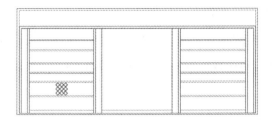

Step 13 执行"修剪"命令，修剪并删除多余的线条，再将酒架图形复制到另一侧。

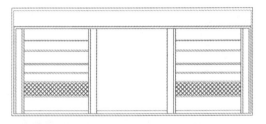

Step 15 执行"图案填充"命令，选择用户定义图案，设置比例为30，并单击"交叉线"按钮，填充马赛克区域。

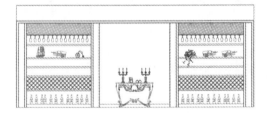

Step 17 执行"图案填充"命令，选择ANSI 32图案，填充不锈钢边框图形。

Step 19 在命令行中输入QL命令，为立面图添加引线标注，完成背景墙立面图的绘制。

Step 12 将图形向左右两侧复制，制作出酒架图形。

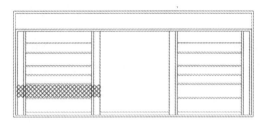

Step 14 执行"插入>块"命令，插入酒瓶、酒杯、装饰台、射灯等图形。

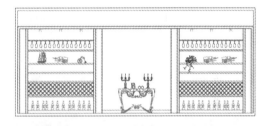

Step 16 执行"图案填充"命令，选择用户定义图案，设置比例为500，并单击"交叉线"按钮，填充背景墙中心区域。

Step 18 执行"线性"、"连续"标注命令，为立面图添加尺寸标注。

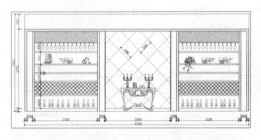

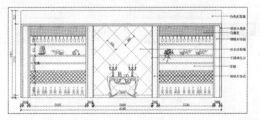

10.3.3　绘制电梯墙立面图

下面将介绍绘制电梯墙立面图的过程，具体操作步骤如下。

Step 01 从平面布置图中复制图形，然后执行修剪操作。

Step 02 执行"直线"、"偏移"、"修剪"命令，绘制高度为3400mm的立面轮廓。

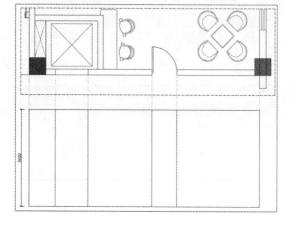

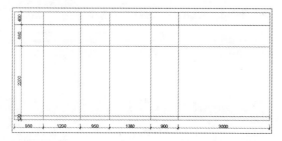

Step 03 执行"偏移"命令，依次偏移横向和竖向的边线。

Step 04 执行"修剪"命令，修剪图形中多余的线条。

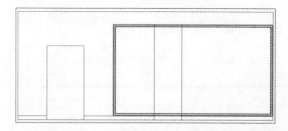

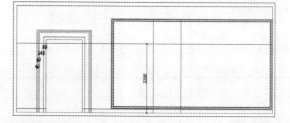

Step 05 执行"矩形"、"偏移"命令，捕捉绘制矩形，并将矩形依次向内偏移20mm、10mm、35mm、5mm、10mm。

Step 06 执行"多段线"、"偏移"命令，捕捉电梯门轮廓绘制多段线，再偏移图形。

Step 07 执行"修剪"命令，修剪图形中多余的线条。

Step 08 执行"插入>块"命令，插入欧式雕花、欧式门牌、欧式门套构件以及把手图形，再创建文字注释。

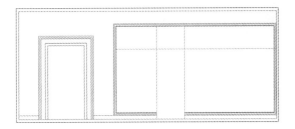

Step 09 执行"直线"、"多段线"、"偏移"命令，绘制电梯门中线以及方向箭头，再将踢脚线依次向下偏移4mm、14mm、32mm。

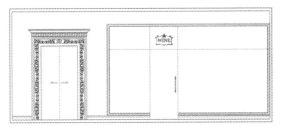

Step 11 执行"图案填充"命令，选择ANSI 35图案，填充电梯门图形。

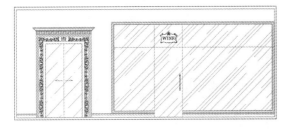

Step 13 执行"线性"、"连续"标注命令，为立面图添加尺寸标注。

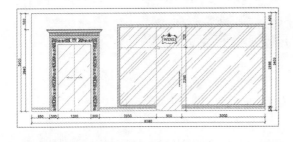

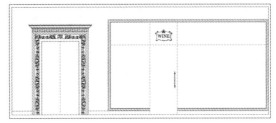

Step 10 执行"图案填充"命令，选择AR-RROOF图案，填充玻璃墙面图形。

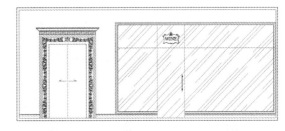

Step 12 执行"矩形"命令，分别绘制150 mm* 85mm和110mm*44mm的两个矩形，作为玻璃门门夹。

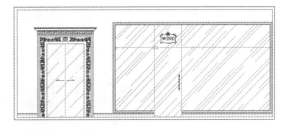

Step 14 在命令行中输入QL命令，为立面图添加引线标注，完成背景墙立面图的绘制。

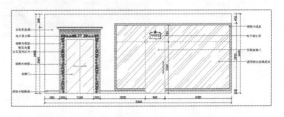

Chapter 01
Chapter 02
Chapter 03
Chapter 04
Chapter 05
Chapter 06
Chapter 07
Chapter 08
Chapter 09
Chapter 10
Chapter 11

行业应用向导 餐饮空间之西式风格设计

1 餐饮空间设计风格与特征

西式餐厅泛指以品尝国外（主要是欧洲和北美）的饮食、体会异国餐饮情调为目的的餐厅。根据追求的风格不同，我国的西式餐厅主要有以法国、意大利风格为代表的欧式餐厅，但更多的餐厅却没有十分明确到底代表了哪个国家的风格。西式餐厅与中式餐厅最大的区别是因国家、民族的文化背景造成的餐饮方式的不同。欧美的餐饮方式强调就餐时的私密性，一般团体就餐的习惯很少。因此，就餐单元常以2~6人为主，餐桌为矩形，进餐时桌面餐具比中餐少，但常以精致的烛具对台面进行点缀。餐厅在欧美既是进餐的场所，更是社交的空间。因此，淡雅的色彩、柔和的光线、洁白的桌布、精致的餐具加上安宁的氛围、高雅的举止等，共同构成了西式餐厅特色。

2 餐饮空间设计平面布局与空间特色

西式餐厅的平面布局常采用较为规整的方式。酒吧柜台是西式餐厅的主要景点之一，也是每个西餐厅必备的设施。除此之外，一台造型优美的三脚钢琴也是西式餐厅平面布置中需要考虑的因素。在较为小型的西式餐厅中，钢琴经常被设置于角落，这样不至占据太多的有效空间；而在较大的西式餐厅中，钢琴则可以成为整个餐厅的视觉中心，为了加强这种视觉感，经常采用抬高地面的方式，有的甚至于顶部加上限定空间的构架。钢琴不仅可以丰富空间的视觉效果，优雅的琴声更是西餐厅必不可少的。由于西式餐厅一般层高比较大，因而也经常采用大型绿化作为空间的装饰，有的甚至像一把把大伞罩在几个餐桌之上，很好地起到了空间限定的作用，如下图所示。

3 餐饮空间设计限定方法

（1）抬高地面和降低顶棚，这种方式创造的私密程度较弱，但可以比较容易感受到所限定的区域范围。

（2）利用沙发座的靠背形成比较明显的就餐单元，这种U形布置的沙发座，常与靠背座椅相结合，是西餐厅特有的座位布置方式之一。

（3）利用刻花玻璃和绿化槽形成隔断，这种方式所围合的私密程度要视玻璃的磨砂程度和高度来决定。一般这种玻璃都不是很高，距离地面在1100mm到1500mm之间。

（4）利用光线的明暗程度来创造就餐环境的私密性。有时，为了营造某种特殊的氛围，餐桌上点缀的烛光可以创造出强烈的向心感，从而产生私密性。

秒杀工程疑惑

Q 为什么在AutoCAD中执行填充操作后，看不到标注箭头变成了空心？

A 这是因为填充显示的变量设置关闭了。执行"工具>选项"命令，打开"选项"对话框，在"显示"选项卡的"显示性能"选项组中勾选"应用实体填充"复选框，然后单击"确定"按钮。返回绘图区再次执行填充操作，即可显示出填充效果。

Q 镜像图形时文字也随着翻转怎么办？

A 在AutoCAD中选择图形并执行镜像操作时，如果其中包含文字，通常我们希望文字保持原始状态。AutoCAD针对文字镜像进行了专门的处理，并提供了一个变量控制。控制文字镜像的变量命令是MIRRTEXT，当其值为0时，可以保持镜像过来的文字不翻转；文字为1时，文字会按照实际进行镜像。

Q 怎样快速清理没有对象的图层？

A 执行"文件>图形使用工具>清理"命令，在打开的"清理"对话框中单击"全部清理"按钮进行清理即可。用户可多次重复清理操作，直到"全部清理"按钮变成灰色。

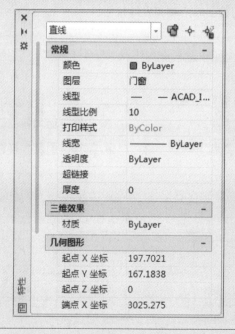

Q 从左到右和从右到左框选图形有什么不同？

A 框选是指利用拖动鼠标形成的矩形区域选择对象。从左到右框选为窗交模式，选择的图形所有顶点和边界完全在矩形范围内才会被选中；从右到左框选为交叉模式，图形中任意一个顶点和边界在矩形选框范围内就会被选中。

Chapter
01

Chapter
02

Chapter
03

Chapter
04

Chapter
05

Chapter
06

Chapter
07

Chapter
08

Chapter
09

Chapter
10

Chapter
11

Chapter **11**

KTV空间
设计方案

KTV在设计时首先要根据所定位的经营模式、设计风格、计划装修造价来制作布局方案。KTV空间设计方案规划分为五个方面：主娱乐空间、公共空间、辅助功能和后台功能、助动设计、氛围预设。本章将介绍KTV空间平面图、立面图及剖面图的绘制过程。通过本章内容的学习，使用户掌握KTV空间绘图的方法和设计技巧。

01 🅐 学完本章内容您可以

1. 了解KTV空间的设计方法

2. 掌握KTV空间的设计要点

3. 掌握平面和各立面图纸的绘制方法

4. 掌握剖面及大样图纸的绘制方法

02 🎞 内容图例链接

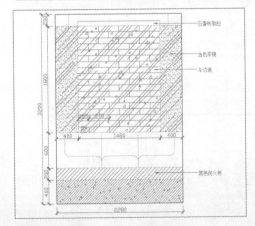

情侣包间立面图

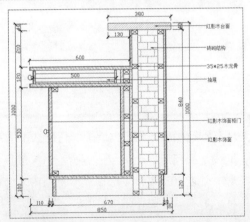

服务台剖面图

11.1 KTV空间设计布局和原则

对KTV空间设计主题进行选择时，必须要具有时代感和特殊的意境风格。

11.1.1 KTV空间设计要点

在KTV空间设计中，由四大重点部位构成经典KTV空间，分别为KTV大堂设计、前台设计、走廊设计和包厢设计。

- **KTV大堂设计**：KTV大堂可以说是KTV最重要的枢纽。大厅设计在材质上要选用容易清洁的饰面材料，地面与墙面建议采用连续性的图案和花色，这样可加强大厅的空间立体感，如下左图所示。
- **KTV前台设计**：KTV前台的设计往往体现着KTV的格调和气势。前台最好设置在醒目的位置，在高度设计上也要注意，过低不安全，过高会让人有被拒之门外的感觉，如下右图所示。

- **KTV走廊设计**：宽敞的KTV走廊会让人感觉安静、温馨，但是却难以凸显其特色；而狭窄的走廊设计会让人产生局促感。所以在设计KTV走廊时要注意其宽度尺寸，如下左图所示。
- **KTV包厢设计**：KTV的包厢设计是一门艺术，色彩过多容易造成"调色板"的乱遭，而色彩单一又凸显不出其娱乐性和时尚性。色调的选择一般以深褐色为最佳，包房内的天花板要注意使用吸音效果好的材质，如下右图所示。

11.1.2 KTV包间设计标准

在设计KTV空间环境时，要遵循以下几点原则。

1. 根据经营内容和设施确定 KTV 空间

（1）酒吧式KTV空间

该类空间设计在提供视听娱乐的同时，还要向顾客提供鸡尾酒等各类饮品，其空间的确定应考虑以下几个方面：

- 要能放置电视、点歌台、麦克风等视听设备。
- 要考虑顾客座位数。接待顾客人数多，沙发所占空间就大，一般酒吧或餐厅会将KTV分成大、中、小三种包间。
- 摆放饮料的差集或方形小餐桌。
- 若KTV包间内设有舞池，还应提供舞台和灯光空间。此外，还应考虑顾客座位与电视荧幕的最短距离，一般不小于3米。

（2）餐厅式KTV空间

该类空间设计是以提供餐饮为主，卡拉ok等娱乐项目为辅，在满足用餐需求的同时，供人们娱乐休息之用。餐厅式KTV包间就包间的空间而言，应根据以下内容来确定。

- 要考虑餐桌大小或餐桌数量。餐桌的大小和数量直接影响餐厅式KTV包间的面积。
- 要考虑视听灯光设置或舞台设计效果。
- 衣帽架设施。
- 备餐柜设施。
- 个别包间还应专门设置洗手间。

（3）休闲式KTV空间

该类空间设计除了酒吧式KTV的设施外，还要考虑休闲娱乐设施的内容，这类KTV一般占用较大的房间或者套房。

2. 根据接待人数确定 KTV 包间

无论是酒吧、歌舞厅还是餐厅的KTV包间，都可根据接待人数，将空间面积分为大型、中型、小型。包间的大小不能说明其豪华程度，一般只反映接待顾客的能力。

（1）小型KTV包间

小型包间的面积一般在9平方左右，可以接待6人以下的团体顾客。小型KTV包间配备的设施与大型、中型包间并无两样，只是电视、音响与空间协调时要小一些。

（2）中型KTV包间

面积在11-15平方，能接待8-12人，除了配备基本的电视、电脑点歌、沙发、茶几、电话等设施外，还应根据实际情况配备吧台、洗手间、舞池等。中型KTV包间的设计要表现出舒适自在的特点。

（3）大型KTV包间

大型KTV包间面积一般在25平方左右，能够同时接待20人，在酒吧、歌舞厅中所占的比例较小，一般只有一两个，设施、功能都比较齐全。大型KTV包间的设计要表现出豪华宽敞的特点。

KTV包厢隔音设计

KTV包厢装修中一定要选择效果好的隔音毡，这样既能装饰空间，又起到吸音、隔音和保暖的作用。KTV包厢在建设初期就应充分考虑隔震声和室内吸声两个方面的建筑声学问题，通过科学、合理的声学设计和构造措施，采用相应的建筑声学材料进行装修。

11.2 绘制KTV三楼平面图

在绘制建筑平面图时，不仅要能熟练运用AutoCAD软件，也要掌握一些重要装饰的布置概念，便于设计和绘制平面图。

11.2.1 绘制KTV三楼户型图

下面介绍KTV三楼户型图的绘制过程，主要利用"直线"、"多线"、"偏移"等命令，其具体操作步骤如下。

Step 01 执行"格式>图层"命令，打开"图层特性管理器"面板，创建多个图层并设置"轴线"图层为当前图层。

Step 02 执行"直线"命令，绘制横向和纵向的直线并进行偏移。

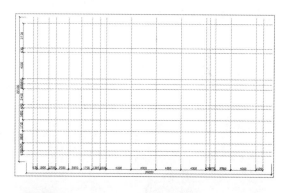

Step 03 选择图形，打开"特性"面板，设置"线型比例"为20。

Step 04 设置完毕后关闭该面板，此时，轴线样式发生了变化。

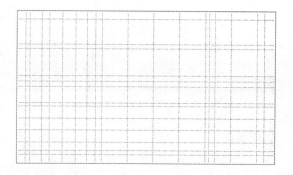

Step 05 执行"矩形"命令，绘制500mm*300mm的矩形，复制到合适的位置。

Step 06 执行"圆"命令，绘制半径为150mm的圆，复制到合适的位置。

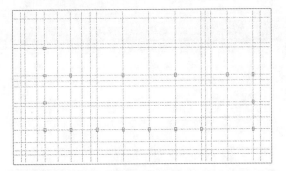

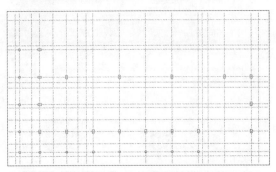

Step 07 执行"格式>多线样式"命令，打开"多线样式"对话框，在预览区可以看到多线样式，单击"修改"按钮。

Step 08 打开"修改多线样式"对话框，在"封口"选项组中勾选"直线"的"起点"和"端点"复选框，单击"确定"按钮。

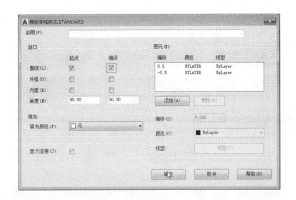

Step 09 返回上一级对话框，单击"确定"按钮即可。

Step 10 执行"多线"命令，设置对正方式为"无"、比例为240，捕捉轴线交点绘制墙体图形。

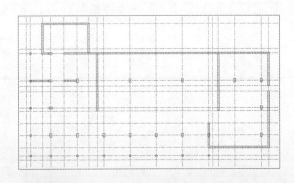

Step 11 利用"直线"、"偏移"、"修剪"命令，绘制出窗洞。

Step 12 执行"格式>多线样式"命令，在"多线样式"对话框中创建新的多线样式

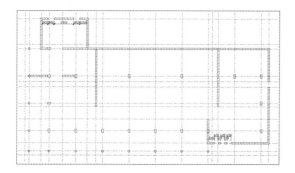

Step 13 打开"新建多线样式"对话框，设置相关参数。

Step 14 设置完毕后关闭对话框，返回到上级对话框，在预览框中可看到新的多线样式。

Step 15 设置"窗户"图层为当前图层，执行"多线"命令，设置比例为1，绘制窗户图形。

Step 16 关闭"轴线"图层，再执行"图案填充"命令，选择SOLID图案，填充柱子图形。

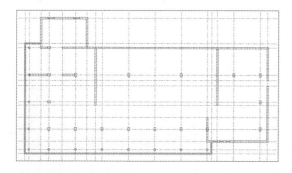

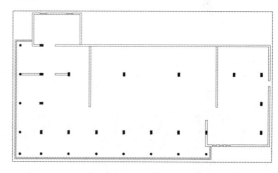

Step 17 执行"矩形"命令，绘制一个矩形，放置在合适的位置。

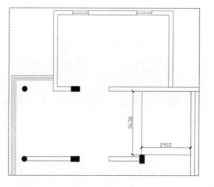

Chapter 01
Chapter 02
Chapter 03
Chapter 04
Chapter 05
Chapter 06
Chapter 07
Chapter 08
Chapter 09
Chapter 10
Chapter 11

Step 18 将矩形分解，执行"偏移"命令，偏移图形。

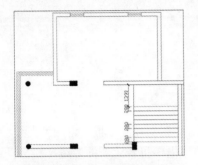

Step 20 执行"多段线"命令，绘制带箭头的多段线，再进行文字标注。

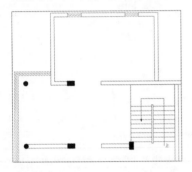

Step 22 执行"矩形"和"直线"命令，绘制2000mm*2000mm的矩形和直线作为室外电梯图形。

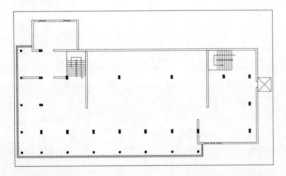

Step 24 最后利用多段线和多行文字创建图纸说明，完成KTV三楼户型图的绘制。

Step 19 执行"矩形"命令，绘制一个矩形，居中放置。再执行"修剪"命令，修剪图形，制作出楼梯形状。

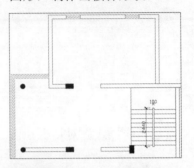

Step 21 复制楼梯图形，并进行旋转，调整到合适的位置。

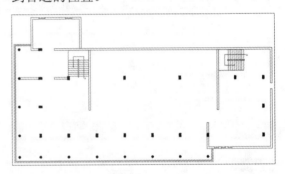

Step 23 打开"轴线"图层，执行"线性"标注命令，对户型图进行尺寸标注，标注完成后关闭"轴线"图层。

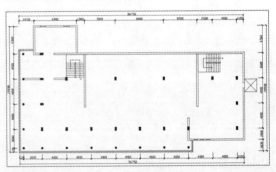

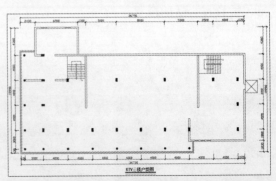

11.2.2 绘制KTV三楼平面布置图

下面将介绍KTV三楼平面布置图的绘制过程，主要利用"直线"、"矩形"、"偏移"和"修剪"等命令，其具体操作步骤如下。

Step 01 复制KTV户型图，在该图形的基础上进行平面布置图的绘制。

Step 02 执行"直线"、"偏移"和"修剪"命令，绘制直线并进行偏移、修剪操作，绘制出大致的墙体轮廓。

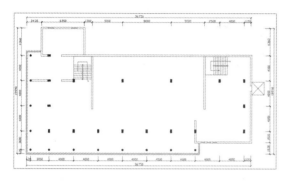

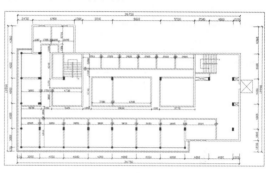

Step 03 利用"偏移"和"修剪"命令，制作宽度为800mm的门洞。

Step 04 执行"直线""偏移"命令，绘制直线并偏移280mm，绘制出阶梯造型。

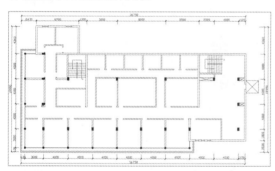

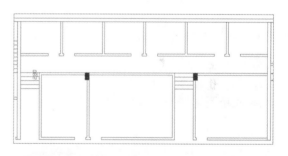

Step 05 利用"圆"、"矩形"、"修剪"命令，绘制门图形，再对图形进行复制。

Step 06 执行"偏移"命令，在公共卫生间位置偏移图形。

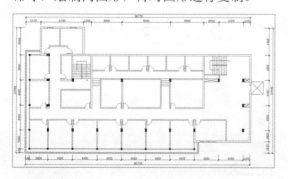

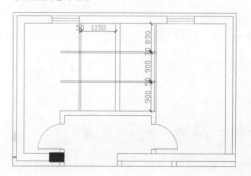

Step 07 执行"直线"及"偏移"命令，绘制线段并偏移出650mm的距离。

Step 08 执行"修剪"命令，修剪出门洞造型。

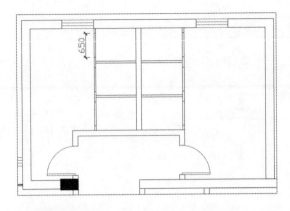

Step 09 依次执行"矩形"、"圆"和"修剪"命令,绘制门图形并进行复制。

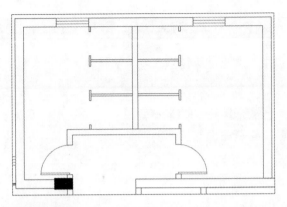

Step 10 修改图形的图层到"窗户"图层。

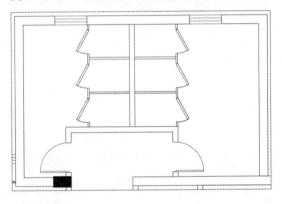

Step 11 新建"家具"图层,设置图层颜色后,执行"矩形"和"直线"命令,绘制更衣室衣柜图形。

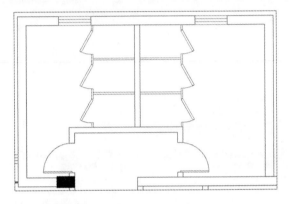

Step 12 依次执行"矩形"和"直线"命令,在接待区和开放超市区绘制货架和收银台。

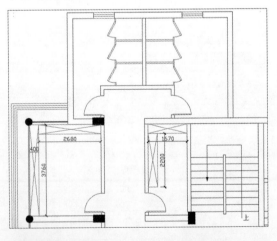

Step 13 执行"矩形"命令,绘制1500mm*600mm的洗手台。执行"插入"命令,插入洗手盆、蹲便器、小便器图块。

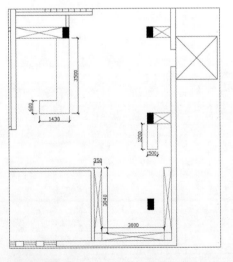

Step 14 继续插入多种沙发图块、茶几等,然后执行复制和调整位置操作。

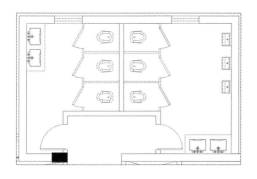

Step 15 执行"线性"标注命令，重新调整图纸的尺寸标注。

Step 16 执行"多行文字"命令，为平面图添加文字说明，标注每个房间和区域的用途。

Step 17 最后添加图纸说明，完成KTV三楼平面布置图的绘制。

11.2.3　绘制KTV三楼地面布置图

下面将介绍KTV三楼地面布置图的绘制，主要利用"多段线"、"偏移"和"图案填充"等绘图命令，具体操作步骤如下。

Step 01 复制KTV三楼平面布置图，删除家具、门扇等图形。

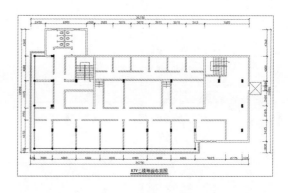

Step 02 执行"直线"命令，绘制直线来分割地面区域。

Step 03 创建"填充"图层并设置为当前图层，执行"图案填充"命令，选择NET图案，分别设置比例为95和190并进行填充。

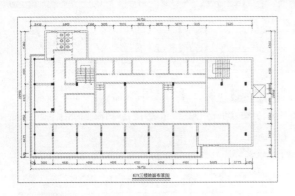

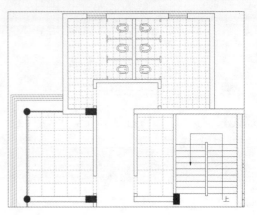

Step 04 在小包间1中执行"多段线"命令，捕捉绘制多段线。执行"偏移"命令，向内偏移200mm。

Step 05 执行"图案填充"命令，选择NET图案，设置比例为190、角度为45后，进行图案填充。

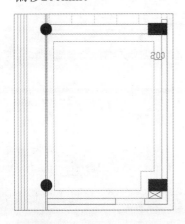

Step 06 继续执行"图案填充"命令，选择AR-CONC图案，设置填充图案比例为1.5后，进行图案填充。

Step 07 按照同样的操作方法，绘制除大包间以外其他包间的地面拼花图形。

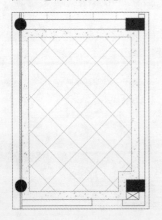

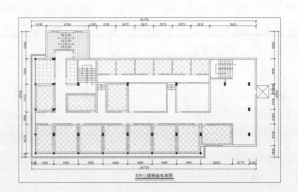

Step 08 执行"矩形"、"偏移"以及"图案填充"命令，为大包间地面绘制地面拼花。

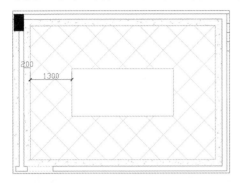

Step 10 执行同样的操作，填充旁边大包间的地面。

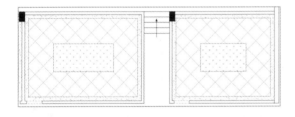

Step 12 执行"填充"命令，选择AR-CONC图案，填充边框；选择GRASS图案，填充中间区域。

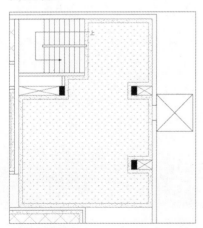

Step 14 执行"多行文字"命令，为地面图形添加地面材质文字说明。

Step 09 继续执行"图案填充"命令，选择GRASS图案，填充地面中心位置。

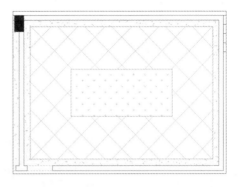

Step 11 执行"多段线"命令，在大厅位置捕捉绘制多段线，并将其向内偏移200mm。

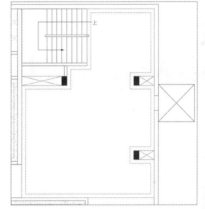

Step 13 继续执行"图案填充"命令，选择NET图案，填充过道区域。

Step 15 最后添加地面标高符号，完成KTV三楼地面布置图的绘制。

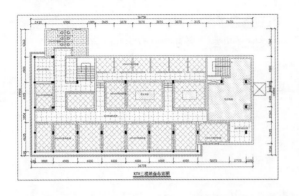

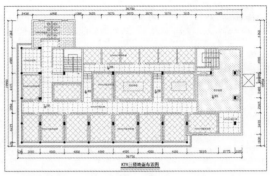

11.2.4 绘制KTV三楼顶棚布置图

下面将介绍KTV三楼顶棚布置图的绘制过程，主要利用"偏移"、"修剪"和"旋转"等绘图命令，其具体操作步骤如下。

Step 01 复制KTV三楼平面布置图，删除家具、门扇等图形，再绘制直线封闭门洞。修改图纸名的文字为"KTV三楼顶棚布置图"。

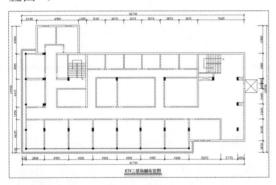

Step 02 在小包间1中执行"矩形"和"偏移"命令，捕捉绘制矩形并向内进行偏移。

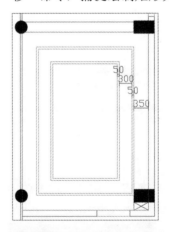

Step 03 设置一条矩形的颜色和线型，作为灯带线。

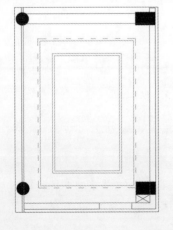

Step 04 执行"偏移"命令，将最内侧的矩形向外依次偏移10mm、25mm后，绘制四角的直线。

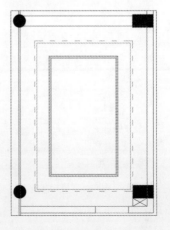

Step 05 按照同样的操作方法，绘制其他几个包间的顶部图形。

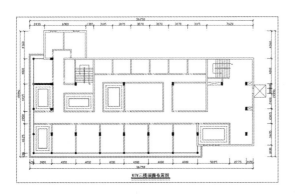

Step 06 执行"矩形"、"偏移"命令，捕捉绘制矩形，并将其向内偏移。

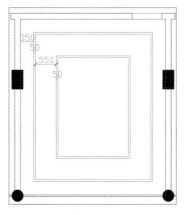

Step 07 执行"直线"、"矩形"以及"偏移"命令，捕捉终点绘制直线后，绘制600mm*600mm的矩形，再将其旋转45°，移动到合适的位置。

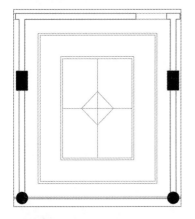

Step 08 执行"偏移"命令，将直线和矩形向内外各偏移12mm。

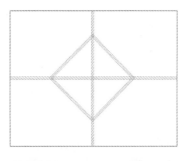

Step 09 执行"修剪"、"直线"命令，修剪图形，再绘制直线各个角。

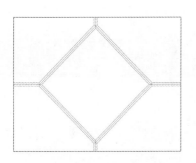

Step 10 执行"图案填充"命令，选择AR-RROOF图案，设置比例为20、角度为45°，填充图形。

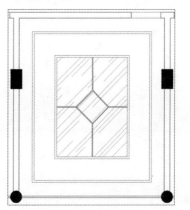

Step 11 调整灯带颜色以及线型。

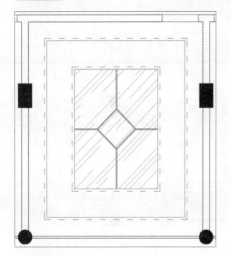

Step 13 执行"圆"命令，捕捉情侣包间中心绘制两个同心圆。

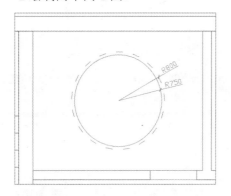

Step 15 在开放超市区域和大厅区域捕捉绘制矩形，并向内偏移。

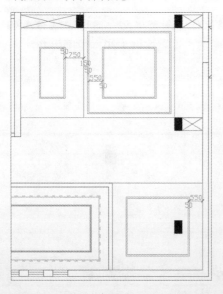

Step 12 执行"复制"命令，复制该包间的顶面图形到其他造型相同的房间，并修改最后一个尺寸较小房间的图形尺寸。

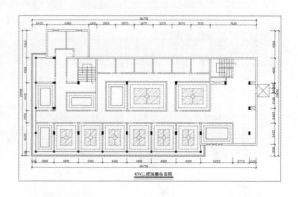

Step 14 复制图形到其他情侣包间。

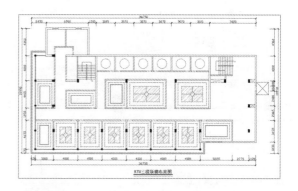

Step 16 设置灯带图形的颜色和线型。

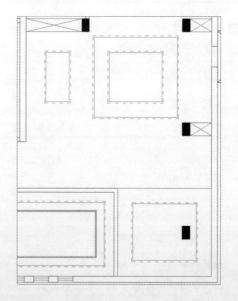

Step 17 执行"图案填充"命令，选择"ANSI37"图案，设置比例为190，填充大厅区域。

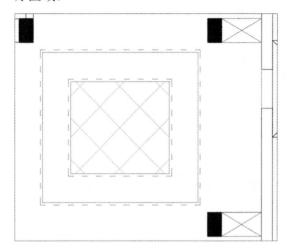

Step 19 执行"图案填充"命令，选择ANSI32图案，设置比例为20、角度为135°，填充卫生间区域。

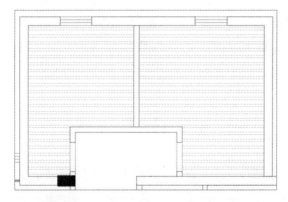

Step 21 在过道中复制椭圆图形。

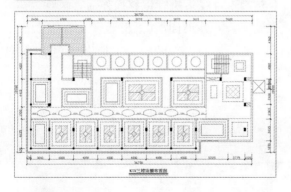

Step 23 复制牛眼灯图块、射灯图块和吊灯图块。

Step 18 继续利用"矩形"和"偏移"命令，绘制休息区的图形。

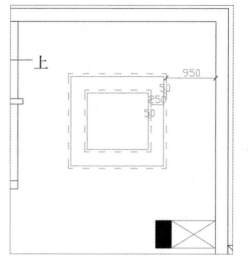

Step 20 执行"椭圆"命令，绘制长半径为1000mm、短半径为500mm的椭圆，放置在过道的合适位置，再向外偏移50mm作为灯带。

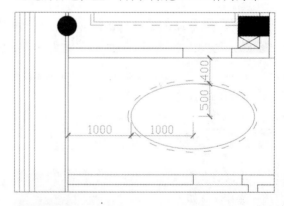

Step 22 利用"矩形"、"偏移"命令，绘制小过道的图案。

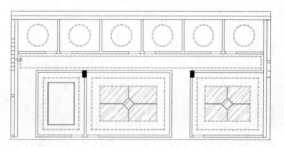

Step 24 在命令行中输入q1命令，为顶面布置图添加引线标注。

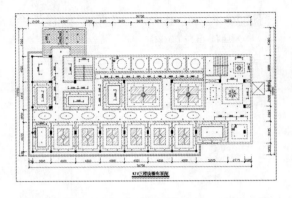

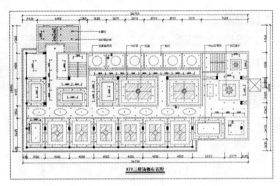

Step 25 最后添加顶面标高符号，完成顶棚布置图的绘制。

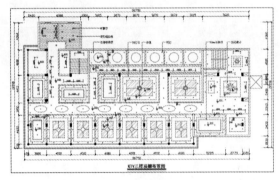

11.3 绘制KTV立面图

在本小节中，主要介绍KTV大包间立面图、情侣包间立面图、休息区立面图和卫生间立面图的绘制方法和操作过程。

11.3.1 绘制大包间沙发背景墙立面图

下面将介绍大包间立面图的绘制，主要用到"偏移"、"复制"、"圆角"等绘图命令，其具体操作步骤如下。

Step 01 根据平面图的尺寸，执行"直线"命令，绘制大包间2-A立面图墙体轮廓线。

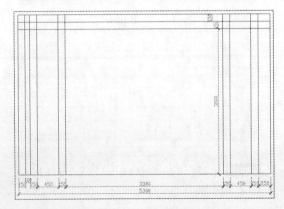

Step 02 对线条执行偏移操作后，执行"修剪"命令，修剪图形。

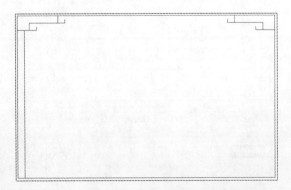

Step 03 依次执行"矩形"和"偏移"命令，绘制边长为640mm*1240mm的矩形，然后向内偏移20mm，作为装饰板。

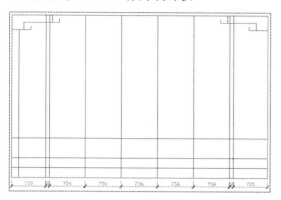

Step 05 执行"直线"命令，捕捉绘制直线。执行"圆角"命令，设置圆角半径为80mm，对线条进行圆角操作。

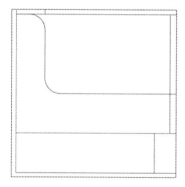

Step 07 执行"直线"和"偏移"命令，绘制直线并进行偏移操作。

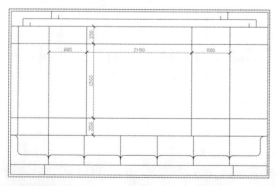

Step 09 执行"偏移"命令，将矩形向内依次偏移。

Step 04 依次执行"圆"和"复制"命令，绘制半径为19mm的圆形，并对装饰板执行复制操作。

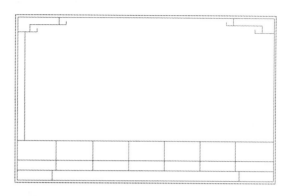

Step 06 复制圆角图形，进行镜像复制后，修剪多余图形，制作出沙发造型。

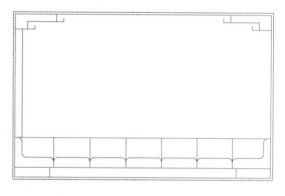

Step 08 执行"矩形"命令，捕捉绘制矩形后，删除辅助线。

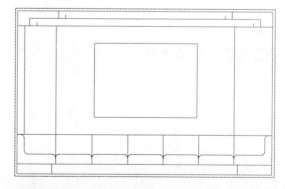

Step 10 执行"定数等分"命令，将一条竖直线等分为5份。执行"直线"命令，捕捉绘制直线。

Chapter 01
Chapter 02
Chapter 03
Chapter 04
Chapter 05
Chapter 06
Chapter 07
Chapter 08
Chapter 09
Chapter 10
Chapter 11

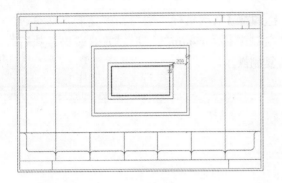

Step 11 继续执行"定数等分"命令，将横直线等分为三份，再绘制直线。

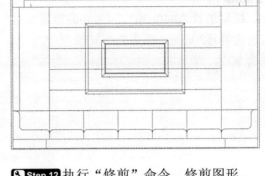

Step 12 执行"修剪"命令，修剪图形。

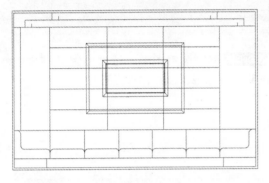

Step 13 然后调整图形的线条颜色。

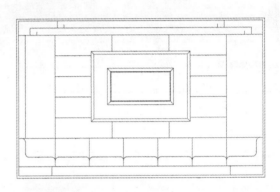

Step 14 执行"插入"命令，插入绘画图案。

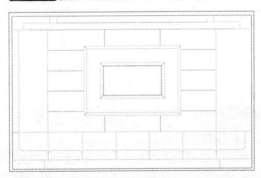

Step 15 执行"图案填充"命令，选择DOTS图案，设置比例为30，填充软包区域。

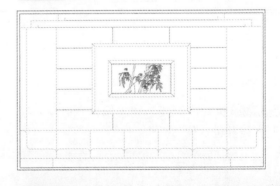

Step 16 执行"图案填充"命令，选择SACNCR图案，设置比例为20、颜色为灰色，填充沙发底部。

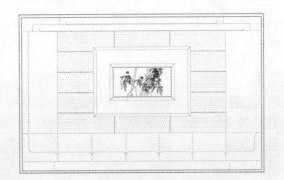

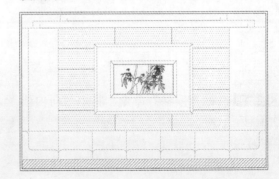

Step 17 执行"图案填充"命令，分别选择 AR-RROOF图案，设置比例为15、颜色为洋红；选择AR-CONC图案，设置比例为2，颜色为灰色，填充墙面镜子区域。

Step 18 继续执行"图案填充"命令，选择 AR-B88图案，设置比例为0.5，填充墙面区域。

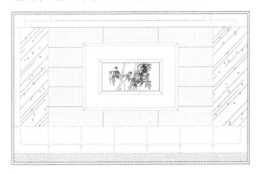

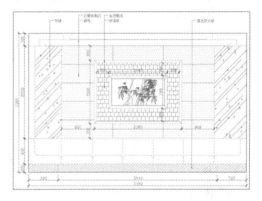

Step 19 执行"线性"标注命令，为立面图添加尺寸标注。

Step 20 在命令行中输入ql命令，进行引线标注，完成该立面图的绘制。

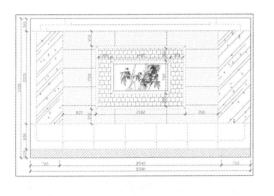

11.3.2 绘制情侣包间沙发背景墙立面图

下面将介绍情侣包间沙发背景墙立面图的绘制过程，主要用到"偏移"、"修剪"和"图案填充"等绘图命令，其具体操作步骤如下。

Step 01 依次执行"直线"和"偏移"命令，绘制长方形并进行偏移。

Step 02 执行"修剪"命令，修剪出顶部形状。

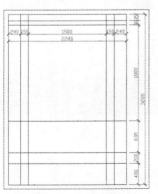

Step 03 执行"偏移"命令,继续偏移图形。

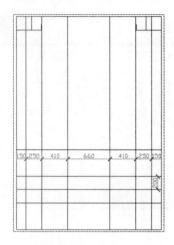

Step 04 执行"圆角"命令,执行半径为80 mm的圆角操作,并剪切掉多余的图形。

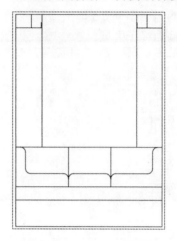

Step 05 绘制直线封闭顶部,再执行"偏移"命令,将直线向上依次偏移100mm。

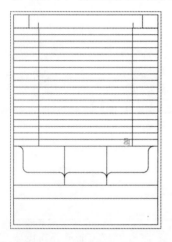

Step 06 继续执行"偏移"命令,设置偏移距离为185mm,依次进行偏移。

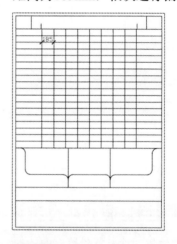

Step 07 执行"修剪"命令,修剪出墙面造型。

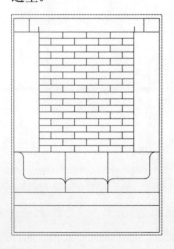

Step 08 在顶部绘制一条直线,再修改全图的线条颜色。

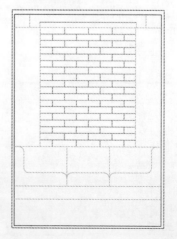

Step 09 执行"图案填充"命令，选择AR-RROOF图案，设置角度为45、填充比例为10，进行图案填充。

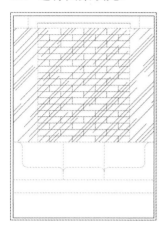

Step 10 执行"图案填充"命令，选择AR-SAND图案，设置填充比例为1、颜色为黑色，进行图案填充。

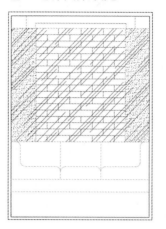

Step 11 继续执行"图案填充"命令，选择AR-CONC图案，设置比例为2，进行图案填充。

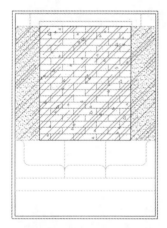

Step 12 再选择其他几种填充图案，填充沙发底部和墙体底部。

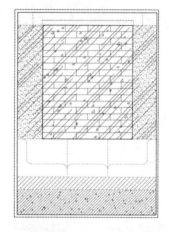

Step 13 执行"线性"标注命令，为立面图添加线性标注。

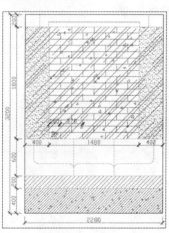

Step 14 在命令行中输入ql命令，为立面图添加文本注释。

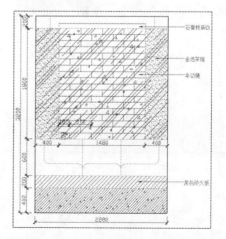

11.3.3 绘制卫生间立面图

下面将介绍迎宾墙立面图的绘制过程，主要用到"偏移"、"修剪"、"圆角"等绘图命令，其具体操作步骤如下。

Step 01 依次执行"直线"和"偏移"命令，绘制长方形并进行偏移操作。

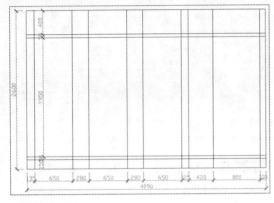

Step 02 执行"修剪"命令，修剪图形。

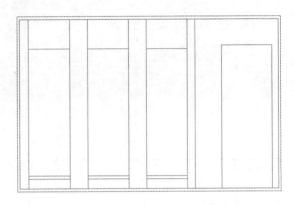

Step 03 执行"偏移"命令，将顶部边线向上偏移，再偏移出40mm的门套线。

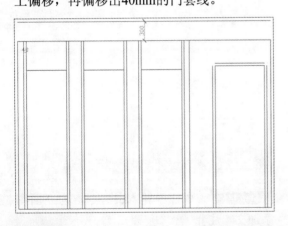

Step 04 执行"延伸"和"圆角"命令，对图形进行相应的操作后，删除上方多余图形。

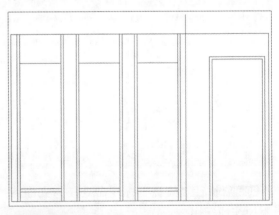

Step 05 执行"直线"命令，绘制门辅助线。

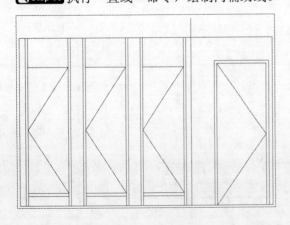

Step 06 执行"偏移"命令，偏移图形。

🔧Step 07 执行"修剪"命令，修剪图形后，调整图形的颜色和线型。

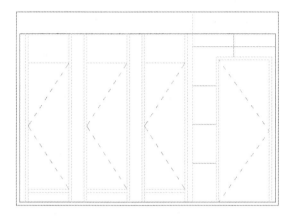

🔧Step 09 继续执行"图案填充"命令，选择AR-CONC图案，设置比例为1，选择同样的区域进行填充。

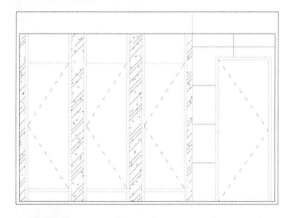

🔧Step 11 执行"线性"标注命令，为立面图添加线性标注。

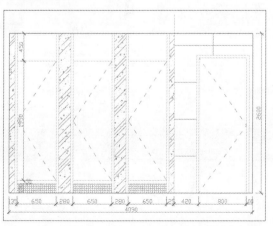

🔧Step 08 执行"图案填充"命令，选择AR-RROOF图案，设置比例为10、颜色为洋红，并进行图案填充。

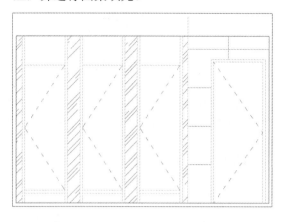

🔧Step 10 执行"图案填充"命令，选择ANGLE图案，设置比例为5，填充下方地面抬高区域。

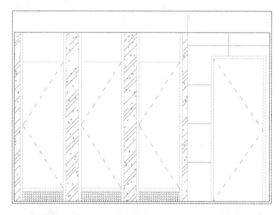

🔧Step 12 在命令行中输入ql命令，为立面图添加文本注释。

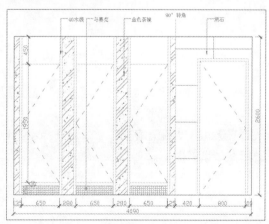

11.4 绘制KTV详图

详图和剖面图主要用于表现一些设计细节，有了这两种图纸，施工人员可按照图纸尺寸进行相应的操作。下面介绍绘制KTV的服务台立面图、服务台剖面图及门详图的操作方法。

11.4.1 绘制服务台详图

下面将介绍服务台剖面图的绘制过程，主要用到"直线"、"定数等分"、"修剪"和"延伸"等绘图命令，其具体操作步骤如下。

Step 01 从平面布置图中复制接待台图形。

Step 03 在命令行中输入ql命令，添加引线标注，完成接待台平面图的绘制。

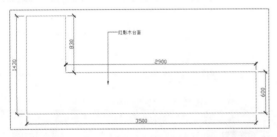

Step 05 执行"偏移"命令，将线段向下偏移。

Step 07 执行"图案填充"命令，选择ANSI 32图案，填充图案。

Step 02 执行"线性"标注命令，添加尺寸标注。

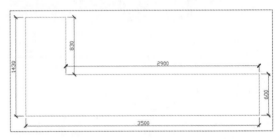

Step 04 执行"直线"命令，绘制3500mm* 1000mm的长方形。

Step 06 执行"定数等分"命令，将一条线段平均分为5份，再绘制直线。

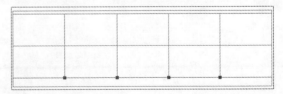

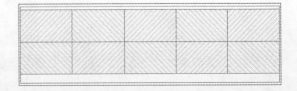

Step 08 执行"线性"标注命令，对图形进行尺寸标注。

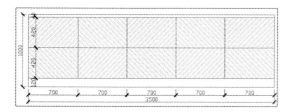

Step 09 在命令行中输入ql命令，为立面图添加引线标注，完成接待台正立面图的绘制。

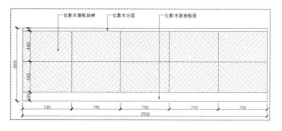

Step 10 执行"直线"命令，绘制一个长方形，再执行"偏移"命令，偏移图形。

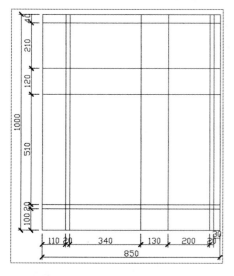

Step 11 执行"修剪"命令，修剪出接待台剖面的大致轮廓。

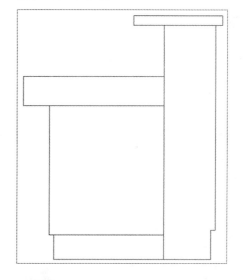

Step 12 执行"偏移"命令，偏移3mm的装饰板、18mm的木工板基础。

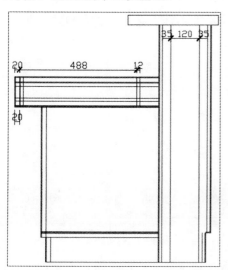

Step 13 执行"修改"、"延伸"命令，调整图形。

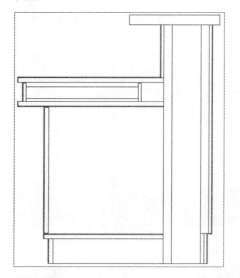

Step 14 执行"偏移"命令，偏移图形。

Step 15 执行"修剪"命令，修剪图形。

Chapter 01
Chapter 02
Chapter 03
Chapter 04
Chapter 05
Chapter 06
Chapter 07
Chapter 08
Chapter 09
Chapter 10
Chapter 11

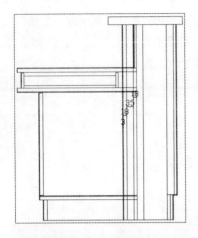

Step 16 执行"矩形"、"直线"和"复制"命令，绘制35mm*25mm的木龙骨，并复制到合适位置。

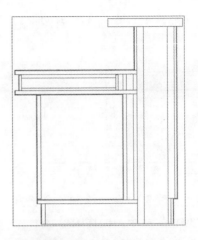

Step 17 执行"图案填充"命令，选择AR-B816C图案，设置比例为0.2，填充砖砌区域。

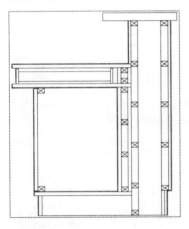

Step 18 继续执行"图案填充"命令，选择CORK图案，设置比例为2，填充木工板区域。

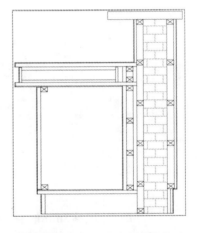

Step 19 继续执行"图案填充"命令，选择ANSI31图案，设置比例为3，填充接待台台面。

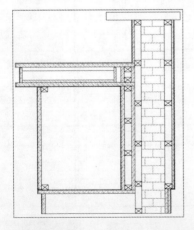

Step 20 执行"插入"命令，插入拉手图块，并进行复制，放置到抽屉和柜门位置。

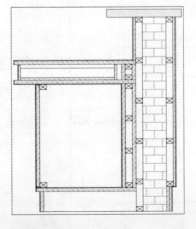

Step 21 执行"线性"标注命令，为图形标注尺寸。

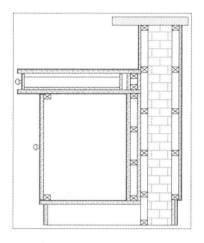

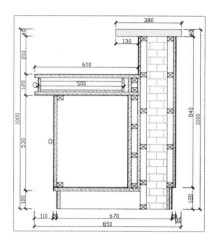

Step 22 最后在命令行中输入ql命令，为剖面图添加引线标注，完成接待台剖面图的绘制操作。

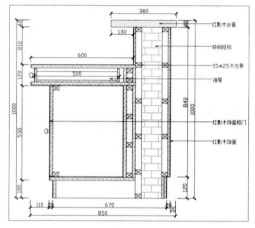

11.4.2 绘制KTV包间门详图

下面将介绍KTV包间门详图的绘制过程，主要用到"矩形"、"圆"、"图案填充"等绘图命令，其具体操作步骤如下。

Step 01 执行"矩形"命令，绘制900mm*2500mm的矩形。

Step 02 将矩形分解，执行"偏移"命令，将边线向内偏移50mm。

Step 03 执行"修剪"和"直线"命令，修剪图形并绘制角线。

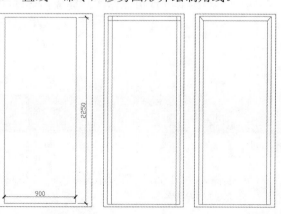

Step 04 执行"偏移"命令，偏移线条。

Step 05 执行"圆"命令，捕捉直线中心绘制两个同心圆，再删除直线。

Step 06 执行"矩形"命令，绘制一个正方形居中放置。

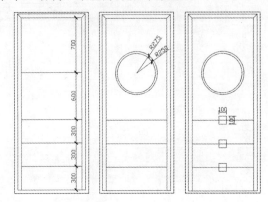

Step 07 执行"偏移"命令，将直线分别向上下偏移5mm，再删除中间的线条。

Step 08 执行"修剪"命令，修剪矩形中的图形。

Step 09 执行"图案填充"命令，选择AR-RROOF图案，设置比例为5、角度为45，填充圆形和矩形内部。

Step 10 继续执行"图案填充"命令，选择ANSI34图案，设置比例为2、角度为45，填充门板图形。

Step 11 执行"线性"和"半径"标注命令，对图形进行尺寸标注。

Step 12 在命令行中输入ql命令，对图形进行引线标注，完成门详图的绘制。

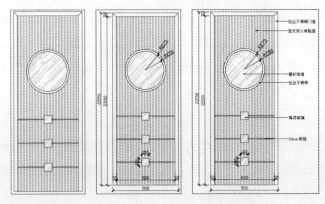

行业应用向导 量贩式KTV行业现状和未来发展趋势

　　不知不觉，量贩式KTV在中国推广发展已有20多年的时间，但消费者对量贩式KTV娱乐模式的喜爱有增无减。同样，行业的发展也促使着量贩式KTV设计的飞速发展。随着规模不断扩张的同时，对于量贩式KTV设计的要求也在逐步提高。这些年，量贩式KTV的发展又衍生出了几个新的趋势，其中最显著的特点就是连锁KTV开始崛起，连锁量贩式KTV企业的逐渐崛起又推动了整个量贩式KTV行业的发展，并促使行业在发展中凸显出新的发展趋势。

　　下面就未来量贩式KTV行业的发展做简要分析。

1 KTV 连锁化经营是未来发展的主要方向

　　如今，国内较为有名的KTV企业都采用连锁化的发展方式，并且连锁经营模式也比较适合当前中国的服务性行业，比如酒店、餐饮、休闲场所等。KTV连锁经营对KTV的发展具有许多有利的地方，整体性运作、统一店面管理、品牌效应推广、集团化运营等优势会使得非连锁经营的KTV会所会失去竞争力。

2 时尚主题类型的量贩式 KTV 会所将成为量贩 KTV 行业发展主导

　　现在量贩式KTV不同于以前卡拉OK的娱乐方式，消费者能够低价享受到自在的K歌体验。而时尚主题型的量贩式KTV会所将会成为量贩式KTV行业的发展主导。现在的消费者都追求简单、时尚以及个性化的事物，不太喜欢过于花哨的类型，因此时尚主题型在未来的量贩式KTV行业会非常吃香。

3 量贩式 KTV 未来不单只提供唱歌

　　现在量贩式KTV的经营内容将不再单单提供唱歌，还加入了超市、休闲娱乐等其他内容。但在未来，量贩式KTV提供的经营内容还将会有非常大的不同，比如3D电影，生日Party服务等。总之，以后去量贩式KTV会所消费，脑海中不单只想到是唱歌的地方，更多的将是娱乐的地方。

4 科技将是量贩式 KTV 未来发展的动力

　　不论什么行业，如果想要取得持续性发展，都离不开科学技术方面的支持。KTV行业更是如此，未来量贩式KTV行业的发展将越来越依靠科学技术上的创新，能够支持互动的KTV包厢将更能获得消费者青睐，所有能够增强消费者娱乐体验的科技元素都会成为未来KTV行业发展的一大趋势。

秒杀工程疑惑

Q 为什么输入的文字是竖排的?

A WINDOWS系统中文字类型有两种:一种是前面带@的字体,一种是不带的。这两种字体的区别就是一个是用于竖排文字,一种用于横排文字。如果这种字体是在文字样式里设置的,输入ST命令,将打开"文字样式"对话框,将字体调整成不带@的字体;如果这种字体是在多行文字编辑器里直接设置的,双击文字激活输入多行文字编辑器,选中所有文字,然后在字体下拉列表中选择不带@的字体。

Q 如何将一个平面图形旋转并与一根斜线平行?

A 首先测量斜线角度,然后进行图形旋转,如果斜线的角度并不是一个整数,这种旋转就会有一定的误差。遇到这种情况,用户可以选择平面图形,再执行"旋转"命令,将目标点和旋转点均设置为斜线上的点,即可将平面图形与斜线平行。

Q 创建环形阵列时始终是沿逆时针方向进行旋转,怎么更改环形阵列的旋转方向?

A 在使用"阵列"命令对对象进行阵列时,系统默认沿着逆时针方向进行旋转,如果需要更改其旋转角度,在"环形阵列"面板中可以更改这一设置。进行环形阵列后,双击阵列图形,打开"环形阵列"面板,在其中设置旋转方向。设置完成后,图形将以顺时针进行旋转。

Q 为什么打不开"外部参照"面板?

A 执行"插入<外部参照"命令,即可打开该面板。如果还是打不开,可能是设置了自动隐藏,"外部参照"面板依附在绘图窗口两侧,如下图所示。

GFL1